短文本表示
建模及应用

Short-Text Representation

Modeling and Application

王亚珅　黄河燕　著

北京理工大学出版社

BEIJING INSTITUTE OF TECHNOLOGY PRESS

内 容 简 介

短文本表示建模，通常是指将短文本转化成机器可以诠释的形式，旨在帮助机器"理解"短文本的含义。本书详细介绍了短文本表示建模研究体系中具有代表性的短文本概念化表示建模研究分支和短文本向量化表示建模研究分支的相关研究方法，既涵盖了大量经典算法，又特别引入了近年来在该领域研究中涌现出的新方法、新思路，力求兼顾内容的基础性和前沿性。同时，本书融入了作者多年来从事以概念化和向量化为核心的短文本表示建模方法与理论研究的经验和成果，并以短文本检索这一典型应用问题为例，详细介绍了如何把短文本概念化表示建模方法和短文本向量化表示建模方法以及先进的设计思想融入具体应用问题的求解。

本书可供计算机、信息处理、自动化、系统工程、应用数学等专业的教师以及相关领域的研究人员和技术开发人员参考。

版权专有　侵权必究

图书在版编目（ＣＩＰ）数据

短文本表示建模及应用／王亚珅，黄河燕著. --北京：北京理工大学出版社，2021.5
ISBN 978−7−5682−9887−2

Ⅰ. ①短… Ⅱ. ①王… ②黄… Ⅲ. ①计算机仿真–系统建模–研究 Ⅳ. ①TP391.92

中国版本图书馆 CIP 数据核字（2021）第 098807 号

出版发行 / 北京理工大学出版社有限责任公司		
社　　址 / 北京市海淀区中关村南大街 5 号		
邮　　编 / 100081		
电　　话 / （010）68914775（总编室）		
（010）82562903（教材售后服务热线）		
（010）68944723（其他图书服务热线）		
网　　址 / http://www.bitpress.com.cn		
经　　销 / 全国各地新华书店		
印　　刷 / 保定市中画美凯印刷有限公司		
开　　本 / 710 毫米×1000 毫米　1/16		
彩　　插 / 6		
印　　张 / 15	责任编辑 / 曾　仙
字　　数 / 299 千字	文案编辑 / 曾　仙
版　　次 / 2021 年 5 月第 1 版　2021 年 5 月第 1 次印刷	责任校对 / 刘亚男
定　　价 / 78.00 元	责任印制 / 李志强

图书出现印装质量问题，请拨打售后服务热线，本社负责调换

主 要 符 号

x	标量
$\hat{x}$	最优解
$\boldsymbol{x}$	向量
$\boldsymbol{M}$	矩阵
$M[\cdot][\cdot]$	矩阵元素
$\boldsymbol{M}[i;\cdot]$	矩阵第 i 行的行向量
$\boldsymbol{M}[\cdot;j]$	矩阵第 j 列的列向量
$\boldsymbol{I}$	单位矩阵
$\mathcal{X}$	样本空间
$\mathcal{P}(\bullet)$	概率函数
$\mathcal{P}(\bullet|\bullet)$	条件概率函数
$\{\cdots\}$	集合
$|\{\cdots\}|$	集合 $\{\cdots\}$ 中元素的个数
$\varDelta$	语料库（数据集）
$\varLambda$	参数集合
$n(\bullet)$	数量计数函数
$\mathbb{R}$	实数集合
$\mathbb{V}$	词典
$\mathcal{L}(\bullet)$	目标函数
$\text{Context}(\bullet)$	上下文语境
$\text{sim}(\bullet,\bullet)$	语义相似度

前　言

　　人类的语言，是人类独有的进化千万年后形成的信息表达方式。相较于具有原始信号输入的图像（像素）和语音（声谱），符号化的自然语言属于更高层次的抽象实体。因此，众多自然语言处理应用的第一步（也是至关重要的一步）就是将符号化的自然语言表示成计算机能理解的形式，即文本表示建模。在当前网络空间短文本信息超载的形势下，"短文本表示建模"研究应运而生。短文本表示建模，通常是指将短文本转化成机器可以诠释的形式，旨在帮助机器"理解"短文本的含义。短文本表示建模是一项对于互联网信息时代机器智能至关重要且充满挑战的研究任务，有益于众多应用场景，如信息检索、文本分类、自动问答、情感计算、主题检测和信息推荐等。通过合理的表示建模来"理解"短文本并衍生相关应用，不仅可以为人们的生活提供诸多便利，而且符合企业营销和国家战略的需要，也是基于关键字匹配策略的传统网络空间信息处理技术达到一定瓶颈之后的必然选择。

　　由于设计思想和具体应用的多样性，短文本表示建模方法众多，研究成果非常分散，这不利于初学者在短时间内系统地掌握这方面的方法和技术。因此，本书着重挑选具有代表性的短文本概念化表示建模方法和短文本向量化表示建模方法进行详细介绍，既涵盖了大量经典算法，又特别引入了近年来在该领域研究中涌现出的新方法、新思路，力求兼顾内容的基础性和前沿性。同时，本书融入了笔者多年来从事以概念化和向量化为核心的短文本表示建模方法与理论研究的经验和成果，并以"短文本检索"这一典型应用为例，详细介绍了如何把短文本概念化表示建模方法和短文本向量化表示建模方法以及先进的设计思想融入对具体应用问题的求解。本书既尝试通过理论分析，探究以概念化和向量化为代表的各类短文本表示建模方法的原理本质，又借助理论算法对实际应用进行实验与验证，以便读者对短文本表示建模有更"立体"的把握。

　　本书内容（除第 1 章外）可分为四部分。第一部分，简要介绍了短文本表示建模研究相关的自然语言处理基础理论（第 2 章）和支撑短文本表示建模研究的知识库资源（第 3 章）。第二部分，介绍了短文本表示建模研究的方法理论基础，从显式语义建模（第 4 章）、半显式语义建模（第 5 章）、隐式语义建模（第 6 章）等三个维度切分短文本表示建模理论模型体系，分别简要介绍相关典型理论及现有研究不足。第三部分，针对短文本概念化表示建模（第 7 章）和短文本向量化表示建模（第 8 章），分别阐释了问题描述、方法综述、总结分析。第四部分，探讨和验证了短文本概念化表示建模方法和短文本向量化表示建模方法在短文本检索中的应用（第 9 章），总结全书并展望未来研究趋势（第 10 章）。本书可供计算机、信息处理、自动化、系统工程、应用数学等专业的教师以及相关领域的研究人员和技术开发人员参考。

本书在撰写过程中得到了北京理工大学计算机学院、北京市海量语言信息处理与云计算应用工程技术研究中心、社会安全风险感知与防控大数据应用国家工程实验室的老师和学生的支持和帮助；本书的出版得到了北京理工大学计算机学院的大力支持。笔者在此对给予支持和资助的单位与个人表示衷心感谢！

由于笔者水平有限，书中疏漏之处在所难免，敬请读者批评指正。

王亚珅　黄河燕

2021 年 1 月

目　录

第1章　绪论⋯⋯⋯⋯⋯⋯⋯⋯⋯⋯⋯⋯⋯⋯⋯⋯⋯⋯⋯⋯⋯⋯⋯⋯⋯⋯ 1

1.1　研究背景及意义⋯⋯⋯⋯⋯⋯⋯⋯⋯⋯⋯⋯⋯⋯⋯⋯⋯⋯⋯⋯⋯ 1

1.2　基本定义及问题描述⋯⋯⋯⋯⋯⋯⋯⋯⋯⋯⋯⋯⋯⋯⋯⋯⋯⋯ 2

1.2.1　短文本基本特征⋯⋯⋯⋯⋯⋯⋯⋯⋯⋯⋯⋯⋯⋯⋯⋯⋯⋯ 2

1.2.2　短文本中的"概念"⋯⋯⋯⋯⋯⋯⋯⋯⋯⋯⋯⋯⋯⋯⋯⋯ 3

1.2.3　短文本表示建模⋯⋯⋯⋯⋯⋯⋯⋯⋯⋯⋯⋯⋯⋯⋯⋯⋯⋯ 4

1.2.4　短文本概念化表示建模⋯⋯⋯⋯⋯⋯⋯⋯⋯⋯⋯⋯⋯⋯ 5

1.2.5　短文本向量化表示与检索应用⋯⋯⋯⋯⋯⋯⋯⋯⋯⋯ 6

1.3　研究问题图解⋯⋯⋯⋯⋯⋯⋯⋯⋯⋯⋯⋯⋯⋯⋯⋯⋯⋯⋯⋯⋯ 6

1.4　本书内容组织结构⋯⋯⋯⋯⋯⋯⋯⋯⋯⋯⋯⋯⋯⋯⋯⋯⋯⋯⋯ 7

第2章　理论与技术基础⋯⋯⋯⋯⋯⋯⋯⋯⋯⋯⋯⋯⋯⋯⋯⋯⋯⋯⋯ 9

2.1　分布假说⋯⋯⋯⋯⋯⋯⋯⋯⋯⋯⋯⋯⋯⋯⋯⋯⋯⋯⋯⋯⋯⋯⋯ 9

2.2　向量空间模型⋯⋯⋯⋯⋯⋯⋯⋯⋯⋯⋯⋯⋯⋯⋯⋯⋯⋯⋯⋯⋯ 10

2.3　词频-逆文档频率⋯⋯⋯⋯⋯⋯⋯⋯⋯⋯⋯⋯⋯⋯⋯⋯⋯⋯⋯ 10

2.4　链接分析⋯⋯⋯⋯⋯⋯⋯⋯⋯⋯⋯⋯⋯⋯⋯⋯⋯⋯⋯⋯⋯⋯⋯ 11

2.4.1　PageRank⋯⋯⋯⋯⋯⋯⋯⋯⋯⋯⋯⋯⋯⋯⋯⋯⋯⋯⋯ 12

2.4.2　HITS⋯⋯⋯⋯⋯⋯⋯⋯⋯⋯⋯⋯⋯⋯⋯⋯⋯⋯⋯⋯⋯ 13

2.5　马尔可夫随机场⋯⋯⋯⋯⋯⋯⋯⋯⋯⋯⋯⋯⋯⋯⋯⋯⋯⋯⋯⋯ 15

2.6　参数分布估计⋯⋯⋯⋯⋯⋯⋯⋯⋯⋯⋯⋯⋯⋯⋯⋯⋯⋯⋯⋯⋯ 17

2.7　词向量化⋯⋯⋯⋯⋯⋯⋯⋯⋯⋯⋯⋯⋯⋯⋯⋯⋯⋯⋯⋯⋯⋯⋯ 20

2.7.1　基于矩阵的词向量化⋯⋯⋯⋯⋯⋯⋯⋯⋯⋯⋯⋯⋯⋯ 21

2.7.2　基于聚类的词向量化⋯⋯⋯⋯⋯⋯⋯⋯⋯⋯⋯⋯⋯⋯ 22

2.7.3　基于神经网络的词向量化⋯⋯⋯⋯⋯⋯⋯⋯⋯⋯⋯ 22

2.8　语言模型⋯⋯⋯⋯⋯⋯⋯⋯⋯⋯⋯⋯⋯⋯⋯⋯⋯⋯⋯⋯⋯⋯⋯ 24

2.9　数据平滑算法⋯⋯⋯⋯⋯⋯⋯⋯⋯⋯⋯⋯⋯⋯⋯⋯⋯⋯⋯⋯⋯ 26

2.10　模型求解算法⋯⋯⋯⋯⋯⋯⋯⋯⋯⋯⋯⋯⋯⋯⋯⋯⋯⋯⋯⋯ 28

2.10.1　随机梯度算法⋯⋯⋯⋯⋯⋯⋯⋯⋯⋯⋯⋯⋯⋯⋯⋯ 28

2.10.2　层次化Softmax算法⋯⋯⋯⋯⋯⋯⋯⋯⋯⋯⋯⋯⋯ 29

2.10.3 负采样算法 ···································· 31

2.11 向量语义相似度计算 ···························· 32

2.12 查询扩展 ···································· 34

第 3 章 面向短文本表示建模的知识库资源 ············ 37

3.1 引言 ···································· 37

3.2 百科类知识库资源 ···························· 37

3.2.1 Wikipedia 知识库 ························ 37

3.2.2 Freebase 知识库 ························ 38

3.2.3 YAGO 知识库 ························ 39

3.2.4 DBpedia 知识库 ························ 40

3.2.5 XLORE 知识库 ························ 41

3.3 词汇语义知识库资源 ························ 41

3.3.1 WordNet 知识库 ························ 41

3.3.2 HowNet 知识库 ························ 42

3.3.3 FrameNet 知识库 ························ 42

3.3.4 Probase 知识库 ························ 44

3.4 知识库资源对比分析 ························ 46

第 4 章 显式语义建模 ···································· 48

4.1 引言 ···································· 48

4.2 显式语义分析模型 ···························· 48

4.3 概念化模型 ···································· 49

4.4 显式语义建模总结分析 ························ 51

第 5 章 半显式语义建模 ···································· 52

5.1 引言 ···································· 52

5.2 概率化潜在语义分析模型 ························ 52

5.3 潜在狄利克雷分布模型 ························ 53

5.4 层次化狄利克雷过程模型 ························ 54

5.5 半显式语义建模总结分析 ························ 58

第 6 章 隐式语义建模 ···································· 59

6.1 引言 ···································· 59

6.2 潜在语义分析模型 ···························· 59

6.3 神经网络语言模型 ···························· 61

6.4 CBOW 模型和 Skip-Gram 模型 ················ 65

6.5 隐式语义建模总结分析 ························ 67

第 7 章 短文本概念化表示建模 ···················· 68

7.1 引言 ···································· 68

7.2　问题描述 68

7.3　短文本概念化方法 69

7.3.1　基于传统统计分析策略的短文本概念化方法 69

7.3.2　基于贝叶斯条件概率的短文本概念化方法 70

7.3.3　基于显式语义分析的短文本概念化方法 74

7.3.4　基于马尔可夫潜变量推理的短文本概念化方法 75

7.3.5　基于随机游走策略的短文本概念化方法 80

7.3.6　基于联合排序框架的短文本概念化方法 85

7.4　短文本概念化方法总结分析 95

7.4.1　实验验证 95

7.4.2　对比分析 100

7.4.3　问题与思考 104

7.5　本章小结 105

第8章　短文本向量化表示建模 107

8.1　引言 107

8.2　问题描述 107

8.3　短文本向量化方法 108

8.3.1　基于词袋模型的短文本向量化方法 108

8.3.2　基于段向量模型的短文本向量化方法 108

8.3.3　基于主题模型的主题化句嵌入方法 110

8.3.4　基于卷积神经网络的短文本向量化方法 114

8.3.5　基于递归神经网络的短文本向量化方法 116

8.3.6　基于循环神经网络的短文本向量化方法 120

8.3.7　基于注意力机制的概念化句嵌入方法 123

8.4　短文本向量化方法总结分析 134

8.4.1　实验验证 135

8.4.2　对比分析 141

8.4.3　问题与思考 144

8.5　本章小结 147

第9章　概念化和向量化在短文本检索问题中的应用 149

9.1　引言 149

9.2　问题描述 150

9.2.1　定义及分类 150

9.2.2　基本处理流程 150

9.2.3　索引结构 151

9.2.4　查询扩展 154

9.2.5 性能评价方法 ·· 155

9.2.6 短文本信息检索与传统信息检索的区别分析 ·········· 159

9.3 信息检索基础方法 ··· 160

9.3.1 经典信息检索模型 ····································· 160

9.3.2 概率检索模型 ··· 162

9.3.3 基于排序学习的检索模型 ······························· 165

9.3.4 基于语言模型的检索模型 ······························· 167

9.4 短文本检索应用方法 ·· 170

9.4.1 基于时域信息重排策略的短文本检索应用方法 ········· 170

9.4.2 基于潜概念扩展模型的短文本检索应用方法 ··········· 174

9.4.3 基于判别式扩展策略的短文本检索应用方法 ··········· 178

9.4.4 基于排序学习模型的短文本检索应用方法 ············· 179

9.4.5 基于概念化和向量化的短文本检索应用方法 ··········· 183

9.5 短文本检索应用方法总结分析 ·································· 189

9.5.1 实验验证 ··· 189

9.5.2 对比分析 ··· 192

9.5.3 问题与思考 ··· 196

9.6 本章小结 ·· 198

第 10 章 总结与展望 ··· 200

10.1 本书总结 ·· 200

10.2 未来研究方向展望 ·· 201

参考文献 ··· 204

第 1 章

绪　　论

1.1　研究背景及意义

根据中国互联网络信息中心（CNNIC）发布的第 46 次《中国互联网络发展状况统计报告》，截至 2020 年 6 月，我国网民规模达 9.40 亿（相当于全球网民的五分之一），互联网普及率达 67%（约高于全球平均水平 5 个百分点）；连续两年手机网民比例超过 99%（基本达到全民手机上网），从 2013 年起我国已连续 7 年成为全球最大的网络零售市场，我国网络购物用户规模达 7.49 亿，占网民整体比例高达 79.7%。网络购物、网上外卖和在线旅行预订等商务交易类型应用保持高速增长，网络购物市场消费升级特征进一步显现，用户偏好逐步向品质、智能、新品类消费转移。互联网环境下的智能信息处理技术正在加速与经济社会各领域深度融合，成为促进我国消费升级、经济社会转型、构建国家竞争新优势的重要推动力。

随着信息技术的飞速发展和各类应用的广泛普及，互联网时代带给人们越来越便捷的数字化生活和工作方式，而无论在 PC 端还是在移动端的网络生活中，人们都面对着各种类型的"短文本"（Short-Text）。短文本是与文档（或长文本）相对而言的，通常是指内容较少的文本，可以是一句话、一个篇幅简短的段落，甚至一个短语。此外，短文本具有更新速度快、特征词稀疏、数据规模大、用词口语化、情感色彩鲜明等特点。例如，社交媒体中的消息；问答系统中的问句；搜索引擎中的查询；电商平台中的产品评论；移动通信网络中的短信；聊天软件的聊天记录；等等。

人类的语言是人类独有的进化千万年后形成的信息表达方式。相较于具有原始信号输入的图像（像素）和语音（声谱），符号化的自然语言属于更高层次的抽象实体。因此，众多自然语言处理（Natural Language Processing，NLP）应用的第一步（也是至关重要的一步）就是将符号化的自然语言表示为计算机能理解的形式，即文本表示建模。在当前网络空间短文本信息超载的形势下，"短文本表示建模"（Short-Text Representation Modeling）研究应运而生。短文本表示建模，通常是指将短文本转换为机器可以诠释的形式，旨在帮助机器"理解"短文本的含义。短文本表示建模是一项对互联网信息时代机器智能至关重要且充满挑战的研究任务，有益于众多应用场景，如 Web 搜索、自动问答、情感计算、主题检测、信息推荐等。这是因为，完成这些应用的首要步骤是将输入短文本转换为机器可以获取其含义并进一步计算的编码形式。例如，在搜索引擎中，用户所提交的查询信息通常只包含数量有限的关键词，但通常需要通过对这些查询信息进行分析，以理解用户潜在的信息需求和检索意图。短文本表示建模既能帮助企业更好地为用户推送信息、服务和产品，又能帮助政府有关部门更好地把控舆情走势。因此，通过合理的表示建模来"理解"短文本并衍生相关应用，不仅可以为民众生活提供诸多便利，而且符合企业营销和国家战略的需要，还是基于关键字匹配策略的传统网络空间信息处理技术达到一定瓶颈之后的必然选择。

1.2　基本定义及问题描述

1.2.1　短文本基本特征

短文本的自身特性为短文本表示建模任务提出了新的挑战。这些挑战可以概括如下：

（1）短文本篇幅简短，缺乏上下文语境信息，且"一词多义"和"词表不匹配"现象普遍，这导致短文本难以被机器理解。

（2）短文本的语义相关性信号稀疏。短文本与长文本的主要区别就是短文本的字数较少，因此所要表达的内容就相对较少，所包含的关键词也较少，而且词语间的语义关系相对缺乏关联性。这不仅造成短文本的样本向量的稀疏性，还为有用特征的提取造成一定的困难，缺乏充足信息用于统计和推理，难以支持主题建模等传统文本处理算法。

（3）短文本书写不规范、噪声大，且短文本出现的语境通常表达比较口语化、随意。例如，QQ 聊天中的"886"；微博中盛行的"神马""浮云"等；发短信时出现的口头禅、方言谐音等。这些都不同于标准的书面用语，且字数有限，便决定了短文本具有的不规范性，从而难以对其应用句法分析等传统文本处理算法，也使得了解文本之间的上下文语义关联尤为重要。

（4）短文本实时性强。短文本大多存在于微博、短信、评论等交互媒体中，而社交媒体最重要的一个特点便是实时互动性，这决定了短文本的实时性特点。再者，短文本数据量过于庞大，所要表达的含义也不够完整，这就决定了其长远价值不够高，但具有很高的实时价值。

短文本表示建模研究可以归属于文本挖掘研究范畴。当前，绝大部分传统文本挖掘任务和应用（包括文本聚类、主题检测等）通常采用基于统计分析的文本处理方法，将文本视为词袋（Bag-of-Words）[1]或者采取传统主题模型[2-3]等。然而，这些方法在挖掘过程中忽略文本中蕴含的抽象层次更高的、语义概括能力更强的词汇语义信息，导致语义挖掘不够深入。因此，文本挖掘的结果缺乏可靠的可解释性且易受噪声影响。而且，这些传统文本处理方法的缺陷在处理短文本时被保留并放大。这是因为，基于统计分析的方法需要充足的文本内容来进行统计推理，而短文本却比较稀疏，其缺乏充足的文本内容。

1.2.2　短文本中的"概念"

由于短文本噪声大、稀疏性强、歧义性普遍，因此"理解"短文本对于机器来说很难，但是人类通常能够轻而易举地理解。这是因为，**人类拥有语言知识和常识，能够积累知识并做出推断**。语言的理解建立在认知的基础上，如果想让机器也具备语言认知能力，那么机器就需要拥有与人类差不多的语言知识。那么，"如何利用人类语言知识来培育机器智能呢"？为了回答这个问题，有研究将目光投向在人类精神世界和语言范畴中占有重要地位的**概念**（Concept）信息。参照以往研究[4-5]，"概念"被定义为一组（类）实体或事物的总称，属于相近（或相同）类别的词语有相似（或相同）的概念表达及语义内涵。例如，词语"Jeep"（吉普）和词语"Honda"（本田）都属于概念 CAR（汽车）。概念是人脑对客观事物本质的反映，是思维活动的结果和产物，是思维活动借以开展的基本单元。例如，"汽车"这一概念让我们能够认知形形色色的汽车，把握其共性本质，而无须纠结于不同特定汽车的细微差别。心理学家 Murphy[6]在其高引专著 *The Big Book of Concepts* 的开篇写道："Concepts are the glue that holds our mental world together..."（概念将万物相连……）。2003 年，*Nature*（《自然》）杂志发表观点："Without concepts，there would be no mental world in the first place...（概念筑成精神世界……）"。概念的形成是人类认知从具体进入抽象的第一步，人类通过概念认知世界，概念是人类认知世界的基石。毫无疑问，概念知识能够促进人类学习的认知过程；同样，本书认为**概念知识也可以用于培育机器智能**，引入概念信息是本书在让机器具备认知能力的征程中迈出的至关重要的一步。因此，面向短文本表示建模研究及应用需求，为了解决传统文本处理方法在短文本上所面临的挑战，需要从篇幅有限且噪声大的短文本中挖掘更多语义信息（如语义层次更深的概念信息）；同时，需要构建相关框架，使各类语义信息能够充分地融合与交互，进而实现对短文本的语义的高效表示建模。

本书所使用的概念知识资源是目前规模最大、质量最高的概率化词汇语义知识库 Probase[7]。知识库 Probase 同时被作为本书的词表。该知识库包含百万量级细粒度的、被明确定义的概念，而一个词语可能从属于多个概念。例如，在知识库 Probase 中，词语"tiger"（老虎）所从属的概念包括 ANIMAL（动物）、WILD_ANIMAL（野生动物）、JUNGLE_ANIMAL（丛林动物）等。所以，降低概念空间的维度对于降低计算复杂度是十分必要的。而且，可以通过降维来创造更有意义的相关性度量方式，这对后续概念化和向量化相关工作大有裨益。Li 等[8]使用 k−中心聚类（k−Medoids Clustering）算法，将知识库 Probase 中所有百万量级的个体概念聚成 5000 个互斥的概念类簇（Concept Cluster）[5]。例如，ANIMAL（动物）、WILD_ANIMAL（野生动物）、JUNGLE_ANIMAL（丛林动物）等个体概念都被聚合在概念类簇 Animal（动物）下。因此，效仿以往研究策略，本书不在所有个体概念上进行概念化研究，而是在上述概念类簇上进行短文本概念化研究与相关分析。为了便于描述，下文使用"概念"指代一个概念类簇。

1.2.3　短文本表示建模

短文本表示建模，旨在将短文本转化为机器可以获取其含义并进一步计算的形式[9]，该任务对于检索、推荐、问答等诸多人工智能应用都有着重要影响。以信息检索为例（图 1−1）。为了完成该任务，信息检索系统在通过相关检索模型匹配出相关性强的文档（即检索结果）之前，需要解决的问题是如何将输入的短文本表示成机器可以理解和处理的形式，这也是短文本表示建模研究的意义所在。

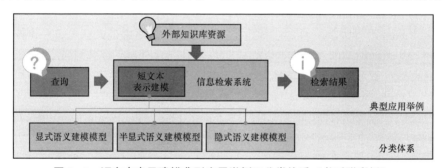

图 1−1　短文本表示建模典型应用举例及分类体系（书后附彩插）

然而，短文本表示建模又是一项充满挑战的任务。与长文本不同，短文本篇幅简短、缺乏充足的上下文信息用于统计和推理，书写不规范、噪声大，"一词多义"现象普遍、亟需消歧，传统自然语言处理技术（如句法分析、主题建模等）在短文本上的应用效果不理想。传统的面向短文本的应用通常通过枚举和关键词匹配的方式来规避"理解"这一任务。例如，传统自动问答系统可以构建一个问题和答案匹配的列表，在线查询时，只需对列表中的条目进行匹配。近年来，随着自然语言处理技术的发展以及智能化应用需求的提高，主流搜索引擎正在逐渐从基于关键词的搜索向文本理解过渡[9]。例如，给出短文本"apple ipad"和短文本"apple tree"，机器应能识别"apple"指的是品牌还是水果。许多研究已经证明，短文本表示建模依赖额外的知识资源，而且这种知识资源不同于以往的百科知识，而是词汇语义知识[5,7,10]，因为只有词汇语义知识才能帮助机器从语义角度去理解和分析短文本。

随着互联网技术的快速发展和相关应用的不断普及，短文本表示建模研究方兴未艾，已展示出良好的发展前景和应用潜力。目前在学术界和产业界有很多对短文本表示建模研究的分类体系。其中，最主流的分类体系是根据所需知识源的属性，将短文本表示建模模型分为显式（Explicit）语义建模模型、半显式（Semi-Explicit）语义建模模型、隐式（Implicit）语义建模模型等三类[9,11]。

（1）**显式语义建模模型**，简称显式语义建模，旨在将短文本表示成机器和人都能理解和解释的具象形式，通常是指使用人工构建的大规模知识库或词典，将短文本转化成人和机器都能理解的表示方式。例如，使用概念、主题、类目等可以直观解释的形式表示短文本，所产生的短文本向量不仅可以用于机器计算，还可以被人类理解，且每一维度都有明确的含义（通常是一个明确的"概念"）。

（2）**半显式语义建模模型**，简称半显式语义建模，其与隐式语义建模模型类似，同样将短文本映射到语义向量空间，但其向量的每个维度是一个"主题"，该主题通常是一组词语的聚类，人们可以通过这个主题来猜测该维度的内涵，不过该维度的语义依然是难以解释的。

（3）**隐式语义建模模型**，简称隐式语义建模，通常是指将短文本表示成可以输入机器进行计算的抽象形式。例如，将短文本映射为一个语义空间上的隐式向量，这个向量的每个维度所代表含义是人们难以解释的，只能用于机器计算。

本书研究依托上述分类体系，重点面向显式语义模型（**短文本概念化表示模型**）和隐式语义模型（**短文本向量化表示模型**）展开研究，并探讨结合这二者的短文本表示建模应用（**短文本信息检索模型**）。

除了根据所需知识源的属性进行分类，对于短文本表示建模研究的分类体系还包括：根据模型在文本分析上的粒度差异，可将短文本表示建模模型分为文本级别模型、词语级别模型。其中，文本级别模型直接面向短文本整体进行建模和表示，典型模型包括 LSA 模型[12]、LDA[13]和段向量[14]等；词语级别模型则以词语为基础，首先生成每个词语的表示，然后使用特定的合成方法产生短文本的表示，典型模型包括神经网络语言模型、词嵌入、ESA 模型[15-16]等。

1.2.4　短文本概念化表示建模

短文本概念化旨在将给定短文本映射到知识库 Probase[3,7]定义的概念，即为短文本赋予知识库中的概念。给定短文本 $s=\{w_1,w_2,\cdots,w_l\}$，其中，w_i 表示词语，$i=1,2,\cdots,l$，l 表示短文本长度（即词语数量）。参照以往研究对短文本概念化任务的定义[5,17]，以该短文本作为算法输入，短文本概念化可以实现如下：

（1）从知识库中获得概念分布 $\phi_C=\{\langle c_i,p_i\rangle\,|\,i=1,2,\cdots,k_C\}$ 来表示短文本 s。其中，p_i 表示概念 c_i 的概率，k_C 表示所识别出的概念的数量。

（2）获得短文本 s 的关键词集合 $W=\{\langle w_j,\delta(w_j)\rangle\,|\,j=1,2,\cdots,k_W\}$。其中，$\delta(w_j)$ 表示词语 w_j 的打分，表征词语 w_j 对短文本 s 整体语义建模的重要程度；k_W 表示所获得的关键词数量。

通过上述定义可知，短文本概念化的本质是将给定短文本映射到一个概念空间（Concept Space），这种映射过程能够过滤不适合当前给定短文本语境的错误概念，进而实现对"一词多义"词语的语义消歧[11]。本书所使用的概念空间由知识库 Probase 构建。

1.2.5　短文本向量化表示与检索应用

给定短文本 $s=\{w_1,w_2,\cdots,w_l\}$ 及其概念分布 ϕ_C，短文本向量化旨在生成 d 维向量 s 来对短文本 s 的语义进行表示。

短文本检索应用广泛，以微博检索为例。在微博检索应用中，给定短文本形式的查询 $s=\{w_1,w_2,\cdots,w_l\}$，生成其对应的查询语言模型 θ_q，实施基于二阶段伪相关反馈策略的查询扩展：第一阶段，基于初始检索，获取 M 条推特文本（以下简称"推文"），构成伪相关反馈推文 CT；第二阶段，基于伪相关反馈推文 CT，扩展原始查询语言模型 θ_q，得到扩展后的查询语言模型 $\theta_{q'}$。最终，使用 $\theta_{q'}$ 检索得到一定数量的与给定查询 s 语义相关的推文（具体数量通常由具体微博检索任务决定）。

1.3　研究问题图解

基于上述对本书拟解决的研究问题的形式化定义，以一个示例（图 1-2）来直观地展示本书所研究的问题。给定短文本 "microsoft unveils office for apple's ipad"，本书旨在生成其显式表示建模结果和隐式表示建模结果，并结合显式表示建模结果和隐式表示建模结果来生成以该短文本为查询的微博检索结果。

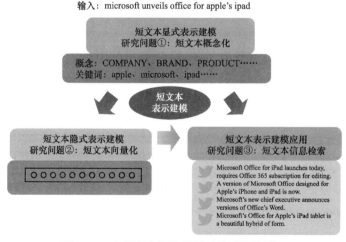

图 1-2　本书研究问题示例（书后附彩插）

具体过程如下：

（1）在"短文本显式表示建模"研究方向，本书的研究问题是短文本概念化：从知识库 Probase 中生成该短文本所对应的概念分布（概念分布中，权重比较高的概念包括 COMPANY、BRAND、PRODUCT 等）来表示该短文本，并同时识别出该短文本中的关键词（如"apple""microsoft""ipad"等）。

（2）在"短文本隐式表示建模"研究方向，本书的研究问题是短文本向量化：基于短文本显式表示建模研究生成的概念分布，并为该短文本生成语义向量。

（3）在"短文本检索应用"研究方向，本书的研究问题是以微博检索为代表的短文本信息检索：以短文本"microsoft unveils office for apple's ipad"为查询，将短文本显式表示建模研究生成的概念分布和短文本隐式表示建模研究生成的语义向量共同融入一个微博检索框架，在推特平台上检索与该查询语义相关的推文。

1.4 本书内容组织结构

本书内容的组织结构及各章之间的关联如图 1-3 所示。

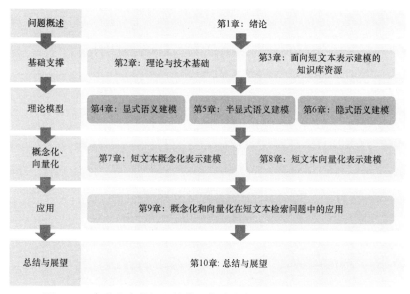

图 1-3　本书内容的组织结构及各章之间的关联（书后附彩插）

本书按照"明确研究问题→阐述基础支撑→分析理论模型→介绍概念化和向量化→应用探索→总结研究成果"的结构组织内容。全书分为 10 章。其中，第 1 章为绪论，介绍本书的研究背景和意义，并对本书拟解决的研究问题进行详细描述和形式化定义。第 2、3 章分别介绍本书主要用到的自然语言处理相关基础理论知识以及本书介绍的相关模型所用到的知识库资源。第4~6章围绕短文本表示建模，从显式语义建模、半显式语义建模、隐式语义建模三个角度来分析相关典型理论模型，并概述现有研究的不足。第7章总结短文本概念化表示建模，并进行对比实验和结果分析。在第7章的基础上，第8章总结短文本向量化表示建模，重点探索基于概念化的短文本向量化表示建模，并进行对比实验和结果分析。综合第7、8章，第9章探索短文本概念化和短文本向量化在短文本检索问题中的应用。第10章对全书进行了总结，并展望未来研究趋势。

第 2 章

理论与技术基础

2.1　分布假说

Harris[18]在 1954 年提出分布假说（Distributional Hypothesis）：上下文相似的词，其语义也相似。基于分布假说的文本表示方法旨在用上下文描述语义，也被称为分布表示（Distributional Representation），用于描述上下文语境的概率分布。分布假说为词语的分布表示提供了理论基础。在分布假说中，需要关注的对象有两个——词语、上下文语境，其中最关键的是上下文语境的表示。Firth[19]在 1957 年对分布假说进一步阐述和明确：词语的语义由其上下文决定。20 世纪 90 年代初期，统计方法在自然语言处理中逐渐成为主流，分布假说也再次被人关注。Schütze[20]总结并完善了利用上下文分布表示词义的方法，并将这种表示用于词义消歧等任务，这类方法在当时被称为词空间模型（Word Space Model）。2006年以后，随着计算机硬件性能的提升以及优化算法的突破，神经网络模型逐渐在多个领域发挥出自己的优势。使用神经网络构造词表示的方法可以更灵活地对上下文进行建模，这类方法逐渐成为基于分布假说的词语分布表示的主流方法。

对文本分类、信息检索等实际需求而言，仅使用词级别的语义分布表示不足以有效完成这些任务，还需要通过模型来得到多粒度（如句子级别、段落级别、篇章级别等）文本的语义表示。虽然分布假说最初是针对词义的假说，而且由于文档的多样性，直接使用分布假说构建文档的语义向量表示时会遇到严重的数据稀疏问题，但是分布假说极大地启发了文本语义表示学习。众多研究探索在建模多粒度文本语义的时候重点考虑通过上下文语境来获取语义。一个直观的思路：通过不同类型的语义组合方式来将词语的分布表示合成文本（句子或文档等）的分布表示，进而将词语级别的语义组合到句子（或文档）级别的语义，如目前主流的神经网络语义组合方法。此外，也有研究依托分布假说来探索端到端建模文本语义，这种研究思路旨在直接建模多粒度文本的分布表示。因此，分布假说是本书相关研究内容的理论基础。

2.2　向量空间模型

向量空间模型由 Salton 等[21]提出，并被成功应用到 Smart 系统中。向量空间模型当前被广泛应用于信息检索、信息过滤、信息撷取和文本挖掘等领域。向量空间模型的主要原理：将每个文本转化为一个向量，文本中的每个词语对应向量中的一个维度，每个维度的值表示相应的词项在文本中的权值，权值可以通过词频–逆文档频率等算法计算得到。假设有文本集合 $\Delta=\{s_i|1\leqslant i\leqslant|\Delta|\}$，每个文本 s_i 可以定义成 $s_i=\{w_j|1\leqslant j\leqslant|s_i|\}$，其中 w_j 表示 s_i 中互不相同的词项。通过向量空间模型能够将每个文本转换成一个 $|s_i|$ 维特征向量，将该特征向量定义成 $s_i=[(w_1,\mathrm{weight}(w_1)),(w_2,\mathrm{weight}(w_2)),\cdots,(w_{|s_i|},\mathrm{weight}(w_{|s_i|}))]$，其中 $\mathrm{weight}(w_j)$ 表示文本 s_i 的第 j 个词项在文本中的权值。对文本集合 Δ 进行处理之后，可以得到 Δ 的特征向量集合 $\{s_i|1\leqslant i\leqslant|\Delta|\}$。

向量空间模型将复杂的文本进行向量化处理，将其转化成由特征项和权值组成的多维向量，从而将对文本的一系列操作转化成对向量的操作。由此衍生出自然语言处理领域经典的词袋（Bag-of-Word，BOW）模型、独热（One-Hot）表示方法等。向量空间模型虽然简单易懂，但是也存在一些缺点：

（1）无法分析处理文本中词项间的语义关系，无法保留词语之间的顺序和依存关系等信息，导致文本中重要信息的丢失。

（2）在处理大量短文本时，其文本长度短、信息碎片化的特点会导致特征向量高维稀疏性问题。

以传统独热表示方法为例，作为早期的词表示方法之一，每个词被表示为一个长度为词典的大小的向量，向量只有该词对应维度上的数据为 1，其余维度的数据全为 0。独热表示方法仅将词语符号化，不包含任何语义信息，具有局限性，体现在以下两方面：

（1）严重的数据稀疏问题。通常词典很大，所有词的向量组成的矩阵是一个庞大的稀疏矩阵，在各类计算任务中严重浪费存储和计算资源，并且庞大的特征维数极易造成过拟合，影响任务效果。

（2）不能表示词的语义特征。由于向量中唯一的非零元素仅记录词的索引位置特征，没有记录词的语义信息，因此不能体现词间相似性和词间语义关联性等语义层次的信息。

2.3　词频–逆文档频率

Salton 等[21]在 1974 年提出了词频–逆文档频率（Term Frequency-Inverse Document Frequency，TF–IDF）算法，此后又论证了 TF–IDF 算法在信息检索、

文本相似度计算等自然语言处理领域的有效性。TF-IDF 是一种计算词语权重的算法，可用于评估词语对当前文本（或整个语料库）的重要程度。字词的重要性与其在当前文件中出现的频率成正比，但与它在语料库中出现的频率成反比。TF-IDF 的计算公式如下：

$$\mathrm{TF-IDF}(w,s) = \mathrm{TF}(w,s) \times \mathrm{IDF}(w,s) = \frac{n(w,s)}{|s|} \times \log \frac{|\varDelta|}{|\{s \mid w \in s\}| + 1} \quad (2-1)$$

式中，TF——词频（Term Frequency）；

　　　IDF——逆文档频率（Inverse Document Frequency）；

　　　$n(w,s)$——词语 w 在文档 s 中出现的次数；

　　　$|\{s \mid w \in s\}|$——出现词语 w 的文档 s 的个数；

　　　$|s|$——文档 s 的总词语数；

　　　$|\varDelta|$——总文档数。

TF-IDF 的主要思想：如果一个词语在特定的文本中出现的频率越高，即 TF（词频）越大，则说明它在区分该文本内容属性方面的能力越强；如果一个词语在文本中出现的范围越广，即 IDF（逆文档频率）越小，则说明该词区分文本内容属性的能力越弱。如果某个词（或短语）在一篇文章中出现的 TF 值高，并且在其他文章中很少出现，则认为该词语具有很好的类别区分能力，适合被选择为文本分类、文本聚类等自然语言处理任务的语义特征。

然而，针对很多自然语言应用（如文本分类问题），仅依靠 TF-IDF 信息是远远不够的。这主要是因为以下两点：

（1）TF-IDF 没有考虑主题或者概念信息，是仅根据出现频率来对语料集进行统计后得出的值，这种"仅考虑浅层字面，未顾全深层语义"的策略并不能很好地提升歧义性强的自然语言处理任务（如多主题领域的情感分类等）的性能。

（2）TF-IDF 没有考虑词语的位置、顺序和共现信息，其仅考虑词频与逆文档频率，并不能很好地表征对一个词语的分类能力。

2.4　链　接　分　析

链接分析方法的思想起源于文献引文索引机制，即论文被引用的次数越多、引用它的论文质量越高，则这篇论文就被认为越权威。将这个思路移植到网络空间，就是某个网页被链接的次数越多、链接其的网页质量越高，该网页就被认为质量更高、人气更旺，更有可能是用户所需的。

Web 是一个超文本集，且网页间的链接是有方向的。根据数据结构中对图的定义，通常将 Web 上错综复杂的网页作为有向图 $\mathcal{G}$ 来处理，即 $\mathcal{G} = (\mathcal{V}, \mathcal{E})$。其中，$\mathcal{V}$ 表示网页集合，$\mathcal{E}$ 表示网页之间的链接集合。网页被抽象为图 $\mathcal{G}$ 中的顶点，网页之间的链接被抽象为图 $\mathcal{G}$ 中的有向边。链接分析以链接作为主要输入来研究

Web 的性质，尤其是其隐含的宏观性质。基于链接分析的文档排序方法主要基于两个重要假设：一个从网页 A 到网页 B 的超链接表示网页 A 的作者对网页 B 的一种推荐；如果网页 A 和网页 B 是通过超链接连接的，那么就认为它们有可能是关于同一个主题的。这两个假设在各种基于链接分析的算法中均以某种方式体现。最著名的文档排序算法是 PageRank 算法（由 Page 等人提出）和 HITS 算法（由 Kleinberg 等人提出），且 PageRank 算法在 Google 搜索引擎中的应用获得了巨大的商业成功。

PageRank 算法和 HITS 算法均为基于链接分析的排序算法，但两者的应用领域有所不同。PageRank 算法通常应用于搜索引擎服务端，可直接用于标题查询，并获得较好的结果。HITS 算法一般用于全文本搜索引擎的客户端，可用于自动编撰 Web 分类目录；通过找到指向某网页的集中网页（Hub 网页）并以此为根集，HITS 算法可以查找该网页的相关网页；此外，HITS 算法还可用于元搜索引擎的网页排序。

2.4.1　PageRank

PageRank 算法是最早将链接分析技术应用到商业搜索引擎中的算法[22]。PageRank 算法的主要思想：如果网页 X 存在一个指向网页 A 的超链接，则表明网页 X 的所有者认为网页 A 比较重要，并将网页 X 的部分重要性权值赋值给网页 A。PageRank 算法不仅建立在链接流行度的基础上，它更考虑指向它的网页的质量及重要程度。如果一个 PageRank 值（PageRank 值是代表网络上某个网页重要性的一个数值）高的网页有一个链接指向网页 A，那么网页 A 也将获得较高的 PageRank 值。因此，一个网页的 PageRank 值取决于链接到它的网页的 PageRank 值，同时这些网页的 PageRank 值取决于链接到它们的网页的 PageRank 值。所以，一个网页的 PageRank 值是由其他网页来传递决定的，它的值同时会影响其他与该网页存在链接关系的网页。具体而言，PageRank 算法基于以下两个前提：

（1）一个网页被多次引用，则它可能是重要的；一个网页虽然没有被多次引用，但是被重要的网页引用，它也可能是重要的。一个网页的重要性被平均地传递到它所引用的网页[23]。

（2）假定用户一开始随机访问网页集合中的一个网页，以后跟随网页的向外链接向前浏览网页，且不返回浏览，则浏览下一个网页的概率就是被浏览网页的 PageRank 值。

被链接的网页的 PageRank 值的具体算法：是将某个网页的 PageRank 值除以存在于这个网页的正向链接的数量，由此得到的值分别和正向链接所指向网页的 PageRank 值相加。

下面用具体的例子来描述上述思想。图 2-1 所示是一个简单的 PageRank 值在互联网网页之间的传递过程。

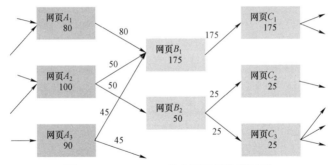

图 2-1 **PageRank** 值在网页间传递过程

从图 2-1 可以看出，网页 A_2 的 PageRank 值是 100，它的出度是 2，所以网页 A_2 向网页 B_1 和网页 B_2 分别传递 50；其他链接关系与此类似。在 PageRank 算法中，网页 A 的重要性得分（即 PageRank 值）由下式给出：

$$P_r(A) = (1-\eta) + \eta\left(\frac{P_r(X_1)}{O_1(X_1)} + \frac{P_r(X_2)}{O_1(X_2)} + \cdots + \frac{P_r(X_n)}{O_1(X_n)}\right) \tag{2-2}$$

式中，$\{X_1, X_2, \cdots, X_n\}$——含有指向网页 A 链接的网页；

$P_r(X_i)$——网页 X_i 的 PageRank 值；

$O_1(X_i)$——网页 X_i 的出链（Out-Link）数量；

η——阻尼系数，$\eta \in (0,1)$，通常取值为 0.85。

可将式（2-2）从概率的角度解释为：一个随机网络用户随机选择一个网页后，不断点击网页上的链接，但是从不返回，除非最后厌倦了才随机选择另一个网页。其中，随机网络用户访问某个网页的随机概率就是该网页的 PageRank 值；阻尼系数 d 就是该随机网络用户在某个网页厌倦后，选择一个新网页的概率。网页的 PageRank 值越高，那么随机网络用户发现它的概率就越高。

PageRank 算法的一大优势就是与查询无关（Query Independent），即所有网页的 PageRank 值都可以离线更新且与任意查询共享。这一特性使得该算法的实时响应速度比较快。PageRank 算法有一定局限性，包括如下：

（1）网络空间的内容涵盖众多主题，在现实搜索应用中，人们在查询时所希望得到的信息往往具有某一方面主题特征。然而，PageRank 算法仅依靠计算网页的外部链接数量来决定该网页的排名，忽略网页的主题（即内容）相关性，从而会影响检索结果的相关性和准确性。

（2）其重点考虑网页之间的相互引用，这使得该算法对于新加入（或新生成）的网页不够友好，即使这些网页的内容质量较高，也会因没有足够的其他网页引用而评分不高。

2.4.2 HITS

HITS（Hypertext Induced Topic Search）算法是 IBM 公司的 CLEVER 研究项

目中的一部分[24]。该算法提出了权威网页（Authority 网页）和集中网页（Hub 网页）的概念（图 2—2），每个网页都具有 Authority 值和 Hub 值。其中，Authority 值表示一个权威网页被其他网页引用的次数，即该权威网页的入度值。某网页的被引用次数越多，则该网页的 Authority 值就越大。Hub 值表示一个网页指向其他网页的数量，即该网页的出度值。某网页的出度值越大，则该网页的 Hub 值越大。

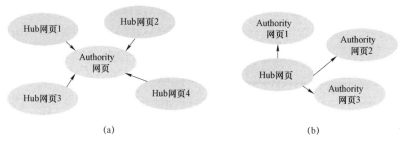

(a)   (b)

图 2—2 HITS 算法中的权威网页和集中网页

（a）权威网页；（b）集中网页

HITS 算法的主要思想：将查询 q 提交给传统的基于关键字匹配的搜索引擎，搜索引擎返回很多网页，从中取前 m 个网页作为根集（Root Set），用 Δ 表示。根集 Δ 应满足的条件：在根集 Δ 中，网页的数量相对较少；在根集 Δ 中，大多数是与查询 q 相关的网页；在根集 Δ 中，包含较多权威网页。通过向根集 Δ 加入被根集 Δ 引用的网页和引用根集 Δ 的网页，将根集 Δ 扩展成一个更大的扩展集合 X。以扩展集合 X 中的集中网页（Hub 网页）为顶点集 V_1，以权威网页（Authority 网页）为顶点集 V_2。顶点集 V_1 中的网页到顶点集 V_2 中网页的超链接为边集 $\mathcal{E}$，形成一个二分有向图。对顶点集 V_1 中的任意一个顶点 v，用 hub(v) 表示网页 v 的 Hub 值，且 hub(v) 收敛；对 V_2 中的顶点 u，用 authority(u) 表示网页的 Authority 值。开始时，hub(v) = authority(u) = 1；对顶点 u 执行 I 操作，修改其 authority(u)；对顶点 v 执行 O 操作，修改其 $h(v)$。然后，规范化 authority(u) 和 hub(v)。如此重复 I 操作和 O 操作，直到 authority(u) 和 hub(v) 收敛。其中，I 操作为 authority(u) = $\sum$hub(v)，O 操作为 hub(u) = $\sum$authority(v)。

学者们通过实验对比发现，HITS 算法的排名准确度要比 PageRank 算法高。但 HITS 算法存在如下问题：

（1）由根集 Δ 生成扩展集合 X 的时间开销是昂贵的，且由扩展集合 X 生成有向图也很耗时，对计算能力的要求较高。

（2）HITS 算法对于诸如网页广告等噪声的容忍度不足，较多的广告和噪声易降低 HITS 算法的精度。

（3）HITS 算法存在主题漂移（Topic Drift）问题，所以使用 HITS 算法进行窄主题查询时，可能产生主题泛化问题，即扩展以后引入的新主题与原始查询无关。

2.5　马尔可夫随机场

马尔可夫随机场（Markov Random Field，MRF）是从一个图 G 构建得到的，该图的节点代表随机变量（Random Variable），该图的边代表随机变量之间的独立语义（Independence Semantics）。马尔可夫随机场的核心概念包括：团（Clique），指一组节点集合的一个子集，在一个团里面，所有的节点对都互相连接（最简单的团就是两个节点以及一条边）；对于一个团，当且仅当它不是其他团的子团时，该团被称为极大团（Maximal Clique）；对于一个团，当且仅当它的点集模最大时，该团被称为最大团（Maximum Clique）。无向概率图模型（Undirected Graphical Model）适合对无法描述变量之间方向性的问题进行建模，通常应用于对联合分布（Joint Distribution）进行建模。图 2-3 给出了马尔可夫随机场中团和极大团示例，其中绿色圆圈范围是一个最简单的团，蓝色圆圈范围是一个极大团。

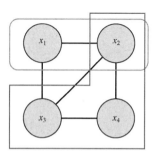

图 2-3　马尔可夫随机场中团和极大团示例（书后附彩插）

马尔可夫随机场包括马尔可夫性质和随机场等两层含义。马尔可夫随机场必须满足马尔可夫性质：给定邻居节点之后，随机变量独立于其他非邻居节点。马尔可夫随机场中不同的边设置蕴含不同的独立假设。具体而言，马尔可夫性质是指：一个随机变量序列按时间先后关系依次展开时，第 $T+1$ 时刻的分布特性与第 T 时刻以前的随机变量的取值无关。当为每个位置中按某种分布随机赋予相空间（Phase Space）的一个值以后，其全体就称为随机场。马尔可夫随机场的过程包括图构建、参数学习、推理等过程。虽然马尔可夫随机场是一个生成式模型（Generative Model），但是马尔可夫随机场不适合使用传统的基于似然的方法来训练。

在图 2-3 中，边表示节点之间具有相互语义关联关系，此类关系是双向的、对称的。例如，节点 x_1 和节点 x_2 之间有连边，这说明 x_1 和 x_2 具有语义关联关系。通常，采用势函数对上述语义关联关系进行度量。势函数刻画局部变量之间的语义相关关系，它应该是非负的函数。为了满足非负性，指数函数常被用于定义势函数：

$$\varphi(x) = e^{H(x)} \qquad (2-3)$$

式中，$H(x)$ ——定义在变量 x 上的实值函数。

马尔可夫随机场是生成式模型。生成式模型关心的是变量的联合概率分布。假设有 m 个取值为二值随机变量 $\{x_1, x_2, \cdots, x_m\}$，则其取值分布将包含 2^m 种可能，因此确定联合概率分布 $\mathcal{P}(x_1, x_2, \cdots, x_m)$ 需要 $2^m - 1$ 个参数，而这个复杂度通常是不能接受的。一种极端情况：当所有变量都相互独立时，$\mathcal{P}(x_1, x_2, \cdots, x_m) = \mathcal{P}(x_1) \cdot \mathcal{P}(x_1) \cdot \cdots \cdot \mathcal{P}(x_m)$，只需要 m 个参数。为了解决这个问题，需要定义马尔可夫随机场中随机变量之间的全局马尔可夫性、局部马尔可夫性、成对马尔可夫性。

全局马尔可夫性示意见图 2-4。设节点集合 A 和节点集合 B 是在无向图 $\mathcal{G}$ 中被节点集 D 分开的任意节点集合，全局马尔可夫性是指在给定变量 x_D 的条件下，变量 x_A 和变量 x_B 条件独立，记为 $x_A \perp x_B \mid x_D$，其对应的联合概率分布为

$$\mathcal{P}(x_A, x_B \mid x_D) = \mathcal{P}(x_A \mid x_D)\mathcal{P}(x_B \mid x_D) \tag{2-4}$$

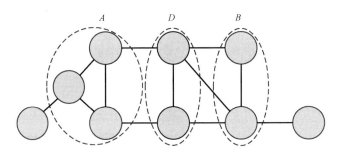

图 2-4　全局马尔可夫性示意（书后附彩插）

局部马尔可夫性示意见图 2-5。给定变量 x_v 的所有邻接变量 x_p，则该变量 x_p 条件独立于其他变量 x_o。也就是说，在给定某个变量的邻接变量的取值条件下，该变量的取值与其他变量无关，其对应的联合概率分布为

$$\mathcal{P}(x_v, x_o \mid x_p) = \mathcal{P}(x_v \mid x_p)\mathcal{P}(x_o \mid x_p) \tag{2-5}$$

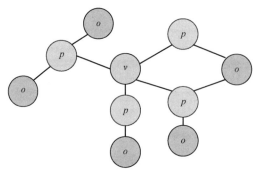

图 2-5　局部马尔可夫性示意（书后附彩插）

成对马尔可夫性是指，给定所有其他变量，两个非邻接变量条件独立。这是因为，两个节点没有直接路径，并且所有其他路径上都有确定的观测节点，因此这些路径也将被阻隔。其对应的联合概率分布为

$$\mathcal{P}(x_i, x_j \mid x_{\backslash \{i, j\}}) = \mathcal{P}(x_i \mid x_{\backslash \{i, j\}}) \mathcal{P}(x_j \mid x_{\backslash \{i, j\}}) \tag{2-6}$$

式中，$x_{\backslash \{i, j\}}$——所有变量去除变量 x_i 和变量 x_j 的变量集合。

于是，联合概率分布的分解一定要让变量 x_i 和变量 x_j 不出现在同一个划分中，从而让属于这个图的所有可能概率分布都满足条件独立性质。让非邻接变量不出现在同一个划分中，即在每一个划分中节点都是全连接的。在马尔可夫随机场中，多个变量的联合概率分布能基于团分解为多个势函数的乘积，每一个团对应一个势函数：

$$\mathcal{P}(x) = \frac{1}{\sum_x \prod_{\Omega} \varphi_{\Omega}(x_{\Omega})} \prod_{\Omega} \varphi_{\Omega}(x_{\Omega}) \tag{2-7}$$

式中，Ω——一个团，$\varphi_{\Omega}(\bullet)$ 为该团对应的势函数。

将联合概率分布分解为其极大团 U 的势函数的乘积：

$$\mathcal{P}(x) = \frac{1}{\sum_x \prod_{U \in \Omega^*} \varphi_U(x_U)} \prod_{U \in \Omega^*} \varphi_U(x_U) \tag{2-8}$$

式中，Ω^*——极大团构成的集合。

2.6　参数分布估计

本节介绍一些主要的参数分布及估计。二项分布、多项式分布等都可以看作参数分布，因为其函数形式都被一小部分参数控制。因此，给定一定规模观测数据集（假定数据满足独立同分布），需要有一个解决方案来确定这些参数值的大小，以便能利用分布模型来做密度估计。参数分布估计的常用思路：假设参数集合 Λ 是变量，而且在做试验前已经服从某个分布 $\mathcal{P}(\Lambda)$（来源于以前做试验数据计算得到，或来自人们的主观经验），然后做新试验去更新这个分布假设。参数分布估计流派通常分为频率学派、贝叶斯学派。其中，频率学派解决方案是通过某些优化准则（如似然函数）来选择特定参数值；贝叶斯学派解决方案是假定参数服从一个先验分布，将观测到的数据使用贝叶斯理论来计算对应的后验分布。贝叶斯学派采用给参数赋予先验分布，并使得先验与后验共轭，通过求后验均值来得到参数的估计。不管哪个学派思想，都要用到似然函数：频率学派使用的似然函数是 N 次伯努利试验下的似然函数；贝叶斯学派使用的似然函数是二项式分布形式的似然函数（二项式分布是 N 次伯努利试验中出现某事件的次数的分布）。

当拥有无限数据量时，采用贝叶斯学派方法和频率学派方法所得到的参数估

计是一致的；在有限的数据量下，贝叶斯学派的参数后验均值的大小介于先验均值和频率学派方法得到参数估计之间。例如，在抛硬币实验中，当数据量有限时，先验均值为 0.5，后验均值将比先验大，比频率学派方法得到的参数估计小。随着观测数据增多，后验分布曲线越来越陡峭（越来越集中），即方差越来越小（后验方差总比前验方差小）；当数据量趋近于无穷大时，方差趋近于 0，即随着数据越来越多，后验的不确定性减小。

1. 二项分布

二项分布（Binomial Distribution）是指重复 N 次独立的伯努利试验（N 重伯努利试验）。当试验次数为 1 时，二项分布就是伯努利分布。二项分布需要满足的条件：每次试验中事件只有两种结果，事件发生或者不发生（如硬币的正面或反面）；每次试验中事件发生的概率是相同的（例如，每次抛硬币，硬币的正面和反面朝上的概率都为 0.5）；N 次试验的事件相互之间独立。二项分布的概率密度函数定义为

$$f(k;N;p) = \mathcal{P}(X=k) = \begin{bmatrix} N \\ k \end{bmatrix} p^k (1-p)^{N-k} \qquad (2-9)$$

式中，k——事件发生的次数，$k = 0,1,2,\cdots,N$；

X——服从二项分布的随机变量；

$\begin{bmatrix} N \\ k \end{bmatrix} = \dfrac{N!}{k!(N-k)!}$。

二项分布的特征：当 p 较小且 N 不大时，分布是偏倚的，但随着 N 的增大，分布逐渐趋于对称；当 p 约等于 $1-p$ 且 N 趋近于无穷大时，二项分布的极限分布为正态分布；当 p 很小且 N 很大时，二项分布的极限分布为泊松分布。

2. 泊松分布

泊松分布（Poisson Distribution）由二项分布推导而来，是二项分布的极限情况，即在二项分布的伯努利试验中，如果试验次数 N 很大，二项分布的概率 p 很小，且乘积 $\lambda = N \cdot p$ 比较适中，则事件出现的次数的概率可以用泊松分布来逼近。二项分布和泊松分布均是离散相随机变量的参数分布的典型代表。泊松分布的概率分布函数为

$$\mathcal{P}(X=k) = \frac{e^{-\lambda} \lambda^k}{k!} \qquad (2-10)$$

泊松分布的特征：平均数 μ 与方差 σ^2 相等，均等于 λ，即 $\mu = \sigma^2 = \lambda$。λ 是泊松分布的唯一参数，当 $\lambda \geq 20$ 时，其接近于正态分布，可以用正态分布来处理泊松分布问题。

3. Beta 分布

Beta 分布（Beta Distribution）是指一组定义在区间 (0, 1) 的连续概率分布，

有两个参数 α 和 β（满足 $\alpha > 0$ 且 $\beta > 0$），记为 $X \sim \mathrm{Beta}(\alpha, \beta)$。Beta 分布的概率密度函数定义为

$$f(x; \alpha, \beta) = \frac{x^{\alpha-1}(1-x)^{\beta-1}}{\int_0^1 u^{\alpha-1}(1-u)^{\beta-1}\mathrm{d}u} = \frac{\Gamma(\alpha+\beta)}{\Gamma(\alpha)\Gamma(\beta)} x^{\alpha-1}(1-x)^{\beta-1} = \frac{1}{\mathrm{B}(\alpha,\beta)} x^{\alpha-1}(1-x)^{\beta-1}$$

$$(2-11)$$

式中，$\Gamma(\bullet)$——伽玛函数（Gamma 函数），定义为

$$\Gamma(x > 0) = \int_0^{+\infty} \mathrm{e}^{-t} t^{x-1}\mathrm{d}t \qquad (2-12)$$

伽玛函数 $\Gamma(\bullet)$ 具备以下三条主要性质：

$$\Gamma(x+1) = x\Gamma(x) \qquad (2-13)$$

$$\Gamma(n) = (n-1)! \qquad (2-14)$$

$$\Gamma(1) = \int_0^{+\infty} \mathrm{e}^{-t}\mathrm{d}t = -\left[\mathrm{e}^{-t}\right]_0^{+\infty} = 1 \qquad (2-15)$$

式（2-11）中的函数 $\mathrm{B}(\bullet, \bullet)$ 称为 B 函数，又称第一类欧拉积分。B 函数用于保证 Beta 分布是归一化的，定义为

$$\mathrm{B}(x, y) = \frac{\Gamma(x)\Gamma(y)}{\Gamma(x+y)} \qquad (2-16)$$

上述公式表征了 B 函数 $\mathrm{B}(\bullet, \bullet)$ 和伽玛函数 $\Gamma(\bullet)$ 的关系，这个关系在吉布斯采样（Gibbs Sampling）中也适用。Beta 分布的均值（期望）定义：如果 $p \sim \mathrm{Beta}(t \mid \alpha, \beta)$，则 $E(p) = \alpha / (\alpha + \beta)$。

此外，Beta 分布是二项分布的共轭先验概率分布。所谓的"共轭"，是指选取一个函数作为似然函数（Likelihood Function）的先验分布（Prior Distribution），使得后验分布（Posterior Distribution）函数和先验分布函数形式一致。根据贝叶斯规则，后验分布可以表示为似然函数与先验分布的乘积，即

$$\mathcal{P}(\Lambda \mid x) = \frac{\mathcal{P}(x \mid \Lambda)\mathcal{P}(\Lambda)}{\mathcal{P}(x)} = \frac{\mathcal{P}(x \mid \Lambda)\mathcal{P}(\Lambda)}{\int \mathcal{P}(x \mid \Lambda)\mathcal{P}(\Lambda)\mathrm{d}\Lambda} \propto \mathcal{P}(x \mid \Lambda)\mathcal{P}(\Lambda) \qquad (2-17)$$

4. 多项式分布

多项式分布（Multinational Distribution）是二项分布的扩展：N 次独立试验中，每次只输出 k 种结果中的一种，而且每种结果都有一个确定概率 $\{p_i \mid i \in [1, k]\}$。多项式分布式的概率密度函数定义为

$$f(x_1, x_2, \cdots, x_k; N, p_1, p_2, \cdots, p_k) = \mathcal{P}(X_1 = x_1, X_2 = x_2, \cdots, X_k = x_k)$$

$$= \begin{cases} \dfrac{N!}{x_1! x_2! \cdots x_k!} p_1^{x_1} p_2^{x_2} \cdots p_k^{x_k}, & \displaystyle\sum_{i=1}^k x_i = N \\ 0, & \text{其他} \end{cases} \qquad (2-18)$$

也可以用伽玛函数表示：

$$f(x_1,x_2,\cdots,x_k;N,p_1,p_2,\cdots,p_k)=\frac{\Gamma\left(\sum_i x_i+1\right)}{\prod_i \Gamma(x_i+1)}\prod_{i=1}^{k}p_i^{x_i} \qquad （2-19）$$

5. 正态分布

正态分布（Normal Distribution）是一种重要的连续随机变量的概率分布。中心极限定理表明，在观测数据量非常大的时候，具有独立分布的独立随机变量的观测样本的平均值收敛于正态分布。不少随机变量的概率分布在一定条件下以正态分布为极限分布，如二项分布、泊松分布等。正态分布所需满足的条件：随机变量受到若干独立因素共同影响，且每个因素不能产生支配性的作用。正态分布的概率分布函数为

$$f(x\,|\,\mu,\sigma^2)=\frac{1}{\sqrt{2\pi\sigma^2}}\mathrm{e}^{-\frac{(x-\mu)^2}{2\sigma^2}} \qquad （2-20）$$

正态分布的特征：正态分布是关于 $x=\mu$ 对称的；正态分布曲线有两个拐点，分别在离均值一个标准差的位置，即 $x=\mu-\sigma$ 和 $x=\mu+\sigma$；对于特定的期望值和方差，正态分布是具有最大熵的连续分布；对于离期望值好几个标准差范围之外的取值，它们的概率趋近于 0。正态分布是许多统计方法的理论基础，如检验、方差分析、相关和回归分析等统计方法均要求所分析的指标服从正态分布。许多统计方法虽然不要求分析指标服从正态分布，但相应的统计量在大样本时近似正态分布，因而大样本时这些统计推断方法也以正态分布为理论基础。

2.7　词向量化

对词语的向量化表示（Vector Representation）是计算机处理自然语言的第一步，词语表示的效果直接影响计算机对自然语言的理解以及任务的效果。在自然语言处理领域，词语通常被映射到向量空间中的一个点，向量中的每一维都表示词语的一种直接或潜在的特征（如语义、语法、类别、情感、概念、主题等信息），词语的表示需要充分融入这些特征，以满足计算机对自然语言理解的需求。使用向量空间的词语表示方法被广泛应用在自然语言处理任务中，其主要原因是使用方便，可以利用空间相似性来表示语义相似性。例如，在图 2-6 所示的例子中，w(queen) $\approx w$(man)$-w$(woman)$+w$(king)，$w(\cdot)$ 为所给词语的向量化表示。

目前，基于分布假说的词向量化表示方法按其建模的不同，主要可以分为三类：基于矩阵的分布表示、基于聚类的分布表示、基于神经网络的分布表示。尽管这些分布表示方法使用不同的技术手段来获取词表示，但由于这些方法均基于分布假说，因此它们的核心思想也都由两部分组成：首先，选择一种方式描述

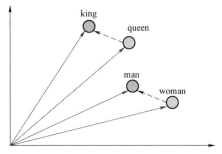

图 2-6　词语在向量空间中的相似性表示语义的相似性（示例）（书后附彩插）

上下文；其次，选择一种模型刻画某个词（即"目标词"）与其上下文之间的关系。这三类分布表示方法的主要区别在于采用不同的方式对上下文和目标词之间的关系进行建模。各词向量模型均基于分布假说设计而成，因此无论哪种词向量模型，都会符合分布假说所提出的性质：具有相似上下文的词，会拥有相似的语义，并且其词向量的空间距离更接近。

2.7.1　基于矩阵的词向量化

基于矩阵的分布表示方法需要构建一个"词-上下文"矩阵[25]，从矩阵中获取词的表示。在"词-上下文"矩阵中，每行对应一个词，每列表示一种不同的上下文，矩阵中的每个元素对应相关词和上下文的共现次数。在这种表示下，矩阵中的一行就成为对应词的表示，这种表示描述了该词的上下文的分布。由于分布假说认为"上下文相似的词，其语义也相似"，因此在这种表示下，两个词的语义相似度可以直接转化为两个向量的空间距离。

这类方法的实现过程可以分为以下三步。

第 1 步，选取上下文。最常见的方法有三种：第 1 种，将词所在的文档作为上下文，形成"词-文档"矩阵；第 2 种，将词附近上下文中的各词（如上下文窗口中的 5 个词）作为上下文，形成"词-词"矩阵；第 3 种，将词附近上下文各词组成的 N 元词组（N-Gram）作为上下文。在这三种方法中，"词-文档"矩阵非常稀疏；"词-词"矩阵相对较稠密，效果一般好于前者；"词-N 元词组"相对"词-词"矩阵保留了词序信息，建模更精确，但由于比前者更稀疏，因此实际效果不一定能超越前者。

第 2 步，确定矩阵中各元素的值。根据"词-上下文"共现矩阵的定义，其各元素的值应为词与对应的上下文的共现次数。然而，直接使用原始共现次数作为矩阵的值在大多数情况下的效果并不好，因此研究人员提出了多种加权和平滑方法，最常用的有词频-逆文档频率、点互信息（Point-wise Mutual Information，PMI）、直接取对数。

第 3 步，矩阵分解（可选）。在原始的"词-上下文"矩阵中，每个词表示为一个非常高维（维度是不同上下文的总个数）且非常稀疏的向量，使用降维技术可以将这一高维稀疏向量压缩成低维稠密向量。降维技术虽然可以减少噪声带来的影响，但也可能损失一部分信息。最常用的分解技术有奇异值分解（Singular Value Decomposition，SVD）、非负矩阵分解（Nonnegative Matrix Factorization，NMF）、典型关联分析（Canonical Correlation Analysis，CCA）、Hellinger PCA（HPCA）等。

在这些步骤的基础上，基于矩阵的分布表示衍生出了若干方法。例如，经典的潜在语义分析（Latent Semantic Analysis，LSA）模型使用"词–文档"矩阵，将词频–逆文档频率作为矩阵元素的值，并通过奇异值分解（SVD）来得到词的低维向量表示。

2.7.2 基于聚类的词向量化

基于聚类的分布表示又称为分布聚类（Distributional Clustering），这类方法通过聚类手段来构建词与上下文之间的关系，其中最经典的方法是布朗聚类（Brown Clustering）[26]。布朗聚类是一种层级聚类方法，聚类结果为每个词的多层类别体系。因此，可以根据两个词的公共类别来判断这两个词的语义相似度。具体而言，布朗聚类需要最大化以下似然：

$$\mathcal{P}(w_i \mid w_{i-1}) = \mathcal{P}(w_i \mid \gamma_i)\mathcal{P}(\gamma_i \mid \gamma_{i-1}) \qquad (2-21)$$

式中，γ_i——词语 w_i 对应的类别。

布朗聚类只考虑相邻词之间的关系，也就是说，每个词只将其上一个词作为上下文信息。除了布朗聚类以外，还有若干基于聚类的表示方法[27]。

2.7.3 基于神经网络的词向量化

随着深度学习的发展和神经网络语言模型的兴起，分布式的词的表示模型（Distributional Model）得到极大的发展。分布式词表示方法又称为词向量（Word Vector）或词嵌入（Word Embedding），是一种将自然语言的词汇映射到低维实数向量空间的词表示技术，其中向量的每一个维度都刻画词的一种直接或潜在的语义特征。与独热（One-Hot）表示方法相比，词嵌入表示方法的优势表现在以下几方面：

（1）使用稠密、低维的向量表示方法打破维度灾难，节约计算资源。

（2）向量每一维度数据都表示一种直接或潜在的信息，并携带词的语义特征，如上下文、概念属性等。

（3）向量间的线性变化可以表示词间语义关系，具有语义计算、相似度测量简洁的特点。

（4）低维实数向量化的表示方法不拘泥于形式、适用性强，并可以应用于不

同数据、不同语种以及结构化和半结构化的文本表示，同时便于向矩阵、张量等
数据结构进行扩展，以表达更丰富的语义信息。

目前，在自然语言处理领域，词嵌入已经成为主流的词汇表示方法。

神经网络词向量表示模型依据预测任务来设定目标函数，借助神经网络来优
化任务。词向量是神经网络的一类参数，初始是随机向量，在优化任务的过程中
被优化，最终获得能表示词汇语义特征的向量。语言模型是这类方法中最常见的
任务，词嵌入是伴随着神经网络语言模型兴起的词表示方法。以 Word2Vec 方法
为例：Word2Vec 方法（图 2-7）是利用一层神经网络、以语言模型为预测任务的
词表示方法，该方法包含 CBOW 模型和 Skip-Gram 模型，这两个模型都将语料中
一定长度的词语序列作为一个上下文窗口，将上下文窗口中心词设定为目标词，
其余词为目标词的上下文语境词语。CBOW 模型的预测任务是使用上下文来预测
目标词，也就是将上下文作为神经网络的输入数据，将目标词作为神经网络的输
出数据；Skip-Gram 模型的预测任务是使用目标词来预测上下文，也就是将目标
词作为神经网络的输入数据，将上下文作为神经网络的输出数据。

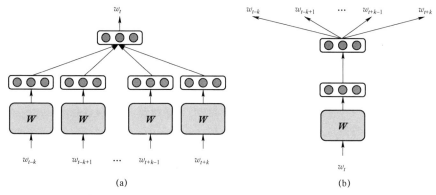

图 2-7　神经网络词向量表示（以 Word2Vec 方法为例）（书后附彩插）

（a）CBOW 模型；（b）Skip-Gram 模型

在该方法中，所有词汇的向量组成一个词表，为一个 $|\mathbb{V}| \times d$ 的矩阵，其中 $|\mathbb{V}|$
表示词汇个数，d 表示向量长度，即矩阵的每一行代表词汇对应的向量。模型初
始时，词表随机初始化。词表是模型的参数，在输入层，通过查找词表来将单词
映射为对应的向量；在映射层，CBOW 模型将上下文的向量取平均值，而
Skip-Gram 方法的输入只有一个向量，因此其映射层的向量直接为目标词向量。
输出层是最大化输出层数据的出现概率。Word2Vec 方法为了降低预测下一个词出
现概率过程的计算复杂度，提出了两种优化方法：层次化 Softmax 方法；负采样
方法。

（1）层次化 Softmax 方法。将词典的所有词构造成一棵哈夫曼树，其中每个
叶子节点代表一个词，每个词都对应一个哈夫曼编码，并保证词频高的词对应短

的哈夫曼编码，从而减少预测高频词的参数，提升模型的效率。

（2）负采样方法。使用随机负采样的方式来加快训练速度。例如，要预测词语 w，则词语 w 为正样本，从词典中按照词频随机选取的其他词语 w' 则构成词语 w 的一个负样本，多个负样本组成负采样集合，负采样方法的目标就是提高正样本概率的同时降低负样本概率。

每一个上下文窗口的预测过程都会更新词表和相应的参数，当整个语料预测任务结束后，词表向量被优化，得到最终的词向量表示，即词嵌入。

2.8 语 言 模 型

语言模型（Language Model）旨在为一个长度为 m 的词语序列 $\{w_1, w_2, \cdots, w_m\}$ 计算一个概率 $\mathcal{P}(w_1, w_2, \cdots, w_m)$，表示这段词语序列在真实情况下存在的可能性，在信息检索、语音识别、机器翻译、分词及词性标注、事件抽取等自然语言处理任务中有重要应用[28-32]。利用语言模型，可以确定哪个词语序列出现的可能性更大，或者给定若干上文语境词来预测下一个最可能出现的词语。对概率的一般求解过程如下：

$$\mathcal{P}(w_1, w_2, \cdots, w_m) = \mathcal{P}(w_1) \cdot \mathcal{P}(w_2|w_1) \cdot \mathcal{P}(w_3|w_1, w_2) \cdots \cdot$$
$$\mathcal{P}(w_i | w_1, w_2, \ldots, w_{i-1}) \cdots \cdot \mathcal{P}(w_m | w_1, w_2, \cdots, w_{m-1}) \quad （2-22）$$

在实际应用中，如果词语序列的长度 m 比较大，就会导致 $\mathcal{P}(w_i|w_1, w_2, \cdots, w_{i-1})$ 的估算非常困难。为了解决语言模型计算问题，通常采用一种简化模型，即 N 元（N-Gram）模型[33-34]。N-Gram 模型又称 $N-1$ 阶马尔可夫模型，其假设：当前词语的出现概率仅与其前面（上文）$N-1$ 个词语相关，而距离当前词语距离大于或者等于 N 的上文词语会被忽略。因此，$\mathcal{P}(w_i|w_1, w_2, \cdots, w_{i-1}) \approx \mathcal{P}(w_i|w_{i-(n-1)}, \cdots, w_{i-1})$。不难看出，$N$-Gram 模型的参数就是条件概率 $\mathcal{P}(w_i|w_{i-(n-1)}, \cdots, w_{i-1})$。假设词表规模为 $|\mathbb{V}|$，则 N-Gram 模型的参数数量为 $|\mathbb{V}|^N$。N 的值越大，模型就越精确、越复杂，计算开销就越大。最常用的是当 N 的值分别取 1、2、3 时[35]。

当 $N=1$ 时，称为一元模型（Uni-Gram Model），式（2-22）右侧乘法因子全部退化成为 $\mathcal{P}(w_i)$，整个词语序列的概率为 $\mathcal{P}(w_1, w_2, \cdots, w_m) = \mathcal{P}(w_1) \cdot \mathcal{P}(w_2) \cdots \cdot \mathcal{P}(w_m)$。由式（2-22）可知，在一元模型中，给定词语序列片段出现的概率为其中所包含的各个词语出现概率的乘积，即一元模型假设各个词语之间互相独立。因此，一元模型丢失了词语之间的词序信息，这虽然计算方便，但其性能有限。当 $N=2$ 时，称为二元模型（Bi-Gram Model），式（2-22）右侧乘法因子为 $\mathcal{P}(w_i | w_{i-1})$；当 $N=3$ 时，称为三元模型（Tri-Gram Model），式（2-22）右侧乘法因子为 $\mathcal{P}(w_i | w_{i-2}, w_{i-1})$。二元模型和三元模型保留了一定的词序信息。

$N-$Gram 模型的参数估计（Parameter Estimation）又称参数训练，通常分为两种方法，即传统的**基于频率计数的方法、基于神经网络的方法**。传统基于频率计数的方法通常采用最大似然估计（Maximum Likelihood Estimation，MLE）方法[36]对模型的参数进行估计，即

$$P(w_i \mid w_{i-(N-1)}, \cdots, w_{i-1}) = \frac{n(w_{i-(N-1)}, \cdots, w_{i-1}, w_i)}{n(w_{i-(N-1)}, \cdots, w_{i-1})} \qquad (2-23)$$

式中，$n(w_{i-(N-1)}, \cdots, w_{i-1})$ ——词语序列 $\{w_{i-(N-1)}, \cdots, w_{i-1}\}$ 在大规模语料中的出现次数。

训练语料规模越大，参数估计结果就越可靠。但是，即使所使用的训练语料规模非常大，还是会有很多语言现象在训练语料中没有出现过，导致很多参数为 0；特别地，当 N 的取值比较大时，长度为 N 的词语序列出现次数会非常少。这就造成 $N-$Gram 模型的参数估计过程中的数据稀疏问题。很多研究在尝试多种数据平滑（Data Smoothing）方法[37-38]来解决数据稀疏问题。

综上，基于频率计数的方法的主要工作是在语料库中统计各种词语序列出现的次数，并计算概率值以及进行平滑处理。将计算出的概率值存储，下次需要计算某个句子的概率时，只需要找到相应的概率参数，然后将它们连乘起来即可。

然而，在机器学习研究领域有一种通用的问题解决思路：在对所研究的问题建模后，首先为其构造一个目标函数（Objective Function）；然后，对该目标函数进行优化，进而求得一组最优的参数；最后，使用这组最优参数对应的模型来进行预测。对于上述基于频率计数的统计语言模型而言，利用最大似然，可以把目标函数设为

$$\mathcal{L} = \prod_{w_i \in \varDelta} P(w_i \mid \mathrm{Context}(w_i)) \qquad (2-24)$$

式中，$\varDelta$ ——语料库；

$\mathrm{Context}(w_i)$ ——词语 w_i 的上下文。

对于 $N-$Gram 模型，$\mathrm{Context}(w_i) = \{w_{i-N+1}, \cdots, w_{i-1}\}$。当 $\mathrm{Context}(w_i)$ 为空时，通常取 $P(w_i|\mathrm{Context}(w_i)) = P(w_i)$。在实际应用中，常采用最大对数似然，即把目标函数设为

$$\mathcal{L} = \prod_{w_i \in \varDelta} \log P(w_i \mid \mathrm{Context}(w_i)) \qquad (2-25)$$

所要求解的概率 $P(w_i|\mathrm{Context}(w_i))$ 可以被视为关于 w_i 和的 $\mathrm{Context}(w_i)$ 函数，即 $P(w_i|\mathrm{Context}(w_i)) = \mathcal{F}(w_i, \mathrm{Context}(w_i), \varLambda)$。其中，$\varLambda$ 为需要求解的参数集合；一旦最优化求解得到最优参数集合 $\hat{\varLambda}$，函数 $\mathcal{F}(\bullet)$ 也就随之被确定，以后任何频率都可以通过函数 $\mathcal{F}(w_i, \mathrm{Context}(w_i), \hat{\varLambda})$ 来计算。与基于频率计数的方法相比，这种方法不需要先存储所有概率值、再在计算时去查找对应的概率值来进行计算，而是可

以直接通过计算来获取语言模型，并且通过选择适当的模型可以使得参数集合 $\varLambda$ 中的参数个数远小于 $N-\text{Gram}$ 中模型参数的个数。神经网络语言模型是构造上述函数 $\mathcal{F}(\bullet)$ 的一种典型且重要的方法，也是词向量相关研究（如 Word2Vec[39]等）的前身和基础。

神经网络语言模型服从分布假说（Distributional Hypothesis），即上下文语境相同的词语具有相近的语义[19,25]。因此，统计上有价值的共现关系对于理解词语语义和内涵有很大帮助。本质上，神经网络语言模型依然是一个统计语言模型。Xu 等[40]首次探索使用神经网络求解二元语言模型。Bengio 等[28]正式提出了神经网络语言模型，该模型能够在学习语言模型的同时，得到词语的分布式向量表示。词嵌入通常用低维实数向量（常用的维度有 50 维、100 维、300 维和 500 维等）来表示词典中的每一个词语。Mnih 等[41]在神经网络语言模型基础上提出了 log 双线性语言模型（Log-Bilinear Language Model，LBL），随后该模型的扩展版——本层级 log 双线性语言模型[42]、基于向量的逆语言模型[43]相继被研发。Mikolov 等[44]提出了直接对 $\mathcal{P}(w_i \mid w_1, w_2, \cdots, w_{i-1})$ 进行建模的循环神经网络语言模型（Recurrent Neural Network based Language Model，RecurrentNNLM）。值得注意的是，上述神经网络语言模型能够以副产品的形式产生词向量，对后期词向量的发展起到了决定性作用。Collobert 等[45]提出了 C&W 模型，这是第一个直接以生成词向量为目标的神经网络语言模型。

2.9　数据平滑算法

在自然语言处理领域的研究与应用中，经常面临这样的问题：语料的规模库是有限的，不可能覆盖所有词语，许多合理的词语搭配关系在语料库中不一定出现，因此会导致模型出现数据稀疏现象。以 $N-\text{Gram}$ 语言模型为例：当 N 比较大时，样本规模和覆盖面有限，导致很多先验概率值都是 0；当 N 是 1 时，也存在此类"零概率"问题，因为有些词语虽然存在于词表中，但是没有出现在语料库中。

在机器学习研究中，通常在测量几个点之后，就可以绘制一条大致的曲线，这称为回归分析。这条曲线可用于修正测量的一些误差，并且可用于估算一些没有测量过的值（即没有出现过的点）。数据平滑算法（Data Smoothing Algorithm）就是一类用观察到的事件来估计未观察到的事件的概率的算法，是语言模型中的核心问题。例如，从那些比较高的概率值中匀一些给那些比较低的（或者为 0 的）概率值。接下来，将介绍一些主要的数据平滑方法。

1. 加法平滑方法

加法平滑（Additive Smoothing）是最简单直观的数据平滑技术[46]，对于 $N-\text{Gram}$ 语言模型中的每个实例的出现次数累加一个数值 η，以二元文法为例，

其条件概率 $\mathcal{P}(w_i|\ w_{i-1})$ 的估算公式如下：

$$\mathcal{P}_{\text{add}}(w_i|\ w_{i-1}) = \frac{n(w_{i-1}w_i) + \eta}{n(w_{i-1}) + \eta \cdot |\mathbb{V}|} \tag{2-26}$$

2. 拉普拉斯平滑方法

拉普拉斯平滑（Laplace Smoothing）方法是最古老的平滑技术之一，其计算公式如下：

$$\mathcal{P}_{\text{laplace}}(w_1 w_2 \cdots w_m) = \frac{n(w_1 w_2 \cdots w_m) + 1}{\#\text{instance} + \#\text{category}} \tag{2-27}$$

式中，#instance——训练实例的总数量；

#category——训练实例的种类数量。

拉普拉斯平滑方法将每种实例的出现次数都加 1，从而确保所有实例的出现次数都不会为 0。但是这样做会导致所有实例的出现概率总和大于 1，因此分母也应该增大。为了保证所有实例的出现概率综合等于 1，将分母增加实例的种类数量。根据以上解释，二元文法的条件概率 $\mathcal{P}(w_i|\ w_{i-1})$ 的估算公式如下：

$$\mathcal{P}_{\text{laplace}}(w_i\,|\,w_{i-1}) = \frac{n(w_{i-1}w_i) + 1}{\sum_{w \in \mathbb{V}}[n(w_{i-1}w) + 1]} = \frac{n(w_{i-1}w_i) + 1}{\sum_{w \in \mathbb{V}}w_{i-1}w + |\mathbb{V}|} = \frac{n(w_{i-1}w_i) + 1}{n(w_{i-1}) + |\mathbb{V}|} \tag{2-28}$$

式中，$|\mathbb{V}|$——词典中词语的个数。

通过对比可以发现：对于加法平滑方法，当参数 η 取 1 时，即拉普拉斯平滑方法。

3. Good-Turing 平滑方法

$n(\#\text{occur} = m)$ 表示出现 m 次的实例的个数。Good-Turing 平滑方法分两种情况：对于没有出现过的实例，其计算方法为

$$\mathcal{P}_{\text{GT}} = \frac{n(\#\text{occur} = 1)}{\#\text{instance}} \tag{2-29}$$

对于已经出现过的实例，其计算方法为

$$\mathcal{P}_{\text{GT}} = \frac{(m+1)n(\#\text{occur} = m+1)}{n(\#\text{occur} = m) \cdot \#\text{instance}} \tag{2-30}$$

4. Witten-Bell 平滑方法

Witten-Bell 平滑方法的基本思想：如果测试过程中的一个实例在训练语料中没有出现过，那么它就是一个新事物。换言之，这是其第一次出现。基于此，可以用在训练语料中看到新实例（第一次出现的实例）的概率来代替未出现实例的概率。以二元文法为例，其条件概率 $\mathcal{P}(w_i\,|\,w_{i-1})$ 的估算公式如下：

$$\mathcal{P}_{\mathrm{WB}}(w_i \mid w_{i-1}) = \begin{cases} \dfrac{1}{n(w_{i-1}) + |\{w_i \mid n(w_{i-1}w_i) > 0\}|} \cdot n(w_{i-1}w_i), & n(w_{i-1}w_i) > 0 \\[4mm] \dfrac{|\{w_i \mid n(w_{i-1}w_i) > 0\}|}{n(w_{i-1}) + |\{w_i \mid n(w_{i-1}w_i) > 0\}|} \cdot \dfrac{1}{|\{w_i \mid n(w_{i-1}w_i) = 0\}|} > 0, & n(w_{i-1}w_i) = 0 \end{cases}$$

$$(2-31)$$

2.10 模型求解算法

2.10.1 随机梯度算法

为了训练模型,本书需要解决式 $\hat{\Lambda} = \arg\min_{\Lambda} \mathcal{L}(\Lambda)$ 的优化问题。一种常用的方法是使用基于梯度的方法:反复地计算训练集上的损失 $\mathcal{L}(\bullet)$ 的估计和参数集合 Λ 关于损失估计的梯度值,并将参数值向与梯度相反的方向调整。不同的随机梯度方法的主要区别在于如何对损失进行估计,以及如何定义"向与梯度相反的方向调整参数值"。

对于寻找最小化函数 $y = f(x)$ 的标量值 x 的任务,常规思路是计算该函数的二阶导数 $f''(x)$,解 $f''(x) = 0$ 得到极值点。这种思路在多变量函数中的可行性较低,因此一种替代思路是采用数值法:计算一阶导数 $f'(x)$,然后以一个初始猜测值 x 开始,求值 $\nabla = f'(x)$ 就会给出调整的方向。如果 $\nabla = 0$,那么 x 就是极值点(即最优选择);否则,通过令 $x' \leftarrow x - \varepsilon \cdot \nabla$ 向与 ∇ 相反的方向调整 x,其中 ε 表示学习率。如果 ε 的取值足够小,则 $f(x')$ 会小于 $f(x)$。重复上述过程(同时适当地对学习率 ε 进行衰减)就能找到一个极值点。如果函数 $f(\bullet)$ 是凸函数,则该最优值是全局最优的;否则,上述过程仅能找到局部最优值。下文以随机梯度下降算法为例来介绍随机梯度算法的原理。

随机梯度下降算法及其变形是训练线性模型的有效且通用的方法。该算法首先接收一个被 Λ 参数化的函数 $f(\bullet)$、一个目标函数 $\mathcal{L}(\bullet)$ 以及期望的输出对 $\{\langle x_i, y_i \rangle \mid i = 1, 2, \cdots, m\}$;然后,尝试设定参数,使得在训练样例上的累计损失足够小。随机梯度下降算法的流程如下:

第 1 步,采样一个训练样本 $\langle x_i, y_i \rangle$,计算损失函数 $\ell(f(x_i; \Lambda), y_i)$。

第 2 步,计算 $\ell(f(x_i; \Lambda), y_i)$ 关于 Λ 的梯度,记为 ∇。

第 3 步,$\Lambda \leftarrow \Lambda - \varepsilon \cdot \nabla$。

第 4 步,如果不满足终止条件,则转到第 1 步。

随机梯度下降算法的目的是设定参数 Λ,以最小化训练集上的总体损失,即 $\mathcal{L}(\Lambda) = \sum_{i=1}^{m} \ell(f(x_i; \Lambda), y_i)$。算法的工作方式是反复随机抽取一个训练样例,计算这个样例上的误差关于参数 Λ 的梯度。假设输入和期望输出是固定的,损失被认为

是一个关于参数 Λ 的函数。然后，参数 Λ 被以与梯度相反的方向进行更新，比例系数为学习率 ε（学习率在训练过程中是可以不变的，但也可以基于时间步衰减）。

需要注意的是，随机梯度下降算法第 1 步所计算的误差是基于一个训练样例的，因此仅仅是对需要最小化的全局损失 $\ell(\bullet)$ 的大致估计。损失计算中的噪声可能导致不准确的梯度。减少这种噪声的常见方法是在 m' 个样例上估计损失和梯度，因此小批量（Mini-Batch）随机梯度下降算法应运而生，该算法的流程如下：

第 1 步，采样包含个训练样本的一个小批量样例 $\{\langle x_i, y_i \rangle|\ i=1,2,\cdots,m'\}$，$i \leftarrow 1$，$\nabla' \leftarrow 0$。

第 2 步，计算损失函数 $\ell(f(x_i;\Lambda), y_i)$。

第 3 步，计算 $\ell(f(x_i;\Lambda), y_i)$ 关于 Λ 的梯度，记为 ∇。

第 4 步，$\nabla' \leftarrow \nabla' + \dfrac{1}{m'} \bullet \nabla$。

第 5 步，$i \leftarrow i+1$，如果 $i \leqslant m'$，就转到第 2 步，否则转到第 6 步。

第 6 步，$\Lambda \leftarrow \Lambda - \varepsilon \bullet \nabla'$。

第 7 步，如果不满足终止条件，就转到第 1 步。

小批量随机梯度下降算法的第 2 步～第 5 步估计了基于小批量样例的总体损失的梯度。循环之后，∇' 包含了梯度估计，参数 Λ 被朝向 ∇' 更新。批量的规模大小 m' 在 $[1,m]$ 范围内，相关研究已经证明：较大的批量规模 m' 能够提供对于总体梯度的更好估计，而较小的批量规模 m' 能够收到更快的收敛速度。除了提升梯度估计的准确性外，小批量随机梯度下降算法也能够有效提高训练效率。针对适当的 m'，一些计算体系（如 GPU 等）可以基于第 2 步～第 5 步进行高效的并行计算法方式。

随机梯度下降算法既可以用于优化凸函数，也可以用于优化非凸函数。当被优化的对象是凸函数时，带有适当递减的学习率的随机梯度下降算法能够保证收敛到全局最优解。这是因为，凸函数是二阶导数总是非负的函数，所以这一性质可保证凸函数有一个最小值点。凸函数具有这种使用基于梯度的最优化方法即可最小化的性质，仅沿着梯度即可到达极值点，一旦到达极值点就能够得到全局极值点。当被优化的对象是非凸函数时，不能保证找到全局最优价。这是因为，非凸函数是二阶导数总是负或者 0 的函数，因而存在一个最大值点。所以，对于非凸函数，基于梯度的最优化算法可能到达局部极值点而无法找到全局极值点。

2.10.2　层次化 Softmax 算法

层次化 Softmax 算法的主要思想：通过构建哈夫曼（Huffman）树来对词表中每个词语进行哈夫曼编码，以减少表示词表所需要的节点数量。通常，将词表中的词语作为哈夫曼树的叶子节点，取该词语在语料中出现的次数作为权值，进而通过构造相应的哈夫曼树来为每个词语进行哈夫曼编码。在哈夫曼编码中，词频

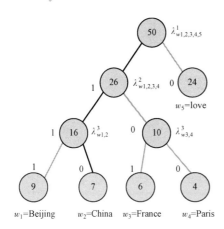

图 2-8 哈夫曼树示例

越高的词语的编码长度越小（即在哈夫曼树中距离根节点越近），以便能够最大限度地减少总编码数。关于哈夫曼树和哈夫曼编码，本书约定：将权值大的节点作为左孩子节点，左孩子结点编码为1；将权值小的节点作为右孩子节点，右孩子节点编码为0。在哈夫曼树中，从一个节点往下可以到达的孩子节点（或孙子节点）之间的通路称为路径，路径中的分支数目称为路径长度。通常规定根节点的层次编号为1，因此从根节点到第 L 层节点的路径中包含 L 个节点（包含根节点），路径长度（即哈夫曼编码长度）为 $L-1$。在图 2-8 所提供的示例中，为词语"love""Beijing""China""France"和"Paris"构建哈夫曼树，每个叶子节点表示词表中的一个词语，从叶子节点开始构建一棵哈夫曼树，每个节点上都有一个取值为 0 或者 1 的二元编码（位于左侧的节点的编码为1，位于右侧的节点的编码为 0，根节点不对应编码）。如图 2-8 所示，词语"love""Beijing""China""France""Paris"的编码分别为 0、111、110、101、100。

假设以词语 $\tilde{w}$ 作为输入，以词语 w 作为输出，层次化 Softmax 将条件概率表示为如下形式：

$$\mathcal{P}(w\,|\,\tilde{w}) = \prod_{j=2}^{l_w+1} \mathcal{P}(h_w^j\,|\,\tilde{w}, \boldsymbol{\lambda}_w^{j-1}) \qquad (2-32)$$

式中，l_w——词语 w 在哈夫曼树上的路径长度（即编码长度，如图 2-8 例中词语"China"的编码长度为3）；

h_w^j——词语 w 在其所对应的哈夫曼树路径中的第 j 个节点的编码；

$\boldsymbol{\lambda}_w^j$——词语 w 在其所对应的哈夫曼树路径中的第 j 个非叶子节点所对应的参数向量。

Sigmoid 函数记为 $\sigma(x) = 1/(1+\mathrm{e}^{-x})$，用于将任意实数映射到（0，1）区间，求导可得 $\sigma'(x) = \sigma(x) \cdot (1-\sigma(x))$。对 $\sigma(x)$ 和 $1-\sigma(x)$ 分别对数求导，得 $\dfrac{\partial \log \sigma(x)}{\partial x} = 1-\sigma(x)$ 和 $\dfrac{\partial \log(1-\sigma(x))}{\partial x} = -\sigma(x)$。

因此，可将 $\mathcal{P}(h_w^j\,|\,\tilde{w}, \boldsymbol{\lambda}_w^{j-1})$ 表示如下：

$$\mathcal{P}(h_w^j\,|\,\tilde{w}, \boldsymbol{\lambda}_w^{j-1}) = \begin{cases} \sigma(\tilde{w}^\mathrm{T} \boldsymbol{\lambda}_w^{j-1}), & h_w^j = 1 \\ 1-\sigma(\tilde{w}^\mathrm{T} \boldsymbol{\lambda}_w^{j-1}), & h_w^j = 0 \end{cases} \qquad (2-33)$$

式中，$\tilde{w}$——词语 $\tilde{w}$ 的向量。同理，w 表示词语 w 的向量。

由上述公式定义可知，$\sum\limits_{w \in \mathbb{V}} \mathcal{P}(w|\tilde{w}) = 1$。如果将词表用 $\mathbb{V}$ 表示，那么哈夫曼树的高度最大值为 $\log_2 |\mathbb{V}|$，因此可以将计算复杂度由线性级别降低到对数级别。

2.10.3　负采样算法

与使用层次化 Softmax 的目的一样，负采样技术的引入也是为了降低计算时间复杂度。负采样是噪声对比评估（Noise Contrastive Estimation，NCE）的一个变体。NCE 最初被用于加速训练统计语言模型[32,43,46-49]，并证明一个性能良好的模型应该能够通过逻辑回归（Logistic Regression，LR）方法很好地将数据从噪声中区分，这一点类似于 C&W 模型[45]在噪声上对数据进行排序来训练模型。与层次化 Softmax 算法相比，负采样算法不再使用复杂的哈夫曼树，而使用相对简单的随机负采样，进而大幅度提高性能。负采样算法可以作为层次化 Softmax 算法的一种替代。

在 CBOW 模型和 Skip-Gram 模型中，训练的最终目标是快速学习得到高质量的词向量，因此可以将 NCE 方法进行简化，得到负采样算法，其优化的目标如下：

$$\mathcal{L}(w_o|w_i) = \ln \sigma(\boldsymbol{w}_i^{\mathrm{T}} \boldsymbol{\mu}_{w_o}) + \sum_{\tilde{w} \in \mathrm{NEG}_{w_o}} E(\ln(1 - \sigma(\boldsymbol{w}_i^{\mathrm{T}} \boldsymbol{\mu}_{\tilde{w}}))) \tag{2-34}$$

式中，w_i，w_o——输入词语、输出词语；

　　　$\boldsymbol{w}_i$——词语 w_i 的向量；

　　　$\tilde{w}$——噪声词语，即负例，$\tilde{w} \neq w_o$；

　　　NEG_{w_o}——词语 w_o 的负例集合；

　　　$\boldsymbol{\mu}_{w_o}$——词语 w_o 对应的负采样参数向量；

　　　$\sigma(x)$——Sigmoid 函数。

通过最大化 $\mathcal{L}(w_o|w_i)$ 来训练以词语 w_i 为输入、以词语 w_o 为输出的逻辑回归模型，能够将目标词语 w_o 从噪声中区分。负采样算法在 CBOW 模型和 Skip-Gram 模型中的成功应用，已经证明其可以显著提升训练效率和训练结果质量[50]。负采样算法与 NCE 算法的最大区别在于：NCE 算法不仅需要噪声分布的样本，还需要噪声分布的数值概率值，而负采样算法仅需要样本即可；NCE 算法近似最大化 Softmax 的对数概率，而负采样算法无须这样处理。在 NCE 算法和负采样算法中，噪声分布是一个自由参数，以阶数为 3/4 的一元分布为例，其效果通常优于均匀分布以及阶数为 1 的一元分布，其概率形式定义如下：

$$\mathcal{P}(w) = \frac{(U(w))^{\frac{3}{4}}}{Z} \tag{2-35}$$

$$U(w) = \frac{n(w)}{\sum\limits_{w' \in \mathbb{V}} n(w')} \tag{2-36}$$

式中，$n(w)$——词语 w 在语料中出现的次数；

$U(w)$——词语 w 在语料中的一元概率，即词语 w 在语料中的出现概率；

Z——归一化项，确保 $\sum_{w \in \mathbb{V}} \mathcal{P}(w) = 1$。

此外，以往研究发现，高频词语在训练时会被训练多次，然而这些高频词语相较于一些低频词语而言所提供的信息较少，例如，"the""a""in"等高频词语会耗时很多，但对模型质量的影响不大；此外，这些词语也几乎与其他词语都存在共现关系。因此，通常采用如下方式处理高频词语。在训练过程中，每个词语 w 都有概率 $\mathcal{P}_{\text{IGN}}(w)$ 被忽略而不被训练，$\mathcal{P}_{\text{IGN}}(w) = 1 - \sqrt{\xi / n(w)}$，阈值参数 ξ 通常取值为 10^{-5}。由上述定义可知，出现频率越高的词语越有可能被忽略而不被训练。

2.11 向量语义相似度计算

在将文本 x 和文本 y 分别转换成文本向量 $\boldsymbol{x} \in \mathbb{R}^d$ 和文本向量 $\boldsymbol{y} \in \mathbb{R}^d$ 后，通常需要通过计算来衡量这两个文本向量的相似度。基础的向量相似度计算方法包括余弦相似度、欧几里得相似度、曼哈顿相似度、杰卡德相似度、皮尔逊相关系数、斯皮尔曼等级相关系数等。

1. 余弦相似度

余弦相似度（Cosine Similarity）以文本向量的夹角为考量角度，以文本向量的内积（各对应元素相乘求和）比两个文本向量的模的积为计算结果。余弦相似度重点从方向上区分差异，对绝对数值不敏感，即余弦相似度的重点不在于距离。其计算方式如下：

$$\text{sim}(\boldsymbol{x}, \boldsymbol{y}) = \frac{\boldsymbol{x} \cdot \boldsymbol{y}}{\| \boldsymbol{x} \| \cdot \| \boldsymbol{y} \|} = \frac{\sum_{i=1}^{d} x_i \cdot y_i}{\sqrt{\sum_{i=1}^{d} (x_i)^2} \cdot \sqrt{\sum_{i=1}^{d} (y_i)^2}} \tag{2-37}$$

2. 欧几里得相似度

欧几里得相似度（Euclidean Similarity）又称欧氏距离，重点考虑点的语义空间距离，各对应元素做差取平方求和，然后开方。欧几里得相似度能够体现文本向量个体数值的绝对差异，更多用于需要从维度的数值大小中体现差异的分析。欧几里得相似度是最常见的距离计算公式，用于计算多维空间各个点的绝对距离，同类型的还有曼哈顿相似度、闵可夫斯基相似度等。由于其计算基于各维度特征的绝对数值，因此需要保证各维度指标在相同的刻度级别。其计算方式如下：

$$\text{sim}(\boldsymbol{x}, \boldsymbol{y}) = \sqrt{\sum_{i=1}^{d} (x_i - y_i)^2} \tag{2-38}$$

3. 曼哈顿相似度

曼哈顿相似度（Manhattan Similarity）又称曼哈顿距离，对文本向量各对应坐标间做差求绝对值，然后求和。曼哈顿相似度的起源是在规划为方形建筑区块的城市（曼哈顿）内计算最短的行车路径。从某一地点到另一地点，必须经过固定的 m 个区块，没有其他捷径。其计算方式如下：

$$\text{sim}(\boldsymbol{x}, \boldsymbol{y}) = \sum_{i=1}^{d} |x_i - y_i| \qquad (2-39)$$

4. 杰卡德相似度

杰卡德相似度（Jaccard Similarity）又称杰卡德距离，是用来衡量两个集合差异性的一个指标，通过交集除以并集得到。在文本相似度计算场景下，文本向量相似度用共同出现的元素（词语、短语等特征）除以两者的总量。需要注意的是，杰卡德相似度适合计算离散型集合的相似度，对于非离散型集合，杰卡德相似度没有考虑评分值对相似度的影响。其计算方式如下：

$$\text{sim}(\boldsymbol{x}, \boldsymbol{y}) = \frac{|x \cap y|}{|x \cup y|} \qquad (2-40)$$

5. 皮尔逊相关系数

皮尔逊相关系数（Pearson Correlation Coefficient）可以视为余弦相似度的延伸：文本向量各对应元素减去均值平方求和再求文本向量内积针对线性相关情况，皮尔逊相关系数可用于比较因变量和自变量间相关性如何。其计算方式如下：

$$\text{sim}(\boldsymbol{x}, \boldsymbol{y}) = \frac{\sum_{i=1}^{d} (x_i - \overline{x}) \cdot (y_i - \overline{y})}{\sqrt{\sum_{i=1}^{d} (x_i - \overline{x})^2} \cdot \sqrt{\sum_{i=1}^{d} (x_i - \overline{y})^2}} \qquad (2-41)$$

6. 斯皮尔曼等级相关系数

斯皮尔曼等级相关系数（Spearman Rank Correlation Coefficient）的计算模式与皮尔逊相关系数类似，不同的是将对于文本向量中的原始数据 x_i 和 y_i 转换成等级数据 x_i' 和 y_i'，即 x_i' 等级和 y_i' 等级。斯皮尔曼等级相关系数并非考虑原始数据值，而是按照一定方式（通常按照大小）对数据进行排名，取数据的不同排名结果代入皮尔逊相关系数公式。其计算方式如下：

$$\text{sim}(\boldsymbol{x}, \boldsymbol{y}) = \frac{\sum_{i=1}^{d} (x_i' - \overline{x'}) \cdot \sum_{i=1}^{d} (y_i' - \overline{y'})}{\sqrt{\sum_{i=1}^{d} (x_i' - \overline{x'})^2} \cdot \sqrt{\sum_{i=1}^{d} (y_i' - \overline{y'})^2}} \qquad (2-42)$$

2.12 查 询 扩 展

在实际网络搜索引擎中，文档集合和信息检索模型是相对稳定的，而用户的信息需求（Information Need）是相对多变的。用户提交的检索请求往往简短而模糊，即使用户具有明确的查询目的，也未必能清晰地构造一个查询；有时查询本身就存在歧义，并不能准确地描述用户的信息需求。因此，初始查询表达信息需求的能力是有限的。此外，由于存在用户个体差异，不同文化背景及理解能力也会导致查询与相关文档的词语不匹配问题，从而导致用户获取不到想要的信息[51]。为了解决上述问题，信息检索领域的研究学者在经典检索模型的基础上，提出了基于查询扩展（Query Expansion，QE）机制来解决此问题。查询扩展旨在把与原查询相关的词语、概念等以逻辑"或"的方式添加到原查询中，构造一个新的查询，这是目前提高信息检索性能的最有效机制和策略之一。扩展后的新查询可以提供更多有利于判断文档相关性的信息，减少在获取用户查询需求过程中不稳定因素对搜索引擎造成的负面影响，从而改善信息检索性能，提高感知用户检索需求的准确性。在查询扩展机制中，系统不需要用户构造新的查询表达，而是通过用户的反馈信息来自动实现查询修改，最终返回令用户满意的检索结果。

1. 查询扩展机制概述

查询扩展的主要思想：在信息检索的过程中，通过与用户交互来提高最终的检索效果。其基本过程包括：

（1）用户提交初始查询的关键词，系统对查询主题进行解析和表达。

（2）经过相应的信息检索模型，系统返回初次检索后的文档排序集合。

（3）用户参与对检索出的部分结果进行相关性判断，显式地将它们标注为相关或者不相关（显式反馈信息），或者系统通过收集数据和自动分析来估计用户对部分结果的满意度（隐式反馈信息）等。

（4）系统基于用户的反馈信息，针对不同的检索模型来扩展原始的查询，形成新的查询。

（5）系统利用新查询进行重新检索，生成新的检索结果排序并进行检索性能评价。

引入查询扩展机制后的信息检索基本流程如图 2-9 所示。

查询扩展通常包括基于全局分析的查询扩展、基于显式相关反馈（Explicit Relevance Feedback）的查询扩展、基于隐式相关反馈（Implicit Relevance Feedback）的查询扩展、基于伪相关反馈（Pseudo Relevance Feedback）的查询扩展等[52]。

2. 基于全局分析的查询扩展

基于全局分析的查询扩展是早期较常采用的一种查询扩展技术。其基本思想：对所有文档集合中的词语或短语进行相关分析（如共现分析等），计算每对词语或

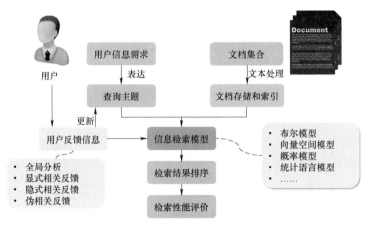

图 2-9 引入查询扩展机制的信息检索基本流程

短语之间的相关度，构造叙词表，然后从中选取与查询词关联程度最大的词语作为扩展词语，并将扩展词语加入原查询，以实现查询扩展。全局分析方法主要包括基于词聚类的方法、基于潜语义索引（Latent Semantic Indexing，LSI）的方法、基于相似词典的方法等。

其中，基于词聚类的方法对文档集中的所有词语进行聚类，生成不同的类簇，为每个类簇构造相应的局部叙词表，然后采取一定的策略从中选取扩展词语来对查询进行扩展；基于潜语义索引的方法基于向量空间模型，使用奇异值分解（Singular Value Decomposition，SVD）方法来发现查询词之间的关联关系、减少向量空间的维数，变换后的文档可用于比较两个文档的相似度并选取与查询最匹配的前 N 个词语作为扩展词；基于相似词典的方法首先计算文档集中的词语与查询所包含的所有查询词的共现程度，通过加权计算出每个词语和整个查询的相似性，然后建立相似词典，选择相关度最高的词语作为查询扩展词。

3. 基于显式相关反馈的查询扩展

显式相关反馈方法要求用户有一个明确的检索目的并提供查询关键词，要求检索系统可以根据查询关键词来给出检索结果，同时系统提供一个明确的接口用于接收用户反馈信息。用户按照自己的检索目的，对系统给出的检索结果做出相关与否的标记，这些反馈信息即来自用户的显式反馈信息，系统可以利用这些信息扩展原始查询，进而更新查询结果。然而，在实际检索系统中，往往很难直接获得用户给出的反馈信息。尽管在用户做出评价后，可以进一步获得更好的检索结果，但是大多数用户希望简化操作，享受更短的检索响应时间，因此带有用户显式反馈功能的检索系统实用性较差，很难得到推广。

4. 基于隐式相关反馈的查询扩展

隐式相关反馈可减轻用户的负担，用户虽然不直接参与反馈，但仍然可以参与改进检索质量。通常通过分析用户的行为来发现用户的兴趣和爱好，比如通过收集用户查询日志等信息来间接地分析用户的偏好、通过文档的全局点击率来分析文档的重要性等，然后结合用户的检索需求进行检索优化。早期的研究对获取隐式相关反馈信息的方法总结为审查（Examination）、保留（Retention）和引用（Reference）三类，每类都对应一组用户行为（User Behavior）。在众多的用户行为中，用户点击网页的行为相对于其他隐式反馈方式来说，是一种更加容易获得反馈信息且更加稳定的方式。点击行为研究假设被用户点击过的网页与用户的检索目的更加相关，因而出现了许多基于用户点击行为分析的检索模型改进研究。分析用户的点击行为不仅包括针对检索结果列表的点击行为，还有在点击检索结果之后发生的一系列点击网页行为，以及在浏览网页时产生的行为。

5. 基于伪相关反馈的查询扩展

伪相关反馈是相关反馈方法中最常用的一种方式。它并非从用户那里获得反馈信息，其既不需要用户去对首次检索的结果进行评价（即不需要用户的交互操作），也不必捕捉用户的点击与浏览行为，它直接从系统首次检索结果本身获得反馈信息。常用的伪相关反馈策略通常是将首次检索结果排序靠前的前 N 项作为相关文档，对前 N 项结果进行分析扩展用户的初始查询。虽然这些排序靠前的文档并不一定全都与用户需求相关，但是大部分文档还是用户比较感兴趣的，因此对改善查询质量具有一定的辅助作用。国内外的研究学者纷纷对伪相关反馈的查询扩展方式进行研究[53-54]。最原始的伪相关反馈方法是将检索结果的前 N 项文档中出现的高频词语加入初始查询，在向量空间模型基础上对查询词语权重进行重定义，实现查询优化。在向量空间模型中，文档和查询都被表示为特征词权值向量。假设 Δ_r 表示在检索出来文档中被认为是相关文档的集合，Δ_{nr} 表示不相关的文档集合，N 表示首次检索所检索出的全部文档的数量，m 表示相关文档数量，$N-m$ 则是不相关文档数量，d_i 和 d_j 分别是相关文档和不相关文档特征词权值向量。在已知初始查询向量 q_0 的情况下，通过下式可以得到更新后的查询向量 q_{new}：

$$q_{new} = \alpha \cdot q_0 + \beta \cdot \frac{1}{m} \sum_{d_i \in \Delta_r} \frac{d_i}{|d_i|} - \gamma \cdot \frac{1}{N-m} \sum_{d_j \in \Delta_{nr}} \frac{d_j}{|d_j|} \qquad (2-43)$$

式中，α, β, γ——可以调整的常量参数。

上述算法是最经典的伪相关反馈算法，它提供了一种将相关反馈信息融入向量空间模型的方法，为之后许多伪相关反馈方法的出现奠定了基础。通过总结分析不难发现，上述伪相关反馈研究在更新初始查询的过程时都有一个共同的假设，即在首次返回的前 N 项文档（或者重新选择后的文档）中出现的词语（或者优化后的词语）对更新初始查询起到至关重要的作用。然而，后来的许多实验结果表明，在某些情况下单纯基于文本内容的相关反馈方法效果差强人意，尤其当前 N 项初始查询结果中存在许多噪声数据时，扩展后的查询并不能获得更好的检索结果，反而会降低检索质量[55]。

第 3 章

面向短文本表示建模的知识库资源

3.1 引　言

为了帮助机器理解人类精神世界的概念，本书需要选择合适的知识库资源。经典的知识库资源有 WordNet[56]、Wikipedia[57]、Cyc[58]和 Freebase[59]等；近年来，很多研究工作开始探索自动化构建知识库，代表性成果有 KnowItAll[60]、TextRunner[61]、WikiTaxonomy[62]和 YAGO[63-64]等。

3.2　百科类知识库资源

3.2.1　Wikipedia 知识库

Wikipedia 知识库（简称"Wikipedia"）是由美国维基百科公司于 2001 年开始运营的多语言在线百科全书，是一个由广大网民自发形成且共同参与创建、维护、编辑、修改的网络空间。Wikipedia 知识库涵盖超过 453 万个实体，支持超过 280 种语言，目前已经成为众多百科类知识库资源的重要数据来源。

在 Wikipedia 中的每篇文章对应一个实体标识，描述和定义了一个实体。Wikipedia 作为最大的在线百科，具有很高的实体覆盖率，除了常见实体外，其还包含大量特殊实体信息。Wikipedia 文章页面提供了很多实体有关信息，如实体定义介绍、实体类别、重定向页面、消歧页面、页面超链接等，这些半结构化的信息极大地方便了用户对实体信息的使用。Wikipedia 提供了 XML 形式的文档供用户下载使用，该文档是一个离线版的 Wikipedia，包含了某个时间点下的所有 Wikipedia 信息。为了方便使用该文档，用户通常可以借助 UKP 实验室（Ubiquitous Knowledge Processing Lab）开发的 JWPL（Java Wikipedia Library）工具包来处理 Wikipedia 离线文档。JWPL 是一个免费的、基于 Java 的应用程序接口，可以很容易地获取 Wikipedia 信息，如重定向、消歧项、类别、入链、出链等。由于 Wikipedia 具有丰富的半结构化信息和较高的准确率、覆盖率，它已经成为用来构建语义知识库的优秀数据源，Wikipedia 是众多知识库（如 DBpedia、YAGO、Freebase 等）

的基础。

3.2.2　Freebase 知识库

Freebase 知识库（简称"Freebase"）是美国谷歌公司于 2005 年基于 Wikipedia 数据资源推出的知识图谱，其定位是大规模开放结构数据库。Freebase 主要采用社区成员协作方式构建，其主要数据来源包括 Wikipedia（维基百科）、NNDB（世界名人数据库）、MusicBrainz（开放音乐数据库）以及社区用户的贡献等。Freebase 基于 RDF 三元组模型，底层采用图数据库进行存储。Freebase 知识库包含约 6800 万个实体和约 10 亿个关系，目前被学术界和工业界广泛使用，很多自然语言处理（特别是知识工程领域）任务的基线数据集基于 Freebase 知识库。

Freebase 的 Graphd（后台数据库）以节点和节点间关系的图状结构来组织数据，这与传统关系数据库以表的方式组织数据完全不同[65]。Freebase 服务器与 Graphd 紧密绑定，通过二进制数据存储块来储存图节点和节点关系，以哈希表的方式存储组织数据，在用户上传、下载数据时起到临时数据缓冲作用，在对数据进行检验处理后将其存储到 Graphd 中。Graphd 的图结构由一系列节点和反映节点间关系的有向连线组成。图中的每个节点都记录与自身相关的信息，数据库中的所有相关数据都以记录节点间关系的方式组织数据并存储。Graphd 中定义了一些必要属性作为架构中最基础的部分，如"/type/object/name"属性支持节点定义可读性较强的名称。Garphd 的图是有向图，节点关系的方向从源节点指向目标节点。虽然关系是有向的，但执行数据查询时，Graphd 可以向前和向后遍历所有有向连线来获取查询结果。因为 Graphd 会按不同方向遍历连线，所以可以将节点间连线看作具有双向性。在属性定义时，可以将一个方向的属性定义为主属性，将反方向上的属性定义为逆属性，这两个属性也称为互惠属性。在 Graphd 中，可以通过"\type/property/reverse_property"属性来标注主属性和逆属性，从而实现关系的双向遍历。

Freebase 的基础模型包括实体、类型、域、属性等概念。其中，每个实体可以属于多个类型；域是对类型的分组，便于 Schema 管理；每个类型可以设置多个属性，其值默认可以有多个。属性值类型既可以是基本类型（如整型、文本等），也可以是自定义类型（如"球队""父母"等），这种情况称为组合值类型。Freebase 使用 MID 代表实体编号，在不考虑实体归并的情况下，实体和 MID 是一一对应的；当考虑实体归并合并时，多个 MID 可能指代一个实体，但只有一个 MID 为主，其他 MID 通过一个特殊的属性指向这个 MID。在 Freebase 中，一个实体可以有多个值，每个值都属于一个命名空间。例如，"/en/yao_ming"的命名空间为"/en"，"/wikipedia/zh-cn_title/姚明"的命名空间为"/wikipedia/zh-cn_title"。对于平台基础模型的实体（域、类型、属性等），Freebase 会选择一个值作为该实体的 MID。Freebase 对属性的取值范围施加约束，如类型约束（整型、文本、浮点型等)、条件约束(是否单值、是否去重、主属性、逆属性等)。例如，"Obama"的 MID 是"m.02mjmr"，由于在"m.02mjmr"实体的相关信息中包含"人物"属性，因此"Obama"属于"人物"类别；同时，更为细致地划分"m.02mjmr"实体还属于"政府"类别下的"美国总统"类，其"总统职位数"为"44"；此外，知识库中还存储着用三种语言(中文、英文、西班牙文)对"Obama"实体的描述，介绍其主要信息，其丰富的属性信息可以应用到诸多任务之中。相关研究着重利用其中的英文描述信息作为对实体进行消歧的重要特征。

　　基于 Freebase 架构的特点，可以把数据库想象成由一个个数据节点构成的庞大的数据云图。为了对如此多的数据进行表示和组织，Freebase 使用了一个轻量级类型系统(Type System)。这套分类系统是一个结构化机制和约定的松散集，而不是实体和描述固定的系统。分类系统支持协作创建数据分类和属性，不会将世界上所有知识固定在条框之内。用户对同一知识不同的理解和观点可以通过为数据条目添加不同的分类和属性来表示。例如，对于"Johnny Depp"，可以为其添加多个类型(如 Person、Acotr 等)来表示其不同的身份。不同分类的元数据定义了各自的属性(Porperty)，通过众多属性值来全面揭示"Johnny Depp"的信息。需要注意的是，"Johnny Depp"作为一个数据条目(Topic)在 Freebase 系统里是唯一的，表示且仅表示现实世界中唯一的一个实体或概念。也就是说，在 Freebase 数据库中，对应现实世界中 Johnny Depp 这个人的只有唯一一个节点。

3.2.3　YAGO 知识库

　　YAGO 知识库(简称"YAGO")是德国马普研究所于 2007 年发布的大规模跨语言语义知识库，包含约 1000 万个关系和逾 1.8 亿个关系。YAGO 知识库的构建过程体现出多源性，充分利用 Wikipedia、WordNet、GeoNames 等数据资源。YAGO 将 WordNet 的词汇定义与 Wikipedia 的分类体系进行了融合集成，使得YAGO 具有更加丰富的实体分类体系；同时，还考虑了时间和空间知识，为很多知识条目增加了时间和空间维度的属性描述。YAGO 作为 IBM Watson 的后端智库资源，在很多领域有着应用与实践。

　　YAGO 的准确度已经过人工评估，证实了 95%的准确度，并且每个关系都用它的置信值进行注释。YAGO 将 WordNet 的干净分类学与 Wikipedia 分类系统的丰富性相结合，将这些实体分配给超过 35 万个类。YAGO 是一个锚定在时间和空间上的本体论，将时间维度和空间维度附加到其许多事实和实体上。此外，除了分类法，YAGO 还有主题领域，如 WordNet 领域的"music"(音乐)或"science"(科学)。YAGO 从 10 个不同语言的维基百科中提取并组合实体和事实。目前的最新版本是 YAGO3[66]。

3.2.4 DBpedia 知识库

DBpedia 知识库（简称"DBpedia"）是德国莱比锡大学和曼海姆大学于 2007 年推出的多语言知识图谱，是一款基于 Wikipedia 构建的大规模跨语言知识库，支持超过 100 种语言，包含约 458 万个实体和高达 30 亿个关系，被广泛应用于语义标注等自然语言处理任务。DBpedia 采用了一个较为严格的本体，包含人、地点、音乐、电影、组织机构、物种、疾病等类定义；同时，还与 Freebase、OpenCYC 等数据集建立了数据链接。

DBpedia 采用资源描述框架（Resource Description Framework，RDF）存储数据。RDF 用主语（Subject）、谓语（Predicate）、宾语（Object）的三元组形式来描述 Web 上的资源。其中，主语一般用统一资源标识符 URI 表示 Web 上的信息实体，谓语描述实体所具有的相关属性，宾语为实体对应的属性值[67]。这样的表达方式使得 RDF 可以用于表示 Web 上任何被标识的资源，并且使得它可以在应用程序之间交换而不丧失语义信息。以陈述"Microsoft 公司的创建者是 Bill Gates"为例，可以将其用 RDF 三元组描述，如图 3-1 所示。

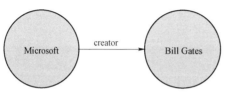

图 3-1　DBpedia 中 RDF 三元组形式示意

进一步，RDF 可以将一个或多个关于资源的简单陈述表示为一个由弧或节点组成的图（RDF graph），图中的节点代表资源和属性/关系值，弧代表属性/关系。RDF 图就是若干个三元组的集合，如图 3-2 所示。

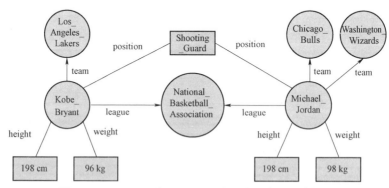

图 3-2　DBpedia 中 RDF 图形式示意（书后附彩插）

与现有的知识库相比，DBpedia 具有几个优点：它涵盖了许多领域的相关实体；它代表了真正的社区协议；它会随着 Wikipedia 的变化自动调整；它是真正的多语种知识库。总之，基于 DBpedia 的优点，DBpedia 正在被越来越多的科研单位及企业使用到。

3.2.5　XLORE 知识库

XLORE 知识库（简称"XLORE"）是清华大学人工智能研究院发布的世界多语知识图谱，旨在实现现实世界中同一概念或实体的多语言融合，实现对客观世界多语言、多概念层次语义建模，其可以形式化概述为概念集合、实体集合、概念体系、实体体系的综合体。XLORE 融合中英文 Wikipedia、法语 Wikipedia 和百度百科，对百科知识进行结构化和跨语言链接构建的多语言知识图谱，是中英文知识规模较平衡的大规模多语言知识图谱。XLORE 中的分类体系基于群体智能建立的 Wikipedia 的 Category 系统，包含 16 284 901 个的实例、2 466 956 个概念、446 236 个属性以及丰富的语义关系。XLORE 重点关注了两大中文百科中英文平衡的图谱，具有更丰富的语义关系，支持基于 isA 关系验证，提供多种查询接口。

3.3　词汇语义知识库资源

3.3.1　WordNet 知识库

WordNet 知识库[56]（简称"WordNet"）由美国普林斯顿大学于 1985 年发布，基于专家经验人工编制的基础，包括 15.53 万个英文词语和逾 20 万关系数量，以及 11.76 万个同义词集，同义词集之间存在 22 种关系，被广泛应用于词义消歧和语义搜索[68]。WordNet 主要定义了名词、动词、形容词和副词之间的语义关系。例如，名词之间的上下位关系（如"猫科动物"是"猫"的上位词）、动词之间的蕴含关系（如"打鼾"蕴含着"睡眠"）等。WordNet 3.0 已经包含超过 15 万个词和 20 万个语义关系。

WordNet 中词语之间的主要关系是同义（Synonymy）关系，如词语"shut"和词语"close"之间或词语"car"和词语"automobile"之间的关系。WordNet 将同义词定义为：表示同一概念并在许多上下文中可以互换的词语。将同义词归类到同义词集（Synset）中，一个同义词集只包含一个注释；对于一个同义词集的不同的词，分别用适当的例句加以区分。WordNet 的 117 000 个同义词集中的每个都通过少量的"概念关系"链接到其他同义词集，具有几种不同含义的词形在许多不同的同义词集中表示。因此，WordNet 中的每个"形式–意义"对都是唯一的。同义词集之间以一定数量的关系类型相互关联，如图 3–3 所示。这些关系包括同义（Synonymy）关系、反义（Antonymy）关系、上下位（Hypernymy/Hyponymy）关系、整体与局部（Meronymy）关系、继承（Entailment）关系等。

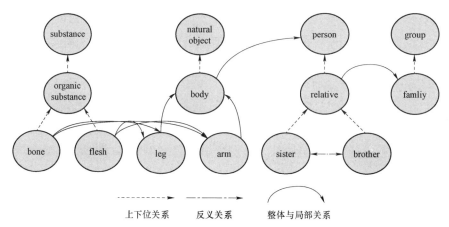

图 3-3　WordNet 上下位关系、反义关系、整体与局部关系等关系示意

3.3.2　HowNet 知识库

HowNet 知识库（简称"HowNet"）是中国科学院计算机语言信息中心于 1999 年发布的知识库，涵盖 1.1 万个实体，通常被应用于语义倾向计算和实体消歧等研究，其构建方式是专家人工构建。HowNet 是一个以汉语和英语的词语所代表的概念为描述对象，以揭示概念与概念之间以及概念所具有的属性之间的关系为基本内容的常识知识库。HowNet 描述了下列类型关系：上下位关系、同义关系、反义关系、对义关系、部件-整体关系（由在整体前标注"%"体现，如"心""CPU"等）、属性-宿主关系（由在宿主前标注"&"体现，如"颜色""速度"等）、材料-成品关系（由在成品前标注"？"体现，如"布""面粉"等）、施事/经验者/关系主体-事件关系（由在事件前标注"*"体现，如"医生""雇主"等）、受事/内容/领属物等-事件关系（由在事件前标注"$"体现，如"患者""雇员"等）、工具-事件关系（由在事件前标注"*"体现，如"手表""计算机"等）、场所-事件关系（由在事件前标注"@"体现，如"银行""医院"等）、时间-事件关系（由在事件前标注"@"体现，如"假日""孕期"等）、值-属性关系（直接标注，无须借助标识符，如"蓝""慢"等）、实体-值关系（直接标注，无须借助标识符）、事件-角色关系（由加角色名体现，如"购物""盗墓"等）。

3.3.3　FrameNet 知识库

FrameNet 知识库（简称"FrameNet"）是一个大规模英语词语数据库，并注释词语在实际文本中的用法示例，为英语词语的核心组合特性提供了独特的详细证据。自 1997 年以来，该项目一直在伯克利的国际计算机科学研究所（International Computer Science Institute）运作，主要由美国国家科学基金会（National Science Foundation）提供支持。从学生的角度来看，这是一本包含 13 000 多个词义的词典，其中大部分都附有注释，说明词义和用法；对于自然语言处理领域的研究人员来说，这超过 20 万个手工标注的句子链接了超过 1200 个语义框架，为科研工作提供了一个独特的语义角色标注训练数据集，可将其用于信息提取、机器翻译、事件识别、情感分析等应用。

FrameNet 是基于框架语义（Frame Semantics）的词汇资源。框架语义学是研究词语意义和句法结构意义的一种理论方法，即试图以真实语料为基础，以经验主义方法寻找语言和人类经验之间的紧密关系，并研究一种可行的描述方式来表示这种关系。在 FrameNet 中，"框架"作为一个语言学术语，是指人们在理解自然语言时激活的大脑中已有的认知结构，是用于描述一个事件或一个语义场景的一组概念。每个框架都包含一系列被称为框架元素的语义角色。在现实语料中，框架元素与语境中描述事件或事物形态的词汇相对应。框架元素按照重要程度又被分为核心框架元素和非核心框架元素。不同的框架在框架元素的种类和数量上是有差别的，这些具有个性特征的框架元素更适合用来描述自然语言中千变万化的语义信息。

框架关系（Frame-to-Frame Relations）是用来描述两个框架之间的语义关系的一个概念，是两个框架之间的一种定向（非对称）关系。FrameNet 知识库定义了 8 种框架关系：继承（Inheritance）、透视（Perspective_On）、总分（Subframe）、先后（Precedes）、起始（Inchoative_Of）、致使（Causative_Of）、使用（Using）、参阅（See_Also）。每个框架关系都直接关联两个框架，根据定向关系，一个叫作父框架（Super_Frame），另一个叫作子框架（Sub_Frame）。不同框架的框架元素也依据框架关系相互映射在一起。这 8 种框架关系的定义及说明如下[69]：

继承关系：汉语框架关系中的继承关系与本体关系中的关系非常相似，用于表示上位框架的框架元素、分框架以及语义类型都被下位框架继承或具体化。在这种关系下，任何一个对于父框架具有严格的纯粹的语义关系必须对应一个平等的或更加明确的子框架的语义关系。

透视关系：透视关系的使用说明至少存在两种不同于中性框架看法的框架。例如，"商业购买"框架和"商业销售"框架就是在"商业贸易"框架中分别以"买方"和"卖方"这两个不同的透视点出发所激起的框架。根据视角的不同，可以将透视关系分析出若干释义，因此这种关系对于推理是非常有用的。

总分关系：汉语框架网中有一些框架是比较复杂的，这些框架包含一些有序列的场景，而这些场景自身又能被一些框架描述。这些复杂的框架通过总分框架来与它的组成框架部分连接在一起。

先后关系：先后关系描绘了序列场景上的时间顺序的特性，因此它只应用在"事件"场景激起的框架中。例如，在"行为"场景中，"行为开始"框架要先于"行为完成"框架。

起始关系：起始关系表明当前框架代表的行为（或状态）是某些框架描述的行为（或状态）的起点。

致使关系：致使关系表明当前框架代表的行为（或状态）是某些框架描述的行为（或状态）的原因。

使用关系：使用关系表示两个框架之间具有抽象与具体的关系，在框架的层级体系中，概括程度高、抽象的框架一般是背景框架，通常这种高层的抽象框架是一个"被使用的"框架体系，即此框架的内容会在某个方面或多或少地被运用在下层的具体框架中。这时，具体框架与抽象框架之间具有使用关系。

参阅关系：参阅关系用于提醒用户注意与类似概念的区分、比较和对比，不表示有任何概念角色或某种关系。

综合比较国内外各种语义知识资源，FrameNet 知识库具有比较明显的优点：能提供数量多、类型丰富的框架元素，较好地突显知识框架的个性，有利于深入地表示丰富的语义信息；具有抽象化的概念逻辑关系，具备推理能力，可以在资源中定义的框架关系（如继承、透视、总分、先后等）的基础上建立基于框架的事件联系和推理机制；能提供丰富的语义标注句子库，为应用于自然语言处理学科各研究领域建立了真实的语料资源。

3.3.4　Probase 知识库

Probase 知识库（简称"Probase"）是一个概率化词汇语义知识库，目前已被广泛应用于短文本理解等相关研究中[10,17,70]。Probase 基于一个自动化迭代过程，采用句法规则（包括 Hearst 规则[71]等）从 16.8 亿个互联网网页采集和挖掘概念知识。例如，利用相关句法规则可以从词语片段 "...artists such as Pablo Picasso..." 中挖掘得出结论词语 "Pablo Picasso"（巴勃罗·毕加索）是概念 ARTIST（艺术家）的一个实例，即词语 "Pablo Picasso" 和概念 ARTIST 之间存在 isA 关系。

经过加工和处理，Probase 包含 236 万个公开领域的概念（Concept）、约 1400 万个与概念相关的关联关系。对于每个概念，Probase 分别提供与之相关的实例信息（如果词语 w 从属于概念 c，则将词语 w 称为概念 c 的"实例"）和属性信息，以对该概念进行详细说明，使该概念具体化。因此，上述关联关系主要分为两类，分别是概念–实例关联关系（通常用 isA 表示，如词语 "Barack Obama" isA 概念 PRESIDENT）、概念–属性关联关系（通常用 isAttributeOf 表示，如词语 "population" isAttributeOf 概念 COUNTRY）。其中，应用比较广泛的是 isA 关系。在 Probase 中，对于每个 isA 关系都定义了基于多种评价指标的概率形式的权重（即打分），为各类语义关系挖掘任务提供了细粒度、多方向的推理依据（图 3–4），我们主要利用这种 isA 关系。其中，最常用到的是概率 $\mathcal{P}(c \mid w)$ 和 $\mathcal{P}(w \mid c)$，这些概率都是在大规模语料中统计得到的规律性信息。$\mathcal{P}(c \mid w)$ 表示词语 w 从属于概念 c 的概率，即表示词语 w 所对应的所有概念中概念 c 出现的可能性，计算方式

为：$\mathcal{P}(c\,|\,w) = n(w,c)\,/\,\sum_{c'} n(w,c')$。其中，$n(w,c)$ 表示大规模语料库中词语 w isA 概念 c 的频数，即词语 w 作为概念 c 的实例在语料库中出现的次数；c' 表示所有概念组成的概念集合中的每一个概念。$\mathcal{P}(w\,|\,c)$ 表示概念 c 包含词语 w 的概率，即概念 c 的所有实例中词语 w 出现的可能性，计算方式为：$\mathcal{P}(w\,|\,c) = n(w,c)\,/\,\sum_{w'} n(w',c)$。

其中，w' 表示所有词语组成的词语集合中的每一个词语。此外，Probase 还提供了词语与词语之间的共现信息、概念与概念之间的共现关系等统计信息。这些丰富的语义信息和统计信息，可以作为先验和似然来帮助在文本分析和理解任务中开展多种有效的推理工作。

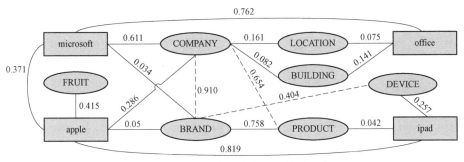

图 3-4　**Probase** 中概念与词语关系示意图

相较于其他传统知识库（如 WordNet、Wikipedia、Freebase 等），本书选择 Probase 作为外部知识资源来助力短文本表示建模的原因主要有以下几方面：

（1）丰富的概念资源能够提供针对语义的细粒度解释。例如，同时给定词语 "China" 和词语 "India"，Probase 所提供的排名靠前的概念包括概念 COUNTRY（国家）、概念 ASIAN_COUNTRY（亚洲国家）等；同时给定词语 "China" "India" 和 "Brazil"，Probase 所提供的排名靠前的概念包括 DEVELOPING_COUNTRY（发展中国家）、BRIC_COUNTRY（金砖四国）、EMERGING_MARKET（新兴市场）等。然而，其他知识库不具备如此细粒度的概念空间，也不具备对于概念的推理机制，这些传统知识库通常只能产生比较泛化而模糊的映射结果，这对复杂文本理解任务来说是比较粗糙的。

（2）Probase 知识库提供的概率信息有助于构建合理的推理机制，将文本中的词语映射到适当的细粒度概念。这允许本书在语义层次更高的概念空间完成文本分析。概念空间包含比原始文本更丰富的语义信息，而原始给定短文本通常数据稀疏、噪声大，并且歧义性比较普遍。

Probase 与现有知识库 WordNet、Wikipedia 和 Freebase 等的详细对比，可以参阅 Song 等[17]的工作。

3.4 知识库资源对比分析

传统知识库资源无法达到支持机器实现类人概念化的要求，主要存在两个障碍。首先，传统知识库资源的规模和覆盖面不足。例如，知识库 Freebase 只包含 20 000 个类目（Category）[59]，知识库 Cyc 只有 120 000 个类目[58]。换言之，这些知识库资源在尝试表达人类精神世界中的概念时，受限于其覆盖范围和粒度。其次，传统知识库资源大多是"确定性"的，而非"概率化"的。也就是说，通常可以在这些知识库资源中找到某个词语是否从属于某个概念，但是无法获知这个词语从属于这个概念的概率，以及对于这个词语，哪些概念是其最有可能从属的概念。

相关研究已经证明[5,17]，**在理解短文本（例如，理解搜索引擎中用户所提出的查询或者理解问答系统中用户所提出的问题等）方面，主要需要的是关于语言和语用的知识，或者说是词语在一种语言之中是如何彼此交互的**[72]，因此词汇知识库（Lexical Knowledge-Base，如 Probase[7]、FrameNet[73]等）的应用价值和必要性不亚于百科知识库（Encyclopedic Knowledge-Base，如 Wikipedia[57]、DBpedia[74]、Freebase[59]和 YAGO[63-64]等）。百科知识库包含诸如 Barack Obama（巴拉克·奥巴马，第 44 任美国总统）的 Birthday（出生日期）和 Birthplace（出生地）等"事实性"知识，这些知识对问答系统研究中回答问题很有帮助，但无法辅助机器真正地从语言学角度理解这些词语的内涵；与之相反，词汇知识库则能够清晰地指示出 Birthday（出生日期）和 Birthplace（出生地）是 Person（人）的属性（或特征），这便是词汇知识库为机器理解文本所提供的语言知识。因此，**本书重点研究词汇语义知识库在短文本表示建模中的应用**。

知识库 Probase 既是一个大规模词汇分类库（Taxonomy），又是一个大规模概率语义网（Semantic Network），包含了百万级别的表达世俗性事实的概念信息。此外，Probase 与传统知识库相比的一个很大的区别和优势在于，它基于在大规模语料上的统计，为概念、实例、属性及它们之间的关联关系赋予概率形式的权重（即打分）。

在自然语言处理研究领域，已有很多研究尝试使用外部知识资源中的语义信息来增强短文本语义。例如，Hu 等[75]利用 WordNet 探讨短文本聚类类簇的类内和类间的语义关系；Banerjee 等[76]利用 Wikipedia 实现短文本聚类；Gabrilovich 等[15]采用基于 Wikipedia 的显式语义分析来计算短文本语义相关性等。上述基于外部知识资源的工作所面临的主要问题是受限于这些外部资源的规模及丰富程度（即对知识的覆盖率）。以知识库 WordNet 为例[56]，WordNet 不包含专有名词（Proper Noun）信息，因此词语"IBM"在 WordNet 中没有被收录，其在 WordNet 中不会被识别为一个词语等，导致无法理解词语"USA"和"IBM"。对于普通常见的词语，例如"cat"，WordNet 中包含其不同释义的详细信息。但是，这些释义知识的组织多基于其语言价值，而忽略其日常使用习惯。例如，词语"cat"的个别偏僻释义（如 gossip（流言蜚语）或者 woman（女子）等）在实际生活中是很少遇到的。然而，WordNet 并没有根据词语不同释义的日常使用情况（如使用频率）来对不同释义赋予不同权重，导致那些不常使用的释义与经常使用的释义具有相同权重，进而误导短文本理解。总而言之，对于某个词语，如果不知道其不同释义的分布，将很难构建一个推理策略来选择该词语在某个上下文语境中的恰当释义[11]。知识库 Wikipedia 和 Freebase 存在概念类目数量受限的问题，而且分类存在一定能偏差和不准确的情况[17]。更重要的是，WordNet、Wikipedia 和 Freebase 中的类目并没有被打分或者排序，用户无法根据这些类目的重要性或者典型性对这些类目进行区分。相较而言，知识库 Probase 中的概念与人类常识（Common Knowledge）更加相似。例如，对于词语"cat"来说，Probase 给概念 GOSSIP 和概念 WOMAN 的权重非常低，因为人们在日常使用的时候通常很少使用词语"cat"表达这些概念。此外，对于诸如"language""Location"等词语，知识库 Probase 既将其视为一个概念，也将其视为一个实体，还将其视为其他概念的属性，这种设置的粒度更细、更丰富，使用时更灵活，也更符合人类逻辑和认知。因此，知识库 Probase 提供了很多其他知识库（WordNet、Wikipedia 和 Freebase 等）无法提供的附加信息。为了验证各类知识库的覆盖率，Park 等[77]在 2011 年发布的包含 1.8 亿个句子的 English Gigaword（第 5 版）数据集进行统计分析。结果显示，知识库 WordNet 和 FrameNet 仅覆盖了其中约 33% 和约 25% 的实例，而知识库 Probase 的覆盖率高达 75%（其中包含大量知识库 WordNet 所不包含的命名实体，如"Microsoft""British Airways"等）。

　　本书认为，为了让机器以类人的方式来理解短文本，就需要使机器具备概念化知识（Conceptual Knowledge）以及概念化（Conceptualization）能力。概念信息由于能够显式地表达语义，所以对于捕获给定短文本中蕴含的真实语义具有更好的效果。因此，**本书使用 Probase[7]作为知识库来挖掘短文本中的潜在概念，应用于本书所研究的短文本概念化、短文本向量化和短文本检索等内容。**

第 4 章

显式语义建模

4.1　引　　言

显式语义分析模型的典型代表模型包括显式语义分析（Explicit Semantic Analysis，ESA）模型[15-16]、短文本概念化模型[5,10,17,72]等。

4.2　显式语义分析模型

显式语义分析模型是显式语义建模模型的典型代表，其向量空间的构建由知识库辅助完成（通常选择百科知识库，如 Wikipedia），旨在构建一个庞大的词语与"概念"（通常选用 Wikipedia 文档作为"概念"）的共现矩阵，矩阵中的元素为词语和"概念"之间的词频–逆文档频率。Gabrilovich 等[15]提出的显式语义分析（Explicit Semantic Analysis，ESA）是基于 Wikipedia 的文本语义表示的经典方法。ESA 使用 Wikipedia 的文章及其之间的链接信息，把文本表示为由概念（该研究将 Wikipedia 文档作为"概念"）构成的向量，在词语相关度计算、查询扩展、文本分类等自然语言处理任务中得到了广泛应用[78]。ESA 模型表达的是文本与维基概念之间在统计意义上的相关性，概念向量中的各元素之间与词袋法一样维持了独立性假设，因此 ESA 模型对文本实际语义的直观解释能力依然较弱。

ESA 模型借助通用知识库，将自由文本表示为一组由概念构成的向量，通常采用 Wikipedia 训练得到[79]。给定一组概念（对应于 Wikipedia 的文章标题）集合 $\{c_1,c_2,\cdots\}$ 和与之关联的文档（即 Wikipedia 文章的内容 $\{s_1,s_2,\cdots\}$，ESA 模型构造一个稀疏矩阵 M，其中每一列表示一个概念，每一行对应于一个出现于 $\bigcup_{j=1,2,\cdots,s_j}$ 中的词语，稀疏矩阵 M 中的每个元素 $M[i,j]$ 对应于出现在文档 s_j 中的词项 w_i 的 TF−IDF 值。需要注意的是，并非所有文档对于 ESA 模型都有相同的效果，可以从内容和链接关系两个方面对 Wikipedia 的原始文章进行过滤：在内容方面，如果概念 c 是跳转页面、消歧页面、列表页面，或者文章 s 所包含的词语数量少于一定体量阈值（如 200），则将其作为非重要文章过滤；在链接关系方面，如果文章 s 的出入链之和小于一定阈值（如 20），则将其过滤。

　　为建立 ESA 模型，对过滤后的 Wikipedia 数据进行扫描，计算每个词语–文章对的 TF–IDF 值，形成最终的 ESA 模型的矩阵 M，并进一步维护维基百科文章到类别的隶属关系，用于后续的种子类别选取，从而构成自由文本到层次路径之间的桥梁关系。

　　在构建矩阵 M 之后，给定短文本 $s = \{w_1, w_2, \cdots\}$，其显式语义概念分布 ϕ_C 可由以下公式计算得到：

$$\phi_C = \sum_{w_i \in s} \text{TF}(w_i, s) \bullet \text{IDF}(w_i) \bullet M[i; \bullet] \qquad (4-1)$$

式中，　$\text{TF}(w_i, s)$ ——词语 w_i 在文本 s 中的词频；

　　　　$\text{IDF}(w_i)$ ——词语 w_i 在所有 Wikipedia 数据集上的逆文档频率；

　　　　$M[i; \bullet]$ ——矩阵 M 中词语 w_i 所对应的行向量，即其显式语义向量。

　　原始的 ESA 模型没有对共现矩阵进行降维处理，因而产生的词向量具有较高维度。在短文本理解这一任务中，需使用额外的语义合成方法推导短文本向量。进一步，为获取短文本的主要语义概念和降低向量维度，可以对 ϕ_C 按照其元素 c_i 的得分 p_i 进行降序排序（ p_i 表示概念 c_i 与短文本 s 的语义相关程度），并挑选前 k_C 个元素作为短文本最终的显式语义分析结果，形式化表示为

$$\phi_C = \{\langle c_i, p_i \rangle \mid i = 1, 2, \cdots, k_C\} \qquad (4-2)$$

　　通过观察可以发现，ESA 模型所产生的向量的每个维度代表一个明确的知识库文本（如 Wikipedia 文档文章（或标题）），因此具备可解释性，对于人类和机器都具备认知性。

4.3　概念化模型

　　概念化（Conceptualization）模型旨在借助知识库推出文本中每个词的概念分布，即将词按语境映射给一个以概念为维度的向量[9]。在这一任务中，每个词的候选概念可从知识库中明确获取。例如，通过知识库 Probase，机器可获悉"apple"这个词有 FRUIT、COMPANY 等概念。当词语"apple"出现在语境"apple ipad"这个短文本中，通过概念化可分析得出"apple"有较高的概率属于概念 COMPANY。给定文本当中的词语集合 $W = \{w_i \mid i = 1, 2, \cdots, n_W\}$，概念化模型尝试从知识库预先定义的概念中找到最能够描述给定词语集的概念（即得分最高的概念），构成概念集合[10,17]。假设，知识库中有一组已预先定义的候选概念集合，用 c_j 表示候选概念集合中的概念，而最终从这个候选概念集合中选择概念作为最终概念化结果。传统概念化模型采用条件概率的朴素贝叶斯假设，概念 c_j 的得分由下式计算：

$$\mathcal{P}(c_j \mid W) = \frac{\mathcal{P}(W \mid c_j) \cdot \mathcal{P}(c_j)}{\mathcal{P}(W)} \approx \mathcal{P}(c_j) \cdot \prod_{i=1}^{n_W} \mathcal{P}(w_i \mid c_j) \qquad (4-3)$$

$$\text{s.t.} \quad \mathcal{P}(w_i \mid c_j) = n(w_i, c_j) / n(c_j)$$

式中，$n(w_i, c_j)$——概念 c_j 和词语 w_i 在语料库中的共现频数；

$n(c_j)$——概念 c_j 在语料库中的频数；

$\mathcal{P}(c_j)$——概念 c_j 的频数在候选概念集合中所有概念上的正则化。

通常，使用拉普拉斯平滑（Laplace Smoothing）技术[80]来过滤噪声并引入概念多样性。概念化模型的基本假设：给定每个概念 c_j，所有可观察到的词语 $w_i \in W$ 都是条件独立的。概念化模型使用上述概率来对概念进行排序，最终选择排序得分最高的概念来表示包含词语集合 W 的给定文本。该研究思路是最早的基于知识库 Probase 的概念化模型之一，后续很多研究从不同角度探索改进和提升了上述研究思路。

（1）为了缓解概念泛化问题和一词多义等问题，可以利用聚类（Clustering）技术来扩展上述在简单的朴素贝叶斯方法。该算法首先将问题建模为一个二部图（Bipartite Graph），其中节点表示短文本中的词语和知识库中的概念，连边表示知识库定义的概念和词语之间的 isA 关系，连边的权重用条件概率 $\mathcal{P}(w_i \mid c_j)$ 表示；然后，挖掘能够最大化连边权重的稠密的 k–互斥团（k–Disjoint Clique）[81]，在同一个团中的词语被认为属于同一个类簇（即语义相近的词语被聚类到同一类簇）；最后，在每个类簇上分别执行上述朴素贝叶斯算法，完成概念化。

（2）考虑到上下文语境中的词语相关性，在上述算法的基础上，尝试将词语之间的关联与 $\mathcal{P}(c_j \mid W)$ 协同建模，有助于促进概念化过程中的消歧：具体而言，将词语关系融入一个生成式模型，并将其建模为一个马尔可夫随机场（Markov Random Field），最后将短文本概念化问题转化为马尔可夫随机场模型中的潜变量推理问题。

（3）为了从充满噪声且稀疏性明显的短文本中挖掘更多信号，可引入词语的动词修饰信息、词语的形容词修饰信息、词语的属性信息等，这在一定程度上能为理解词语提供有益线索；随后，基于随机游走的方法，在每轮迭代中都对候选概念重新打分，最终在算法收敛时获得相关概念。

（4）尝试利用基于深度神经网络（Deep Neural Network，DNN）的方法来实现对短文本的语义理解，但是此类方法面临高计算开销和缺乏标注数据的现实挑战。例如，面向文本理解任务，首先从概率化词汇知识库中为短文本中的每个词语获得相关概念及共现词语，然后采用基于深度神经网络自动编码器来进行语义编码。

4.4　显式语义建模总结分析

近年来，随着大规模知识库系统的出现（如 Wikipedia、Freebase、Probase 等），越来越多的研究关注于如何将短文本转化为人和机器都可以理解的表示方法。此类模型通常称为显式语义建模模型。显式语义建模模型最大的特点就是它所产生的短文本向量表示不仅可用于机器计算，而且易于人类理解，其每一维度都有明确的含义，通常是一个明确的"概念"。这意味着机器将短文本转化为显式语义向量后，人们很容易就可以判断这个向量的质量，发现其中的问题，从而方便对模型进一步调整与优化[9]。不同的显式语义建模模型使用不同的"概念"：以显式语义分析模型为例，使用维基百科文档作为"概念"；以概念化模型为例，直接使用词汇语义知识库 Probase 所提供的高质量概念。显式语义建模模型的向量空间的构建通常由知识库辅助完成，如百科知识库（如 Wikipedia 等）辅助构建显式语义分析模型（见 4.2 节）、词汇语义知识库（如 Probase 等）辅助构建概念化模型（见 4.3 节）。

第 5 章

半显式语义建模

5.1　引　　言

半显式语义建模模型以主题模型类模型为主，尝试从概率生成模型（Generative Model）的角度分析文本语义结构，模拟"主题"这一隐含参数，从而解释词与文本的共现关系。

5.2　概率化潜在语义分析模型

概率化潜在语义分析（Probabilistic LSA，PLSA）模型[82]是最早被提出的主题模型之一，是潜在语义分析（Latent Semantic Analysis，LSA）模型的延伸。PLSA模型可看成一种概率生成模型，该模型通过"文档–主题"和"主题–词语"两层概率分布来描述文档的生成过程，并使用期望最大化（Expectation Maximization，EM）算法[83]训练模型参数。

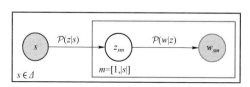

图 5–1　PLSA 模型的概率图模型结构（书后附彩插）

PLSA 模型基于词袋假设，将文档看成一个词语的集合，不考虑词语的顺序，认为文档中所有词语都独立同分布，其概率图模型结构如图 5–1 所示。图中，s 和 w 是可观测变量，其中 s 表示文档，w 表示词语；z 是隐含变量，表示文档中的隐含主题。一般假设语料库文本集包含 $|Z|$ 个隐含主题，每篇文档在这 $|Z|$ 个主题上服从多项分布 $\mathcal{P}(z\,|\,s)$，每个主题在词典上服从多项分布 $\mathcal{P}(w\,|\,z)$；有向边表示依赖关系；方块表示重复的过程[84]。

对语料库中的每篇文档 s，PLSA 模型概率生成模型的文档生成过程可描述如下：

第 1 步，以概率 $\mathcal{P}(s)$ 从语料库中选择一篇文档 s，$s\in\Delta=\{s_1,s_2,\cdots,s_{|\Delta|}\}$。

第 2 步，以概率 $\mathcal{P}(z\,|\,s)$ 从 $|Z|$ 个主题中选择一个主题 $z\in Z=\{z_1,z_2,\cdots,z_{|Z|}\}$。

第 3 步，以概率 $\mathcal{P}(w\,|\,z)$ 从词典中选择一个词语 $w \in \mathbb{V} = \{w_1, w_2, \cdots, w_{|\mathbb{V}|}\}$。

上述过程可以用以下联合概率分布来表示：

$$\mathcal{P}(s, w) = \mathcal{P}(s)\sum_{z \in Z}\mathcal{P}(w\,|\,z)\mathcal{P}(z\,|\,s) \tag{5-1}$$

式中，"文档–主题"分布 $\mathcal{P}(z\,|\,s)$ 和"主题–词语" $\mathcal{P}(w\,|\,z)$ 分布是 PLSA 模型所需要求解的参数，通常基于极大似然估计使用期望最大化（Expectation Maximization，EM）算法进行求解。

虽然 PLSA 模型可以模拟每个文本的主题分布，然而其没有假设主题的先验分布（每个训练文本的主题分布相对独立），它的参数随训练文本的个数呈线性增长，且无法应用于测试文本。

5.3　潜在狄利克雷分布模型

相较于概率化潜在语义分析（PLSA）模型，**潜在狄利克雷分布**（Latent Dirichlet Allocation，LDA）模型是更加完善的主题模型，也是目前学术界和工业界应用得最广泛的半显式语义建模模型之一。LDA 模型是一种生成语料库的概率模型，是在概率化潜在语义分析（PLSA）模型基础上增加了一层狄利克雷（Dirichlet）共轭先验分布。LDA 模型定义了可观测随机变量和隐含随机变量的联合概率分布，使用基于变分推断（Variational Inference，VI）和期望最大化（Expectation Maximization，EM）的近似推理算法。

LDA 模型是生成式贝叶斯概率模型中的一个经典模型，它主要描述文本集合的生成过程。LDA 模型假设每个文本 s 是主题的一个组合，而每个主题 z 是 $|\mathbb{V}|$ 个词语在词典上的一个多项分布。每个主题的词项分布 ϕ_z 服从以 β 为参数的狄利克雷先验分布，即

$$\mathrm{Dir}(\phi_z\,|\,\beta) = \frac{\Gamma\left(\sum_{w \in \mathbb{V}}\beta_w\right)}{\prod_{w \in \mathbb{V}}\Gamma(\beta_w)}\prod_{w \in \mathbb{V}}\phi_{z,w}^{\beta_w - 1} \tag{5-2}$$

式中，$\Gamma(\bullet)$ ——伽玛函数；

$\qquad \beta_w$ ——词语 w 的 β 参数；

$\qquad \phi_{z,w}$ ——主题 z 中词语 w 的概率，$\sum_w \phi_{z,w} = 1$。

每个文本 s 的主题分布 θ_s 服从以 α 为参数的狄利克雷先验分布，即

$$\mathrm{Dir}(\theta_s\,|\,\alpha) = \frac{\Gamma\left(\sum_{z \in Z}\alpha_z\right)}{\prod_{z \in Z}\Gamma(\alpha_z)}\prod_{z \in Z}\theta_{s,z}^{\alpha_z - 1} \tag{5-3}$$

式中，$\theta_{s,z}$——文本 s 中主题 z 的概率，$\sum\limits_{z\in Z}\theta_{s,z}=1$。

LDA 模型存在两个假设条件：首先，每个文本之间是独立的，文本是可以交换的；每个词语之间也是独立的，同一个文本中的词项是可以交换的。LDA 模型是一个三层贝叶斯概率模型，包含词语、主题和文本三层结构。文档的生成过程概述如下：每个文本按狄利克雷分布确定"主题–词语"的概率分布；每个文本按狄利克雷分布确定主题概率分布，循环按主题概率分布选定某个主题，进而按"主题–词语"分布以一定概率选择每个词语，直至每个文本生成[85]。其中，"文本–主题"分布和"主题–词语"分布都服从多项式分布。LDA 模型的概率图模型结构如图 5–2 所示。

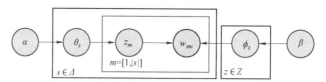

图 5–2　LDA 模型的概率图模型结构（书后附彩插）

LDA 模型的文本生成过程可以定义如下：

第 1 步，对每个主题 z 生成主题词项分布 $\phi_z \sim \text{Dir}(\beta)$。

第 2 步，对每篇文本 s 生成"文本–主题"分布 $\theta_s \sim \text{Dir}(\alpha)$。对该文本中的第 m 个词语，生成主题项 $z_{s,m} \sim \text{Multinomial}(\theta_s)$，生成词项 $w_{s,m} \sim \text{Multinomial}(\phi_{z_{s,m}})$。

其中，超参数 α 和 β 是模型参数，分布 θ、分布 ϕ 和主题 z 为隐含变量。因此，一个语料的联合分布可以表示为

$$\mathcal{P}(w,\theta,\phi,z\mid\alpha,\beta)=\prod_{z\in Z}\mathcal{P}(\phi_z\mid\beta)\prod_{s\in\Delta}\mathcal{P}(\theta_s\mid\alpha)\prod_{m=1}^{|s|}\mathcal{P}(z_{s,m}\mid\theta_s)\mathcal{P}(w_{s,m}\mid\phi_{z_{s,m}}) \quad (5-4)$$

根据贝叶斯规则，已知一个可观测集合 $\{w\}$，隐含变量的后验分布可以表示为

$$\mathcal{P}(\theta,\phi,z\mid w,\alpha,\beta)=\frac{\mathcal{P}(w,\theta,\phi,z\mid\alpha,\beta)}{\sum\limits_{z\in Z}\iint\mathcal{P}(w,\theta,\phi,z\mid\alpha,\beta)\mathrm{d}\theta\mathrm{d}\theta} \quad (5-5)$$

然而，式（5–5）中的似然值（即分母部分）通常计算不了，因此很难得到后验分布的精确解。在实际应用中，需要借助于多种近似方法。

5.4　层次化狄利克雷过程模型

LDA 模型被提出后，在很多领域的应用都取得了成功，如生物信息、信息检索和计算机视觉等。但是，这类主题模型将文档主题视为一组"扁平"概率分布，

一个主题与另一个主题之间没有直接关系，因此它们能够用于挖掘语料中蕴含的主题，但是无法发现主题之间的关联和层次。对于每篇文档，主题层次是显而易见的，由粗到细、由宽泛到具体，逐渐层层递进，逐渐细化。于是，层次化狄利克雷过程（hierarchical Latent Dirichlet Allocation，hLDA）模型应运而生[86]。

hLDA 模型运用了成熟的贝叶斯理论，能自动挖掘文档集中具有层次结构的主题信息，把主题组织成层次结构树，同时能自动确定文档集合中主题的个数和自适应数据量不断增长带来的变化，是被广泛使用的层次主题模型。hLDA 模型首先利用嵌套的中国餐馆过程（nested Chinese Restaurant Process，nCRP）生成了一个树状结构上的先验分布；然后，在该先验分布的基础上假设了文档集的层次化生成过程，定义了文档集中潜在的层次主题结构，包括文档路径分配、文档主题分布和主题词分布；最后，通过相关采样算法对模型中的隐含变量进行后验推断从而得到了潜在的层次主题结构。

1. 嵌套的中国餐馆过程

嵌套的中国餐馆过程（nCRP）是一个分层区间上的分布，它一般化了中国餐馆过程（CRP）。中国餐馆过程是一个整数区间上的分布，其描述如下：假设有 $|\Delta|$ 位顾客要进入一个有无限多餐桌的中国餐馆用餐，其中每张餐桌都可以容纳无限多的顾客，每位顾客依次进入餐馆并按照相应的概率选择自己要就座的餐桌，第 j 个进入餐馆的顾客选择一张已有人坐的餐桌的概率如下：

$$\mathcal{P}(\mathrm{OT}_i \mid \mathrm{PC}) = \frac{n(\mathrm{table}_i)}{\gamma + j - 1} \qquad (5-6)$$

式中，OT_i——选择已有人就座的餐桌；

　　　PC——已经进入中国餐馆的顾客；

　　　$n(\mathrm{table}_i)$——在该顾客之前选择餐桌 i 就座的顾客数，可以看出，顾客选择一张已有人就座的餐桌的概率与该餐桌上现有的顾客数成正比；

　　　γ——可调参数，决定该顾客选择一张没有人就座的餐桌（NUT_*）的概率，该顾客选择一张新餐桌的概率公式如下：

$$\mathcal{P}(\mathrm{NUT}_* \mid \mathrm{PC}) = \frac{\gamma}{\gamma + j - 1} \qquad (5-7)$$

嵌套的中国餐馆过程（nCRP）扩展了中国餐馆过程（CRP），构造了一个树状结构的先验，可以定义这样一个场景：假设在一个城市中有无限多的中餐馆，每个餐馆中都有无限张餐桌，同时每张餐桌都可以容纳无限多位顾客，其中每张餐桌上都有一张卡片指向其他餐馆。假设有若干顾客来该城市参加 $|\Psi|$ 天的旅程，每天需要进入一家餐馆用餐。第 1 天，所有顾客都来到一个餐馆（根餐馆）并按照上述概率公式选择了自己要就座的餐桌；第 2 天，顾客根据上一天餐桌上的卡片进入对应的餐馆并再次按照上述概率公式选择自己要就座的餐桌；在 $|\Psi|$ 天之

后，每个顾客按照时间经过的餐馆形成了一条长度为 L 的路径，而所有顾客形成的路径则构成一棵深度为 L 的树。

2. 文档的生成过程

hLDA 模型利用嵌套的中国餐馆过程生成了树状结构的先验，其中顾客对应文档，餐馆对应文档集中的主题，每个顾客所经过的餐馆对应每篇文档所包含的主题。在该先验的基础上，hLDA 模型假设文档集的层次化生成过程。hLDA 模型的概率图模型结构如图 5-3 所示。

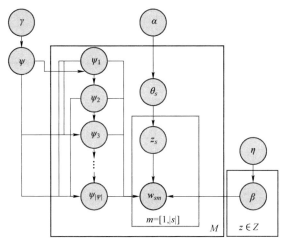

图 5-3　hLDA 模型的概率图模型结构（书后附彩插）

该概率图模型结构对应的文档集的生成过程如下：文档首先进行了路径的选择，即确定文档中所包含的主题，随后选择了对应的主题分布和主题词分布，从而生成文档中的每一个词语[87]。

第 1 步，共有 $|\Delta|$ 篇文档，对于其中的每篇文档 s，参数为 γ 的 nCRP 模型先验定义无限大的树状结构 Ψ，选择 Ψ 的根节点 ψ_1 作为文档路径的根节点。

第 2 步，对于树状结构的每一层 $l \in \{2,3,\cdots,|\Psi|\}$，使用式（5-6）、式（5-7）选择节点 ψ_l 作为文档路径在该层的节点。

第 3 步，对于每篇文档，从参数 α 的狄利克雷分布中选取一个多项式分布 θ 表示该文档的主题分布。

第 4 步，对于每个主题，从参数 η 的狄利克雷分布中选取一个多项式分布 ϕ，表示该主题的词语分布。

第 5 步，对于每篇文档中的每个词，从文档对应的主题分布 θ 中选择一个主题 z，再从 z 对应的主题词分布 ϕ_z 中选择词语 w。

hLDA 模型通过上述生成过程假设了文档集中潜在的层次主题结构，包括文档路径分配、文档主题分布和主题词分布。不同于层次聚类将每个数据点（词语）

设置为叶子节点，然后逐层向上合并相似的节点直至根节点，hLDA 模型的中间节点不是叶子节点的进一步抽象，而是反映了共享该节点的文档路径的共同术语。从根节点向下深入的过程中，第一层是对文档的一个粗糙划分，其后每一层都是对该分区的文档的更细致划分，对应的主题也会更加具体。当生成 m 个词时，最多有 m 个节点被访问过，即最多有 m 个主题被生成，此时第 $m+1$ 个词既可以从之前的主题中生成，也可以来自一个新的主题。同样，第 $m+1$ 篇文档既可以选择前面文档的路径，也可以在树中任意节点分裂出新的主题。

3. 概率后验推断

为了求解文档集中潜在的层次主题结构，需要对模型进行概率后验推断，即利用模型中可以观测的变量来推断隐含变量。吉布斯采样（Gibbs Sampling）是马尔可夫链蒙特卡洛算法的一种简单实现形式，它通过构造收敛于目标概率分布的马尔可夫链并在该链上实现状态转移来抽取接近于目标概率分布的样本。在 hLDA 模型中，需要对每个文档的路径 ψ_s 和每个词语的主题 $z_{s,w}$ 进行采样。首先对文档的路径分配 ψ_s 进行采样，ψ_s 的条件后验概率为

$$\mathcal{P}(\psi_s \mid w, \psi_{-s}, z) \propto \mathcal{P}(\psi_s \mid \psi_{-s}) \mathcal{P}(w_s \mid \psi, w_{-s}, z) \tag{5-8}$$

式中，$\mathcal{P}(\psi_s \mid \psi_{-s})$——由嵌套的中国餐馆过程决定的文档路径的先验分布，

$$\mathcal{P}(\psi_s \mid \psi_{\backslash s}) = \prod_{l=2}^{|\Psi|} \mathcal{P}(\psi_{s,l} \mid \psi_{s,l-1}, \psi_{\backslash s}) \tag{5-9}$$

式中，$\psi_{\backslash s}$——除了当前文档 s 外其他文档的路径分配；

$\psi_{s,l}$——当前文档 s 的路径中位于第 l 层的主题节点；

$\mathcal{P}(w_s \mid \psi, w_{\backslash s})$——在给定路径下文档中词语的生成概率：

$$\mathcal{P}(w_s \mid \psi, w_{\backslash s}) = \prod_{l=2}^{|\Psi|} \frac{\Gamma(n(\cdot, \psi_{s,l}, \backslash s) + |\mathbb{V}| \cdot \eta)}{\prod_{w \in s} \Gamma(n(w, \psi_{s,l}, \backslash s) + \eta)} \cdot \frac{\prod_{w \in s} \Gamma(n(w, \psi_{s,l}, \backslash s) + n(w, \psi_{s,l}, s) + \eta)}{\Gamma\big(n(\cdot, \psi_{s,l}, \backslash s) + n(\cdot, \psi_{d,l}, s) + |\mathbb{V}| \cdot \eta\big)}$$

$$\tag{5-10}$$

式中，$n(\cdot, \psi_{s,l}, s)$——当前文档 s 中所有词语被分配到路径 $\psi_{s,l}$ 上的次数；

$n(\cdot, \psi_{s,l}, \backslash s)$——除了当前文档 s 外的所有文档中所有词语被分配到路径 $\psi_{s,l}$ 上的次数；

$n(w, \psi_{d,l}, s)$——当前文档 s 的词语 w 被分配到路径 $\psi_{s,l}$ 上的次数；

$n(w, \psi_{s,l}, \backslash s)$——除了当前文档 s 外的所有文档中词语 w 被分配到路径 $\psi_{s,l}$ 上的次数；

$|\mathbb{V}|$——文档集合中的词典规模。

在对文档的路径分配进行采样后，可以获得潜在层次主题结构中的文档路径分配信息。对词语的主题分配 $z_{s,w}$ 进行采样，具体的计算公式为

$$\mathcal{P}(z_{s,w}=z_j \mid z_{\backslash(s,w)}, w, \psi_s) \propto \frac{n(\bullet, z_j, s)^{\backslash(s,w)}+\alpha}{|s|^{\backslash(s,w)}+|\psi_s|\bullet\alpha} \bullet \frac{n(w, z_j, \Delta)^{\backslash(s,w)}+\eta}{n(\bullet, z_j, \Delta)^{\backslash(s,w)}+|\mathbb{V}|\bullet\eta} \quad (5-11)$$

式中，$\backslash(s,w)$——在相关统计量中，不统计当前词语 w；

$\quad\quad |s|$——文档 s 中包含的词语的个数；

$\quad\quad n(\bullet, z_j, s)$——文档 s 中词语被分配到主题 z_j 上的次数；

$\quad\quad n(\bullet, z_j, \Delta)$——文档集 Δ 中词语被分配到主题 z_j 上的次数；

$\quad\quad n(w, z_j, \Delta)$——文档集 Δ 中词语 w 被分配到主题 z_j 上的次数。

在采样了每个词语的主题分配之后，可以获得潜在层次主题结构中的"文档–主题"分布 θ_{s,z_j}，表示文档 s 的主题分布中主题 z_j 所占的概率：

$$\theta_{s,z_j} = \frac{n(\bullet, z_j, s)+\alpha}{|s|+|\psi_s|\bullet\alpha} \quad (5-12)$$

同时，可以获得"主题–词语"分布，表示主题 z_j 的词语分布中词语 w 所占的概率：

$$\phi_{z_j,w} = \frac{n(w, z_j, \Delta)+\eta}{n(\bullet, z_j, \Delta)+|\mathbb{V}|\bullet\eta} \quad (5-13)$$

5.5　半显式语义建模总结分析

半显式语义建模模型以主题模型为核心，通过采用主题模型对文本进行训练，最终可以获取每个短文本的主题分布，以作为其表示方式。这种表示方法将文本转为机器可以用于计算的向量，但是向量的每一维度不具备可解释性。

半显式语义建模模型作为一类重要的贝叶斯概率模型，主要用于对文本主题进行建模，分析其潜在的语义信息。PLSA 模型的提出被认为是主题模型发展的关键一步，其认为文本中每个词语来自单一的主题，文本中不同的词语来自不同的主题，每个文本是主题的一个混合组成形式。该模型认为每个文本对应一个私有的主题分布，导致模型中参数的数量随着语料库的大小线性增长，使得模型存在过拟合的问题。此外，该模型只针对训练集的文本，无法将概率分配给训练集之外的文本。LDA 模型假设主题多项分布服从某个狄利克雷先验分布，而不是私有的主题多项分布的大型集合，这既克服了 PLSA 模型的缺点，也避免了模型参数过量和过拟合问题，并且能够有效地预测测试集的文本。LDA 模型的提出奠定了主题模型的发展，被认为是最基本的主题模型，并且大多数的变分推理方法都应用在此模型上。LDA 模型给出了主题模型的一个标准框架，之后关于主题模型的研究几乎都建立在 LDA 模型的基础上，包括一些 LDA 的扩展模型[88-90]，以及处理特定任务的 LDA 模型[91-92]。

第 6 章

隐式语义建模

6.1 引　言

隐式语义建模模型的典型代表模型有潜在语义分析（Latent Semantic Analysis，LSA）模型[12]、超空间模拟语言模型（Hyperspace Analogue to Language Model，HALM）[93]、神经网络语言模型（Neural Network Language Model，NNLM）及词嵌入（Word Embedding）[28,39,44-45]、段向量（Paragraph Vector，PV）[14]等。

6.2 潜在语义分析模型

在传统的自然语言处理模型中，词语之间存在独立假设，但是这个假设在实际环境中很难得到满足。为了考虑词语与词语之间的相关性、处理自然语言的语义模糊性，**潜在语义分析（LSA）**模型[12]的思想应运而生，这是最早的基于隐式语义建模的文本理解框架，也被称为潜在语义索引（Latent Semantic Index，LSI）模型。LSA 模型属于基于共现的文本特征提取方法范畴：将语料处理为矩阵的形式，利用统计的方法计算矩阵元素。矩阵中的每一行对应一个词语，每列表示一类"文本"，如文档、句子、模式等；矩阵中的每个元素是统计的语料中词语和对应的上下文经过平滑或者转化的共现次数，常用的转化方法包括 0/1、词频、词频−逆文档频率等；借助矩阵分解等方法分解矩阵，可获得词语的低维、实数的向量表示。

LSA 模型通过分析大量文档集来自动生成词语−文本之间的映射规则，认为词语在文档中的使用模式中隐含存在着潜在的语义结构，同义词之间应该具有基本相同的语义结构，多义词的使用必定具有多种不同的语义结构。LSA 模型通过统计方法，提取并量化这些潜在的语义结构，进而消除同义词、多义词的影响，提高文档表示的准确性。

为了实现 LSA 模型思想，通常需要通过数学方法建立潜在语义索引空间模型，这是 LSA 模型一个关键性的问题，直接影响运用 LSA 模型的性能。目前已有多种构造方法，比较典型的是 LSA/SVD 方法，这既是最早提出使用，也是目

前普遍使用的典型 LSA 空间的构造方法。LSA/SVD 方法对文档集的词语–文档矩阵进行奇异值分解（Singular Value Decomposition，SVD）计算，并提取 k 个最大的奇异值及其对应的奇异值向量构成新矩阵，以近似表示原文档集的词语–文本矩阵。从某种意义上来说，LSA/SVD 方法是一种用于发掘一组相互无关的索引变量（因素）的技术，从而使每个词语–文档矩阵都可以利用左–右奇异值向量，表现为单个 k 维空间向量，还可以缓解噪声、词语使用多样性等对信息检索的影响。简而言之，由于 k 值比文档集中词语数量 $|\mathbb{V}|$ 小得多，因此词义上的细微区别被忽略了。通常采用如下做法：

首先要构造一个 $|\mathbb{V}| \cdot |\Delta|$ 维词语–文档矩阵 $\boldsymbol{M}$，其元素用 $M[i][j]$ 表示，$M[i][j] = f(i, j) \cdot g(i)$。其中，函数 $f(i, j)$ 是词语 i 在文档 j 中的局部权重；函数 $g(i)$ 是词语 i 在文档集中的全局权重；$|\mathbb{V}|$ 为提取词语数量；$|\Delta|$ 为文档数量。对词语–文档矩阵 $\boldsymbol{M}$ 进行 SVD 分解（设 $|\mathbb{V}| > |\Delta|$，$\text{rank}(\boldsymbol{M}) = r$，存在 k，$k < r$ 且 $k \ll \min(|\mathbb{V}|, |\Delta|)$），则在 2–范数意义下，矩阵 $\boldsymbol{M}$ 的秩–k 近似矩阵 $\boldsymbol{M}_k$ 为

$$\boldsymbol{M} \approx \boldsymbol{M}_k = \boldsymbol{W}_k \boldsymbol{\Sigma}_k \boldsymbol{S}_k^{\mathrm{T}} \tag{6-1}$$

式中，$\boldsymbol{W}_k$ 和 $\boldsymbol{S}_k$ 的列向量均为正交向量，$\boldsymbol{W}_k^{\mathrm{T}} \boldsymbol{W}_k = \boldsymbol{S}_k^{\mathrm{T}} \boldsymbol{S}_k = \boldsymbol{I}_k$，$\boldsymbol{W}_k$ 和 $\boldsymbol{S}_k$ 的列分别被称为矩阵 $\boldsymbol{M}_k$ 的左右奇异向量；$\boldsymbol{\Sigma}_k$ 是对角矩阵，对角元素被称为矩阵 $\boldsymbol{M}_k$ 的奇异值。

将 SVD 应用到 LSA 方法中（图 6–1），分解后各参数可作如下解释：$\boldsymbol{M}_k$ 是最接近原词语–文档矩阵 $\boldsymbol{M}$ 的 k 秩矩阵；$\boldsymbol{W}$ 是词向量集；$\boldsymbol{W}_k$ 是 k 维语义空间中词向量集；$|\mathbb{V}|$ 是词语数量；$\boldsymbol{S}$ 是文档向量集；$\boldsymbol{S}_k$ 是 k 维语义空间中文档向量集；$|\Delta|$ 是文档数量；$\boldsymbol{\Sigma}_k$ 是奇异值矩阵；k 是降维因子；r 是词语–文档矩阵 $\boldsymbol{M}$ 的秩。$\boldsymbol{M}_k$ 是对矩阵 $\boldsymbol{M}$ 的一个近似，且在某种意义上保持了 $\boldsymbol{M}$ 中反映的词语和文档之间联系的内在结构（潜在语义），但又去掉了因用词习惯或语言的多义性等带来的噪声。矩阵 $\boldsymbol{M}$ 中的共现信息是对文本数据的直接统计，是一种直接的、稀疏的词语表示形式，反映从语料中统计的真实的词语–文档共现信息。

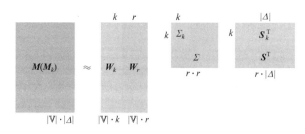

图 6–1 矩阵 $\boldsymbol{M}$ 的 SVD 分解（书后附彩插）

当 $\boldsymbol{M}_k$ 与原始矩阵 $\boldsymbol{M}$ 近似误差最小时（即 $\min \| \boldsymbol{M}_k - \boldsymbol{M} \|_{\mathrm{F}}$），获得 LSA 模型的优化结果，矩阵 $\boldsymbol{W}_k$ 代表学习获得的词向量，又称为"词嵌入"（Word Embedding）。

LSA 模型通过矩阵分解构造低维语义空间，获得一种间接的、稠密的词表示形式，反映的是词语–文档的近似的共现信息。最终学习得到的词向量不是简单的词条出现频率和分布关系，而是强化的语义关系的向量化表示。为提升学习效果，相关研究引入多种统计词语与文档关系的方法，以及多种矩阵分解方法。例如，主题模型（Topical Model）将矩阵分解为词语–主题矩阵、主题–文档矩阵；将点互信息（Pointwise Mutual Information，PMI）算法用于统计矩阵元素；使用非负矩阵分解（Non-negative Matrix Factorisation，NMF）算法，在矩阵中所有元素均为非负数的约束条件下的进行分解；等等。在短文本的情境下，LSA 模型通常有两种使用方式：其一，在语料足够多的离线任务上，LSA 模型可以直接构建一个词语与短文本的共现矩阵，从而推出每个短文本的表示；其二，在训练数据较少的情境下，或针对线上任务（针对测试数据），可以事先通过标准的 LSA 方法来得到每个词向量，然后使用额外的语义合成方式获取短文本向量。

与之类似，GloVe 模型统计词与词在全局的共现信息，以获得词嵌入的模型，矩阵中的每一行对应一个目标词，矩阵中的每一列代表对应上下文中的词。传统的方法是统计两个词在语料中的共现概率，对描述词与词之间的共现关系的能力比较弱。在 GloVe 模型中，为了尽可能保存词之间的共现信息，词–词共现矩阵中的元素是统计语料中两个词共现次数的对数（即矩阵中第 i 行第 j 列的值为词语 w_i 与词语 w_j 在语料中的共现次数 $n(w_i, w_j)$ 的对数），以更好地区分语义相关与语义无关。在矩阵分解步骤，GloVe 模型使用隐因子分解（Latent Factor Factorisation）的方法，在计算重构误差时，只考虑共现次数非零的矩阵元素。GloVe 模型的优势是在生成词–词共现矩阵的过程中，既考虑了语料全局信息又考虑了局部的上下文信息，并且矩阵元素的计算方法可以合理地区分词的语义相关程度。

因此，基于共现统计的词表示方法的关键是对词与上下文的共现信息的描述，合理的相关性计算方法能够更好地体现词之间的关联，进而有助于学习结构提取词的潜在特征，提升词嵌入语义特征的表达能力。

6.3　神经网络语言模型

神经网络语言模型源于语言模型的相关研究。语言模型是自然语言处理中最重要的组成部分，用来描述自然语言内在规律的数学模型，其需要发现、归纳和获取自然语言在统计和结构方面的内在规律，从而成为计算机可处理的语言。传统的基于规则的语言模型和统计语言模型存在显著的缺陷，如数据稀疏、计算复杂度高等。另外，各种平滑算法虽然能在一定程度上改善统计语言模型在新词、低频词上的性能，但模型效率低且模型本身的缺陷没有从根本上得到解决。近年来，学者们在统计语言模型领域做了很多研究，提出了多种方法来改善语言模型的性能，其中，神经网络语言模型受到极大关注。

随着深度学习的发展，对神经网络的研究越来越深入，**神经网络语言模型**（Neural Network Language Model，NNLM）因具有较好的性能而成为目前自然语言处理领域的研究热点。神经网络语言模型克服了统计语言模型中存在的数据稀疏问题，并具有更强的长距离约束能力。神经网络语言模型参数的共享更直接有效，因而对低频词具有天然的光滑性，在建模能力上具有显著优势，受到学术界和工业界的极大关注。

1. 神经网络模型基本思想

目前，统计语言模型通过概率和分布函数来描述词、词组、句子等自然语言基本单位的性质和关系，体现了自然语言中存在的基于统计原理的生成和处理规则。其中，N–Gram 语言模型是应用最广泛的一种，但其仍存在很多不足，主要表现在以下几方面：

（1）语言模型建模受训练语料规模的限制，其分布存在一定片面性，新词和低频词很少出现在训练文本中，导致数据稀疏问题。

（2）由于马尔可夫假设限制 N 的大小，因此只能对短距离的词之间的转移关系进行建模，而无法体现长距离的词之间的依赖关系。

（3）训练效率低、解码时间较长，而目前的语料规模巨大，不能满足实际要求。

（4）现有语言模型大部分只用到字、词等语法层面的简单信息，很少用到深层的语言知识，其描述能力较差，不能很好地反映真实的概率分布。

作为一种改进方式，神经网络被引入语言模型。目前，神经网络语言模型被广泛使用：一方面，用于解决统计语言模型所受的限制；另一方面，神经网络语言模型可以获取词语、句子、文档、语义、知识等属性的分布式向量表示，以解决特定的应用任务，如情感分析，推荐系统等。

2. 基于三层神经网络的 NNLM

神经网络语言模型（NNLM）是基于 N–gram 语言模型预测任务的词嵌入构造方法，是最早的神经网络语言模型。

NNLM 将语料中固定长度为 N 的词序构建为一个窗口，使用前 $N-1$ 个词预测第 N 个词，利用三层神经网络最大化正确词的生成概率。其原理可以形式化描述为：正确词序 $\{w_1, w_2, \cdots, w_{N-1}, w_N\}$ 在前 $N-1$ 个词语出现的情况下，最大化第 N 个词出现的概率。目标函数 $\mathcal{L}$ 可以表示为

$$\mathcal{L} = \max \mathcal{P}(w_N \mid w_1, w_2, \cdots, w_{N-1}) \tag{6-2}$$

神经网络语言模型的结构如图 6-2 所示，包括输入层、投影层、隐含层、输出层。

各层的信息如下：

输入层：上下文语境窗口 $\{w_1, w_2, \cdots, w_{N-1}, w_N\}$ 中前 $N-1$ 个词语。

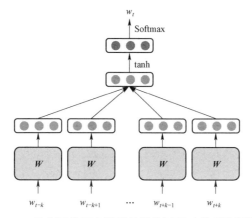

图 6-2　神经网络语言模型的结构示意（书后附彩插）

投射层：通过查找词表获得窗口中前 $N-1$ 个词语的向量 $\boldsymbol{w}_i \in \mathbb{R}^{|\mathbb{V}|}$，将所有向量拼接组合，获得输入向量 $\boldsymbol{x} \in \mathbb{R}^{(N-1)\times|\mathbb{V}|}$。

隐含层：包含 h 个隐含节点。隐含层的参数 $\boldsymbol{W}_1 \in \mathbb{R}^{h\times(N-1)\times|\mathbb{V}|}$，其中 $|\mathbb{V}|$ 代表词典大小。偏置向量 $\boldsymbol{b}_1 \in \mathbb{R}^h$，隐含层的输出 $\boldsymbol{y}_1$ 可以表示为

$$\boldsymbol{y}_1 = \tanh(\boldsymbol{W}_1\boldsymbol{x} + \boldsymbol{b}_1) \qquad (6-3)$$

输出层：计算第 N 个词出现的概率向量 $\boldsymbol{y}_2$。参数 $\boldsymbol{W}_1 \in \mathbb{R}^{|\mathbb{V}|\times h}$，偏置向量 $\boldsymbol{b}_2 \in \mathbb{R}^{|\mathbb{V}|}$，$\boldsymbol{y}_2$ 可以表示为

$$\boldsymbol{y}_2 = \boldsymbol{W}_2\boldsymbol{y}_1 + \boldsymbol{b}_2 \qquad (6-4)$$

NNLM 方法对词典中每个词的出现概率进行预测，最后使用 Softmax 函数对输出层进行归一化处理。根据概率原则，需要满足下式：

$$\sum_{i=1}^{|\mathbb{V}|} y_2[i] = 1 \qquad (6-5)$$

式中，$y_2[i]$——向量 $\boldsymbol{y}_2$ 第 i 维度的维度值，对应词语 w_i 的概率。

NNLM 方法使用梯度上升的方法对模型进行优化，学习结构复杂，运算的瓶颈是非线性的 tanh 函数变换的过程。

3. 基于卷积神经网络的 SENNA

SENNA 方法是一种利用局部信息学习词向量表示的构造方法。SENNA 方法在语料建模过程中将语料中的词序作为正确词序，使用 Pair-Wise 随机方法生成噪声词序。SENNA 方法的学习结构是卷积神经网络。预测任务是分别对这两类词序打分，任务目标是最大化正确词序的打分，即

$$\max\,(0,1-\mathrm{Score}(w_t,\mathrm{Context}(w_t)) + \mathrm{Score}(w_t',\mathrm{Context}(w_t'))) \qquad (6-6)$$

式中，语料中以目标词 w_t 为中心的长度为 $2k+1$ 的词语序列 $\mathrm{Context}(w_t) = \{w_{i-k}, w_{i-k+1}, \cdots, w_t, \cdots, w_{i+k-1}, w_{i+k}\}$ 是一个正确词语序列，w_t 代表正确的目标词，$\mathrm{Context}(w_t)$

代表目标词语 w_t 的上下文语境，该正确序列的打分记为 Score(w_t, Context(w_t))。随机使用词 w_t' 替换目标词 w_t，生成噪声序列 Context(w_t') = $\{w_{i-k}, w_{i-k+1}, \cdots, w_t', \cdots,$ $w_{i+k-1}, w_{i+k}\}$，打分记为 Score(w_t', Context(w_t'))。

SENNA 方法的目标是最大化正确序列的打分，最小化错误序列的打分。

SENNA 方法的结构如图 6–3 所示，输入层是目标词 w_t 和上下文语境词语，在投影层映射为向量，通过拼接组合成上下文的向量。经过一个含有隐含层的卷积神经网络，该序列映射为一个打分 Score($\cdot$)。

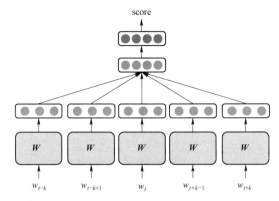

图 6–3 SENNA 方法的结构（书后附彩插）

4. 基于循环神经网络的 RecurrentNNLM

随着近年来深度学习的发展，循环神经网络开始被用于训练语言模型并取得了不错的效果。紧接着，循环神经网络的编码器–解码器（Encoder-Decoder）模型被提出，并用于解决序列到序列（Sequence-to-Sequence，Seq2Seq）的学习与建模问题，如图 6–4 所示。图中的"<EOS>"符号代表一句话的结束。Mikolov等人在提升方法效率与效果方面的研究过程中，提出了循环神经网络语言模型（Recurrent Neural Network Language Model，RecurrentNNLM）。RecurrentNNLM与 NecurrentNLM 方法的任务类似，是基于语言模型预测任务的词嵌入构造方法。二者的区别在于 RecurrentNNLM 使用循环神经网络，其中隐含层是一个自我相连的网络，同时接收来自第 t 个词语 w_t 输入，并将前一个词语 w_{t-1} 的输出作为输入。相较于 NNLM 只能采用上文 N 元短语作为近似，RecurrentNNLM 方法通过循环迭代使得每个隐含层实际上包含了此前所有上文的信息。因此，RecurrentNNLM包含的上文信息更丰富，也可以包含更多高层次的语言知识（如句法、语义等），从而能有效提升语言模型和词向量的质量。

循环神经网络语言模型（RecurrentNNLM）既可以对自然语言序列进行分布式表示，也可以利用这些分布式表示对下一时刻的词进行预测。这两个过程可以理解为对语言的编码和解码，神经机器翻译（Neutral Machine Translation，NMT）

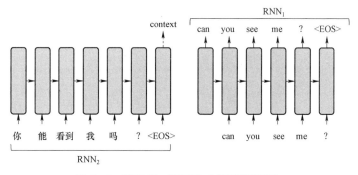

图 6-4　编码器-解码器（书后附彩插）

是基于循环神经网络语言模型的典型应用：由于两种词语的序列语言不同，因此前后两种过程可采用两个相对独立的 RecurrentNNLM，对源语言进行编码的 RecurrentNNLM 称为编码器，对目标语言序列进行预测的 RecurrentNNLM 称为解码器，二者的组合可以将源语言序列直接翻译成目标语言序列，实现机器翻译的功能。给定源语言句子 s_1、目标语言句子 s_2 以及神经网络参数集合 $\varLambda$，神经机器翻译直接为翻译概率建模：

$$\mathcal{P}(s_2 \mid s_1, \varLambda) = \prod_{i=1}^{|s_2|} \mathcal{P}(w_t \mid \{w_1, w_2, \cdots, w_{t-1}\}, s_2, \varLambda) \qquad (6-7)$$

式中，$|s_2|$——目标语言句子 s_2 的长度。

在编码器-解码器框架下，第 i 个目标语言的词语 w_i 的估计概率由解码器 $g(\bullet)$ 得出：

$$\mathcal{P}(w_i \mid \{w_1, w_2, \cdots, w_{t-1}\}, s_1, \varLambda) = g(w_{i-1}, \boldsymbol{h}_i^1, \textbf{context}) \qquad (6-8)$$

式中，$\boldsymbol{h}_i^1$——解码器隐状态，$\boldsymbol{h}_i^1 = \text{RNN}_1(w_{i-1}, \boldsymbol{h}_{i-1}^1, \textbf{context})$；

context——源语言的上下文向量，由编码器 $f(\bullet)$ 给出：

$$\textbf{context} = f(\{\boldsymbol{h}_1^2, \boldsymbol{h}_2^2, \cdots, \boldsymbol{h}_{|s_1|}^2\}) \qquad (6-9)$$

$$\boldsymbol{h}_i^2 = \text{RNN}_2(w_{i-1}, \boldsymbol{h}_{i-1}^2), \ i = 1, 2, \cdots, |s_1| \qquad (6-10)$$

式中，$\boldsymbol{h}_i^2$——编码器隐状态；

$|s_1|$——源语言句子 s_1 的长度。

解码器 $\text{RNN}_1(\bullet)$ 和编码器 $\text{RNN}_2(\bullet)$ 的选型上，可以采用长短期记忆（LSTM）模型或门限递归单元（GRU）等比普通 RNN 单元更复杂的网络结构。

6.4　CBOW 模型和 Skip-Gram 模型

为了探索获取词向量的更高效的渠道，Mikolov 等[39,50]提出了 CBOW 模型和 Skip-Gram 模型，这两个模型汲取前人在 RecurrentNNLM 和 C&W 模型的经验，通过保留核心部分来简化现有模型，得到生成可以表示词语语义的词向量的高效方式。现有词向量训练方法通常是在使用神经网络训练语言模型的同时，顺便得到词向量表示[94]。在神经网络语言模型的基础上，Mikolov 等人基于对神经网络权重和非线性转换的剥离，提出了两种简化的神经网络语言模型，即 CBOW 模型和 Skip-Gram 模型：前者通过窗口语境来预测目标词出现的概率；后者使用目标词来预测窗口中的每个语境词出现的概率。

CBOW 模型和 Skip-Gram 模型是比较经典的学习词向量的框架[39,50]，第 2 章简要介绍过这两个词嵌入模型。CBOW 模型的框架如图 2-7（a）所示。每个词语被映射成唯一向量，被表示成词矩阵 $\boldsymbol{W}$ 的一列，$\boldsymbol{W} \in \mathbb{R}^{d \cdot |\mathbb{V}|}$，$\mathbb{V}$ 表示词表，d 表示词向量维度。这些词向量的拼接（或平均）被称为语境向量（记为 $\mathbf{context}_t$），作为特征来预测当前上下文片段的目标词 w_t。

通常，给定语料 $\varDelta$，CBOW 模型的目标函数是最大化以下对数似然：

$$\mathcal{L} = \sum_{w_t \in \varDelta} \ln \mathcal{P}(w_t \mid \mathrm{Context}(w_t)) \tag{6-11}$$

式中，$\mathrm{Context}(w_t)$ ——词语 w_t 的上下文词语集合，定义为

$$\mathrm{Context}(w_t) = \{w_{t+c} \mid -k \leqslant c \leqslant k, c \neq 0\} \tag{6-12}$$

式中，k ——参数，用于控制目标词 w_t 的上下文窗口规模。

概率 $\mathcal{P}(w_t \mid \mathrm{Context}(w_t))$ 可以视为 w_t 和 $\mathrm{Context}(w_t)$ 的函数，即

$$\mathcal{P}(w_t \mid \mathrm{Context}(w_t)) = \mathcal{F}_{\mathrm{CBOW}}(w_t, \mathrm{Context}(w_t), \varLambda) \tag{6-13}$$

式中，$\varLambda$ ——模型待定参数集合，需要通过训练学习得到。

$\mathrm{Context}(w_t)$ 所对应的语境向量 $\mathbf{context}_t$ 由词矩阵 $\boldsymbol{W}$ 中的词向量 $\{\boldsymbol{w}_{t+c} \mid -k \leqslant c \leqslant k, c \neq 0\}$ 通过拼接（或平均）构成。

（1）以"拼接"为例，$\mathbf{context}_t$ 的输出是将词向量首尾相接地拼接，构成一个长向量，该向量的长度为 $2k \cdot d$。

（2）以"平均"为例，$\mathbf{context}_t$ 的形式为

$$\mathbf{context}_t = \frac{1}{2k} \times \sum_{\substack{-k \leqslant i \leqslant k \\ i \neq 0}} \boldsymbol{w}_{t+i} \tag{6-14}$$

此时，该向量的长度为 d。

Skip-Gram 模型的框架如图 2-7（b）所示。该模型旨在基于给定目标词 w_t 来预测上下文片段中的语境词，而不是像 CBOW 模型那样基于语境词来预测目标词。通常，Skip-Gram 模型所优化的目标函数形如：

$$\mathcal{L} = \sum_{w_t \in \varDelta} \ln \mathcal{P}(\mathrm{Context}(w_t) \mid w_t) \tag{6-15}$$

同理，由式（6-15）可知，概率 $\mathcal{P}(\mathrm{Context}(w_t) \mid w_t)$ 可以被视为 w_t 和 $\mathrm{Context}(w_t)$

的函数，即

$$\mathcal{P}(\mathrm{Context}(w_t)\,|\,w_t) = \mathcal{F}_{\mathrm{SkipGram}}(\mathrm{Context}(w_t), w_t, \Lambda) \qquad (6-16)$$

式中，Λ——模型待定参数集合，需要通过训练学习得到。

通常，在训练 CBOW 模型和 Skip-Gram 模型时：首先，层次化 Softmax 和负采样技术被用于提高学习效率[50,95]；其次，使用随机梯度方法来训练词向量，梯度由反向传播产生[96]。训练收敛之后，语义相似的词语被映射到语义向量空间的相近位置。例如，词语"powerful"和词语"strong"在语义向量空间中的位置比较接近。

6.5　隐式语义建模总结分析

隐式语义分析模型与显式语义分析模型相对，隐式语义模型产生的短文本通常表示为映射在一个语义空间上的隐式向量。这个向量的每个维度所代表的含义只能用于机器计算，人们无法解释。

隐式语义模型通常只能生成词向量，需要额外予以合成方式来获取短文本向量。对比隐式语言模型和半显式语言模型不难发现，LSA 模型尝试通过线性代数（奇异值分解）的处理方式来发现文本中的隐含语义结构，从而得到词和文本的特征表示；而以主题模型为核心的半显式语言模型尝试从概率生成模型的角度分析文本语义结构，模拟"主题"这一隐含参数，从而解释词与文本的共现关系。二者所生成的向量表示中，每个维度的含义都不具备符合标准意义的、明确的可解释性。此外，半显式语义建模典型模型 PLSA 模型继承 LSA 模型，依托 LSA 模型首次提出的语义空间思想，其可以被视为 LSA 模型的一种维度约简方法，可以把文档的高维词项空间约简为低维隐含主题空间。神经网络语言模型已经成为当前隐式语义建模的重要技术手段，相较于其他隐式语义建模技术，其更加强调对于上下文语境的建模与理解。

第 7 章

短文本概念化表示建模

7.1 引 言

短文本概念化（**Short-Text Conceptualization**）表示建模研究属于短文本隐式表示建模研究范畴。短文本概念化旨在将给定短文本片段映射成一组公开领域概念，其已经在短文本表示建模、短文本理解等相关工作中发挥越来越重要的作用[3,5,10,70,72,97–98]。**短文本概念化的本质是将给定短文本映射到一个概念空间（Concept Space）**，**这种映射过程能够过滤不适合当前给定短文本语境的错误概念**，**进而实现对"一词多义"词语的语义消歧**。短文本概念化挖掘的是与给定短文本（中的词语）最相关的"概念"，不同类型的算法所使用的概念"来源"不同。例如，概率概念化算法直接使用词汇知识库中所定义的概念[5,10,17]；显式语义分析算法将维基百科文章作为概念[16,99–100]；基于主题模型的算法将主题信息作为概念[13,89,101]；等等。虽然概念来源不同，但是短文本概念化研究的落脚点都是希望能够引入概念、类别、主题等更高层面的语义信息来扩展原始短文本，进而帮助机器有效地理解短文本的意义和内涵，这已成为近年来新兴的热门研究任务[10,17,72,77,102]，并在词语（及短语）相似性度量[8,15,97]、短文本分类[4,99,103–105]、微博文本聚类[17,70]、偏正关系识别[106]、网页表单解析[107]、查询意图挖掘[5,98]、查询相关性度量[100,108–109]、查询日志挖掘[98]等自然语言处理任务中得到了应用。

近年来，短文本表示建模的相关研究工作越来越注重使用词汇知识库来助力短文本概念化[7,10,15]，并取得了不错的效果。在目前的短文本概念化研究当中，基于大规模概率词汇知识库（如 Probase[7]等）的概率概念化算法成为主流，衍生出了很多短文本概念化基线算法。**本书重点研究概率概念化算法。**

7.2 问 题 描 述

给定短文本 $s = \{w_1, w_2, \cdots, w_l\}$，其中，$w_i$ 表示词语，l 表示短文本长度（即词语数量）。参照以往研究对短文本概念化任务的定义[5,17]，以该短文本作为算法输入，短文本概念化可以实现：从知识库中获得概念分布 $\boldsymbol{\phi}_C = \{\langle c_j, p_j \rangle \mid j = 1, 2, \cdots, k_C\}$

来表示短文本 s。其中，p_j 表示概念 c_j 的概率，k_C 表示所识别出的概念的数量。

对于本书重点研究的基于词语和概念联合排序策略的短文本概念化表示建模，使用由知识库 Probase 构建的概念空间，算法的输出除了上述概念分布 $\boldsymbol{\phi}_C$ 以外还包括：获得短文本的关键词分布 $\boldsymbol{\phi}_W = \{\langle w_r, \delta(w_r)\rangle \,|\, r = 1, 2, \cdots, k_W\}$。其中，$\delta(w_r)$ 表示词语 w_r 的打分，表征词语对短文本整体语义建模的重要程度；k_W 表示所获得的关键词的数量。

需要注意的是，本书重点研究的短文本概念化表示任务与词义消歧（Word Sense Disambiguation，WSD）任务[110-111]和实体链接（Entity Linking）任务[112-113]存在本质区别。短文本概念化表示任务旨在生成能够合理表达给定短文本的概念集合，然而词义消歧任务旨在获得个体词语的准确释义，而不涉及对短文本整体的理解。实体链接任务所使用的知识库是百科知识库（如 Freebase 等）且不需要产生对短文本的整体表示，而短文本概念化任务所使用的知识库是词汇知识库（如 Probase 等）且需要产生对短文本的整体表示。为了便于表述，本书将短文本中的词语集合表示为 $W = \{w_1, w_2, \cdots, w_{n_W}\}$，将候选概念集合表示为 $\{c_1, c_2, \cdots, c_{n_C}\}$，将短文本概念化算法得到的最优概念集合表示为 $C = \{c_1, c_2, \cdots, c_{k_C}\}$。

7.3　短文本概念化方法

7.3.1　基于传统统计分析策略的短文本概念化方法

统计分析需要依托充足的内容，但短文本缺乏足够的上下文信息用于统计分析，因此基于传统统计分析的算法（如词袋模型、主题建模方法等[2-3,114]）在短文本上的文本挖掘结果往往解释性较差。例如，在以往关于主题检测（Topic Detection）的相关研究中，主题模型将文本视为向量空间上的词袋、将主题视为"概念"，用于从文本中挖掘潜在主题（Latent Topic）[13,89,101]。此类方法在一段时间内成为文本分析与概念化的主流，但是存在以下缺陷：

（1）找到潜在主题并不等同于"理解"了文本。每个潜在主题被表示成一组词语的组合，机器无法理解这组词语背后的概念，也无法感知这些概念的属性以及关联。

（2）由于短文本（如搜索引擎中的查询、问答系统中的问句、社交媒体中的推文等）没有充足的内容用于训练生成一个可靠的主题模型，因此使用这类传统统计方法试图在短文本上挖掘主题很难取得很好的效果。

以基于潜在狄利克雷分布（Latent Dirichlet Allocation，LDA）模型的短文本概念化方法为例。以主题视为"概念"，给定短文本 $s = \{w_1, w_2, \cdots, w_l\} \in \Delta$，通过在数据集 Δ 上运行基于潜在狄利克雷分布模型（设置主题数目为 k_C），从"文本–主题"分布 θ_s 中将当前短文本生成主题分布作为概念分布：$\boldsymbol{\phi}_C = \{\langle z_i, p_i\rangle \,|\, i = 1, 2, \cdots, k_C\}$。其

中，z_i 表示主题，每一维度的概率代表 p_i 一个该短文本 s 映射到相应主题 z_i 上的概率。

7.3.2 基于贝叶斯条件概率的短文本概念化方法

近年来，短文本表示建模的相关研究工作越来越注重使用词汇知识库来助力短文本概念化[7,10,72]，并取得了不错的效果。很多基于图的概率概念化算法被相继提出[5,10,17]。在这些概率概念化算法中，给定一个作为输入的短文本（以"microsoft unveils office for apple's ipad"为例），通过将短文本中每个词语映射到其在知识库中的候选概念，由此构建一个语义网络，如图 7-1 所示。很显然，这个语义网络是异构的（Heterogeneous）[115-118]，包括 3 个子网络：概念关联网络（Concept-Correlation Network）G_C，连接众多候选概念（概念之间的红色连线表示概念之间的关联关系）；词语关联网络（Word-Correlation Network）G_W，连接给定短文本中的词语（词语之间的蓝色连线表示词语之间的关联关系）；从属网络（Subordination Network）G_{WC}，将概念关联网络 G_C、词语关联网络 G_W 连接在一起（绿色连线表示某个词语从属于某个概念，从属关系由知识库 Probase 定义）。在图 7-1 中，椭圆表示词汇知识库中定义的概念，矩形表示给定短文本中的词语①；图形的颜色越深，表示其重要程度越高。

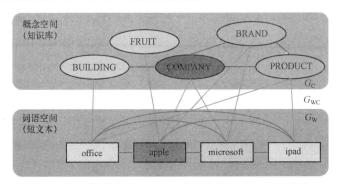

图 7-1　连接给定短文本中词语及知识库中相应概念的
异构语义网络示例（书后附彩插）

基于贝叶斯推理机制，文献[10,17]使用条件概率 $\mathcal{P}(c_j|W)$ 对来自概率化词汇知识库 Probase 中的概念进行排序，选择能够使上述条件概率取得最大值的概念集合来表示给定短文本。上述算法都存在独立假设（Independence Hypothesis），即给定任意概念，当前短文本中的所有可观察到的词语都是条件独立的。

Song 等[17]利用知识库 Probase 中定义的 isA 关系，单纯采用朴素贝叶斯方法

---

① 为了便于展示和说明，本书只在图 7-1 中展示名词性词语。通常，对短文本进行分词和词性标注是很重要的，这不是本书的研究重点，因此本书对此不做详细讨论。

计算后验概率 $\mathcal{P}(c_j|W) \propto \mathcal{P}(c_j) \cdot \prod\limits_{i=1}^{n_\mathrm{W}} \mathcal{P}(w_i\,|\,c_j)$ 来生成概念。该算法存在以下 3 种假设：

（1）独立假设，即给定短文本中的词语都是互相独立的。

（2）单向假设（One-Way Direction Hypothesis），仅考虑从概念 c_j 到词语 w_i 这个方向的单向连边，即只考虑条件概率 $\mathcal{P}(w_i\,|\,c_j)$，而忽略概念之间的关联、词语之间的关联以及词语对概念影响。

（3）单一概念假设，即当前给定的短文本只存在一个概念，与之相应，只存在一个语义类簇。

因此，在上述众多假设的限制下，该算法无法处理包含多个概念的短文本，无法处理包含一词多义（Polysemy）词语的短文本。以短文本"Jobs of apple and Ballmer of microsoft"为例：① 该短文本包含两个主要概念，分别是概念 CEO 和概念 COMPANY，该算法会产生比概念 CEO 和概念 COMPANY 的抽象程度更高、更加泛化概念，如概念 OBJECT 等；② 该短文本包含一词多义词语"apple"，该算法无法有效甄别词语的概念是概念 FOOD 还是概念 COMPANY。

给定短文本当中的词语集合 $W = \{w_i \,|\, i = 1, 2, \cdots, n_\mathrm{W}\}$，概率概念化尝试从知识库预先定义的概念中找到最能描述给定词语集合的概念（即得分最高的概念）构成概念集合[10,17]。假设，知识库中有一组已预先定义的候选概念集合，用 c_j 表示候选概念集合中的概念，而最终从这个候选概念集合中选择概念作为最终概念化结果。传统概率概念化算法采用条件概率的朴素贝叶斯（Naïve Bayes）假设，使用下式计算概念 c_j 的得分：

$$\mathcal{P}(c_j\,|\ W) = \frac{\mathcal{P}(W|\ c_j) \times \mathcal{P}(c_j)}{\mathcal{P}(W)} \propto \mathcal{P}(c_j) \times \prod_{i=1}^{n_\mathrm{W}} \mathcal{P}(w_i|\ c_j) \qquad (7-1)$$

式中，$\mathcal{P}(w_i|c_j) = n(w_i, c_j)\,/\,n(c_j)$，$n(w_i, c_j)$ 表示概念 c_j 和词语 w_i 在语料库中的共现频数，$n(c_j)$ 表示概念 c_j 在语料库中的频数；$\mathcal{P}(c_j)$ 表示概念 c_j 的频数在候选概念集合中所有概念上的正则化，$\mathcal{P}(c_j) = n(c_j)\,/\,\sum\limits_{j'} n(c_{j'})$。

通常，使用拉普拉斯平滑（Laplace Smoothing）技术[80]来过滤噪声并引入概念多样性。概率概念化算法的基本假设：给定每个概念 c_j，所有可观察到的词语 $w_i \in W$ 都是条件独立的。然后，概率概念化算法使用上述概率来对概念进行排序，最终选择排序得分最高的概念来表示包含词语集合 W 的给定短文本。

因此，以往概率概念化算法的核心可以概括为：将给定短文本中的词语 $W = \{w_i \,|\, i = 1, 2, \cdots, n_\mathrm{W}\}$ 映射到一些知识库中定义的候选概念之后，算法的目标就是寻找一个最优概念集合 $C = \{c_j \,|\, j = 1, 2, \cdots, k_\mathrm{C}\}$，这个概念集合能够在朴素贝叶

斯假设下，最大化条件概率 $P(c_j|W) \propto P(c_j) \times \prod_{i=1}^{n_W} P(w_i | c_j)$ [5,17]。最终，使用 $P(c_j|W)$ 来对候选概念进行排序，进而筛选出得分最高的概念来描述当前短文本。

由于公式中乘法因子 $\prod_{i=1}^{n_W} P(w_i | c_j)$ 的存在，朴素贝叶斯方法会显著提升与给定短文本中所有词语（ $w_i \in W$ ）都共现（即关联密切）的概念的权重，而忽略只与部分核心词语匹配的概念。在一种极端情况下，只有比较泛化和模糊的概念（如Topic（主题）、Factor（因素）、Thing（事物）等概念）会被识别，因为只有这些泛化和模糊的概念能够匹配给定短文本中的所有词语。然而实际上，通常与给定短文本中部分词语（即语境关键词）匹配的概念才是我们真正需要的，才能够有效表达整个给定文本。此外，从上述传统概率概念化算法的形式化定义可知，给定短文本中词语集合中各个词语 w_i 之间是相互独立的，候选概念集合中各个概念 c_j 之间也是相互独立的，所以词语与词语之间的关系以及概念与概念之间的关系都没有被考虑，然而在现实中，概念和词语受上述多种类型关系的交互影响。

虽然以往这些算法有可能在实际应用中取得一定效果，但其算法固有的局限性导致其结果受限，难以产生理想的结果，无法产生对短文本整体进行有效表达的概念集合。原因概述如下：

（1）这些算法在某种程度上，只能为给定短文本中每个词语（或每个词语类簇）独立地生成 top-N 个概念，而不同词语（或词语类簇）的概念列表不相交、无关联[5,11,16]。所以，这些算法对于生成针对给定短文本的全局（Global）概念表达无能为力。

（2）这些算法假设给定短文本中的所有词语是条件独立的[17]，仅简单地将每个词语的条件概率的乘积作为概念 c_j 的后验概率，仅利用从概念到词语的单向关系，而忽略词语之间以及概念之间的交互作用（图7-1中的蓝色连线和红色连线），也忽略词语到概念的有益反馈。然而实际上，这个独立假设并不总是成立的，词语（概念）之间存在密切交互和联系，**这种交互恰恰能够反映给定短文本的全局概念**。以图7-1中多义词"apple"为例。词语"apple"和词语"microsoft"在当前上下文环境中共现，而词语"microsoft"语义明确、不存在歧义。因此，有了词语"microsoft"的存在，词语"apple"可以被认为表达概念COMPANY（公司）或者BRAND（品牌），而非概念FRUIT（水果）等。

（3）传统朴素贝叶斯方法容易不加甄别地提升与给定短文本中所有词语都相关（或者共现）的概念，而丢失只与部分重要词语匹配的概念。在极端情况下，只有那些泛化和模糊的概念（如概念TOPIC、概念THING和概念OBJECT等）才会被识别出来，因为这些概念几乎与给定短文本中所有词语都存在相关的关系。然而实际上，那些与短文本"部分匹配"的概念，往往更加具体而且能更好、更有针对性地描述给定短文本。换言之，**挖掘当前短文本语境中的上下文语境关键词（Keyword）有助于概念化。**

Song 等[17]利用聚类（Clustering）技术来扩展上述简单的朴素贝叶斯方法。该算法首先将问题建模为一个二部图（Bipartite Graph），其中节点表示短文本中的词语和知识库中的概念，连边表示知识库定义的概念和词语之间的 isA 关系，连边的权重用条件概率 $\mathcal{P}(w_i | c_j)$ 表示，如图 7-2 所示；然后，挖掘能够最大化连边权重的稠密的 $k-$ 互斥团（$k-$Disjoint Clique）[81]，在同一个团中的词语被认为属于同一个类簇（即语义相近的词语被聚类到同一类簇中），如图 7-3 所示；最后，在每个类簇上分别执行上述朴素贝叶斯算法来完成概念化。因此，这种基于聚类策略的朴素贝叶斯算法能够在一定程度上解决上述概念泛化问题和一词多义问题。如图 7-3 所示，得到三个实例的类簇：{british airways，factory}、{plant}和{police，housekeeper}。概念 WORKER 和概念 OCCUPATION 被诸如 police、housekeeper 等实例共同支撑，所以这两个概念也形成了一个稠密的类簇；相反，概念 BAND 被剔除或者无法成为团的成员，因为其只被单一孤立的实例所支撑。

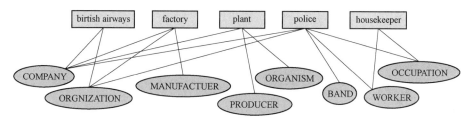

图 7-2　包含实例（黄色节点）、概念（橙色节点）以及二者连边的二部图 *G*（书后附彩插）

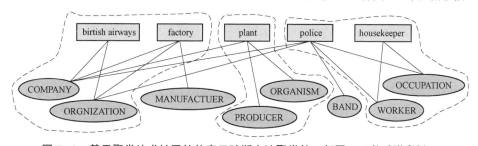

图 7-3　基于聚类技术扩展的朴素贝叶斯方法聚类的二部图 *G*（书后附彩插）

上述改进方法能够解决原始基于贝叶斯条件概率的短文本概念化的缺陷：解决异构性问题，将语义相关的实体进行聚类，如{british airways，factory}、{plant}和{police，housekeeper}；解决歧义性问题，删去了一些不相关的概念，例如删除在聚类后会概率为 0 的概念 BAND。但是，该改进算法依然存在从概念到词语的单向假设，而忽略了概念之间的关联、词语之间的关联以及词语对概念的影响。此外，识别稠密的 $k-$ 互斥团问题是一个 NP 难问题[81]，而且对于缺失值比较敏感[77]。

7.3.3 基于显式语义分析的短文本概念化方法

显式语义分析（Explicit Semantic Analysis，ESA）算法[16,99-100]是常见的基于知识库的短文本概念化典型算法。为了便于表述，本书将短文本中的词语集合表示为 $W = \{w_i \mid i = 1, 2, \cdots, n_W\}$，将短文本概念化算法得到的最优概念集合表示为 $C = \{c_j \mid j = 1, 2, \cdots, k_C\}$。

显式语义分析（ESA）算法通常将 Wikipedia 文章视为概念，旨在构造在维基百科文章全集上的分布来显式地表示短文本的语义[99-100,119]。ESA 算法通常使用 $\boldsymbol{w}_i^c = [\overline{w}_{i,1}, \overline{w}_{i,2}, \cdots, \overline{w}_{i,k_c}] \in \mathbb{R}^{k_c}$ 来表示词语 w_i 的概念向量。通常，可以将 $\overline{w}_{i,j}$ 定义为衡量词语 w_i 和候选概念 c_j 共现的函数 $\overline{w}_{i,j} = f(n(w_i, c_j))$。原始的 ESA 算法通常使用词语 w_i 在描述概念 c_j 的维基百科文章页面上的词频–逆文档频率（Term Frequency-Inverse Document Frequency，TF–IDF）值来表示 $\overline{w}_{i,j}$。另外，本书使用向量 $\boldsymbol{c} = [c_1, c_2, \cdots, c_{k_C}] \in \mathbb{R}^{k_c}$ 来表示描述包含词语集合 $W = \{w_i \mid i = 1, 2, \cdots, n_W\}$ 的整个短文本的概念分布。因此，ESA 算法使用下式计算给定短文本的概念化向量表示：

$$\boldsymbol{c} = \sum_{i=1}^{n_W} \text{weight}(w_i) \times \boldsymbol{w}_i^c \qquad (7-2)$$

式中，weight(w_i)——词语 w_i 的权重，即词语 w_i 在给定短文本中的 TF–IDF 值。

这种概念映射方式的优点在于，概念向量 $\boldsymbol{w}_i^c$ 中的值不局限于共现频率，还可以使用其他方式表示。相较于传统潜在语义分析（Latent Semantic Analysis，LSA）方法[12]和传统潜在狄利克雷分布（Latent Dirichlet Allocation，LDA）方法[13]，ESA 算法能够提供更多可解释的语义信息。

ESA 算法可被视为一个生成式模型，因为该模型将"概念–词语"关系用作产生词语特征的依据，并且使用这些产生的特征来估计生成潜在概念分布。将概率 $\mathcal{P}(\boldsymbol{w}_1^c, \boldsymbol{w}_2^c, \cdots, \boldsymbol{w}_{n_W}^c \mid \boldsymbol{c})$ 定义如下：

$$\mathcal{P}(\boldsymbol{w}_1^c, \boldsymbol{w}_2^c, \cdots, \boldsymbol{w}_{n_W}^c \mid \boldsymbol{c}) = \prod_{i=1}^{n_W} \mathcal{P}(\boldsymbol{w}_i^c \mid \boldsymbol{c}) \propto \prod_{i=1}^{n_W} \exp\left(-\|\boldsymbol{w}_i^c - \boldsymbol{c}\|^2\right) \qquad (7-3)$$

式中，$\mathcal{P}(\boldsymbol{w}_i^c \mid \boldsymbol{c})$ 可以视作一个高斯分布，而且具备较强灵活性、无须被进一步分解为 $\prod_{j=1}^{n_C} \mathcal{P}(w_i \mid c_j)$。例如，概念向量 $\boldsymbol{w}_i^c$ 中的元素 $\overline{w}_{i,j}$ 既可以是概念 c_j 和词语 w_i 在大规模语料库中同一句子（或同一文档）中的共现频数，也可以定义为 $\overline{w}_{i,j} \triangleq \mathcal{P}(c_j \mid w_i)$ 表示为概念 c_j 描述词语 w_i 的概率。

式（7-3）也解释了显式语义分析假设给定短文本中的词语只有一个类簇。为了缓解这个约束，可以采取的直观方法是使用聚类算法来假设存在多个概念类簇。

　　显式语义分析算法存在如下**缺陷**：得到的概念向量的噪声可能比较大。以短文本 "microsoft unveils office for apple's ipad" 为例。显然，词语 "apple" 在当前语境中不应当属于概念 FRUIT（水果），但是简单地将词语 w_i 的概念向量 $\boldsymbol{w}_i^c$ 加权求和，导致引入概念 FRUIT 来表示这个文本。这种计算方式背后存在一个假设，即认为这个短文本中只表述了单一的概念（即仅存在一个语义类簇），使用概念向量的加权求和来表示文本，而忽略了词语的语义及关联关系。特别地，语义歧义现象在诸如微博文本和搜索引擎查询等短文本中是很严重的，因为可用的词语越多，一词多义现象的负面影响就会被降得越低，但是短文本受限于篇幅，无法提供更多的上下文语境词语。此外，不同于传统主题模型方法使用词袋表示主题，ESA 算法使用维基百科文章集合上的分布表示主题，这种分布与人类精神世界中的概念还是存在较大差距的。

　　从另一个角度，在模型选择层面，短文本概念化研究及相关理论方法可以分为三个方向：描述式模型（Descriptive Model）、生成式模型（Generative Model）和判别式模型（Discriminative Model）[10]。同上，词语集合表示为 $W=\{w_i \mid i=1,2,\cdots,n_W\}$，将短文本概念化算法得到的最优概念集合表示为 $C=\{c_j \mid j=1,2,\cdots,k_C\}$。那么，描述式模型和生成式模型旨在建模概率 $\mathcal{P}(W \mid C)=\sum_{i=1}^{n_W}\mathcal{P}(w_i \mid C)$，判别式模型则直接建模概率 $\mathcal{P}(C \mid W)$。但是，以往上述三个模型在应用于概念化研究时，往往都存在词语独立假设：在描述式模型中，概率概念化可以被视为一个因果马尔可夫模型（Causal Markov Model），因为描述式模型强调概念–词语关系的概率的局部顺序；ESA 算法是典型的生成式模型，因此其使用概念–词语关系作为词语特征的生成依据，并估计生成这些特征的潜在概念分布；实现概念化的另一个途径是将短文本分类到预先定义的类目中，"分类"（Classification）可以被认为是一个判别式模型，直接对概率 $\mathcal{P}(C \mid W)$ 进行建模来估计得到最优概念集合 C，但是通常当候选概念数量比较大的时候，判别式模型的计算开销是非常高昂的。例如，可以学习得到一组投射向量 $\{\boldsymbol{pro}_j \mid j\in[1,k_C]\}$ 使

$$\mathcal{P}(c_j \mid \boldsymbol{pro}_j, W)=f(\boldsymbol{pro}_j, \sigma(W))/\Omega$$ 最大化，其中 Ω 表示配分函数，$\sigma(W)=\sum_{i=1}^{n_W}\boldsymbol{w}_i^c$，

在这种情况下，概念向量被视为用于生成给定短文本全局表示的特征向量。

7.3.4　基于马尔可夫潜变量推理的短文本概念化方法

　　Song 等[10]考虑了上下文语境中的词语相关性，在上述算法的基础上，尝试将词语之间的关联与 $\mathcal{P}(c_j \mid W)$ 协同建模，有助于促进概念化过程中的消歧。具体过程：首先，将词语关系融入一个生成式模型；然后，将其建模成为一个马尔可

夫随机场（Markov Random Field）；最后，将短文本概念化问题转化为马尔可夫随机场模型中的潜变量推理问题。在建模层面，从描述式、生成式、判别式等三个角度对短文本概念化展开分析。从描述式和生成式模型角度，需要建模的概率是 $\mathcal{P}(W\,|\,C)$；从判别式模型角度，需要建模的概率是 $\mathcal{P}(C\,|\,W)$。

从描述式模型建模角度，面向短文本的概率概念化被视为一个简单的因果马尔可夫模型，因为其利用了"概念–词语"关系概率的局部顺序。首先，假设给定概念 c 情况下词语 w_i 的条件概率为：$\mathcal{P}(W|C)=\prod\limits_{i}^{n_{\mathrm{W}}}\mathcal{P}(w_i\,|\,C)$。进一步以多项式分布的形式定义：

$$\mathcal{P}(w_i\,|\,C)\propto\prod_{j}^{n_{\mathrm{C}}}\mathcal{P}(w_{i,j}\,|\,\mathcal{P}(w_i\,|\,c_j))=\prod_{j}^{n_{\mathrm{C}}}\mathcal{P}(w_i\,|\,c_j)^{w_{i,j}} \tag{7-4}$$

式中，$\mathcal{P}(w_i\,|\,c_j)$ 可以通过知识库 Probase 中的共现关系来计算得到。

如果概念 c_j 被选为短文本的描述概念，那么定义 $\overline{w}_{i,j}=1$；如果 $j\ne j'$，那么 $\overline{w}_{i,j'}=0$。在这种情况下，$\mathcal{P}(W\,|\,C)$ 可以被分解为以下形式：

$$\mathcal{P}(w_1\,|\,c_1)^{\overline{w}_{1,1}}\cdot\cdots\cdot\mathcal{P}(w_1\,|\,c_{n_{\mathrm{C}}})^{\overline{w}_{1,n_{\mathrm{C}}}}\cdot\cdots\cdot\mathcal{P}(w_{n_{\mathrm{W}}}\,|\,c_{n_{\mathrm{C}}})^{\overline{w}_{n_{\mathrm{W}},n_{\mathrm{C}}}} \tag{7-5}$$

通过引入先验 $\mathcal{P}(C)\triangleq\sum\limits_{j=1}^{n_{\mathrm{C}}}\mathcal{P}(c_j)$，可以重写 C 的后验为如下形式：

$$\mathcal{P}(C\,|\,W)\propto\mathcal{P}(W\,|\,C)\bullet\mathcal{P}(C)=\sum_{j=1}^{n_{\mathrm{C}}}\mathcal{P}(c_j)\bullet\sum_{i=1}^{n_{\mathrm{W}}}\mathcal{P}(w_i\,|\,c_j)^{\overline{w}_{i,j}} \tag{7-6}$$

在概念集合 C 中选择排序前 k_{C} 个概念，可以被视为该后验的最大后验估计（Maximum a Posterior，MAP）问题，这也是概率化短文本概念化算法真正要优化的问题所在。因此，如果 $\mathcal{P}(w_i|c_j)$ 中有一个为 0，那么 $\mathcal{P}(C|W)$ 整体为 0，即便有很多数据平滑算法可以引入，$\mathcal{P}(C|W)$ 的值也会很小而不合理。

基于上述分析，该研究将词语关联关系融入一个马尔可夫随机场（MRF）形式的产生式模型，将短文本概念化问题转化成为马尔可夫随机场中的潜变量推理问题。

1. 图模型

传统描述式模型或者生成式模型存在独立同分布假设，即条件联合概率 $\prod\limits_{i}^{n_{\mathrm{W}}}\mathcal{P}(w_i\,|\,C)$。该研究[10]旨在打破该假设，这是因为，如果能合理利用词语之间的关系，将有助于消歧。因此，其基于词语集合 $W=\{w_1,w_2,\cdots,w_{n_{\mathrm{W}}}\}$ 建图，并为图中的每个最大团（Maximal Cliques）构建一个能量函数。

为了在生成式模型中引入可观测的词语之间的关系，该研究构建了一个无向图来描述这些词语，并基于这个无向图的最大团来对联合概率进行因式分解。面向短文本概念化的局部有向图模型如图 7-4 所示，w_j^c 和 $w_j^{c,i}$ 表示实例的概念向

量，c 和 c_i 表示生成短文本的概念分布通过语法分析得到给定短文本中的
$W = \{w_1, w_2, \cdots, w_{n_W}\}$ 以及词语之间的关系；根据词语之间的关系，得到最大团：
$\{w_1^c, w_2^c, w_3^c\}$。在这种情况下，不再进行从单一词语到概念的映射匹配，而是探索
从团到概念的映射匹配。该研究定义超参数 α 作为概念向量 c 的先验的超参数，
$\alpha = [\alpha_1, \alpha_2, \cdots, \alpha_{n_C}] \in \mathbb{R}^{n_W}$。

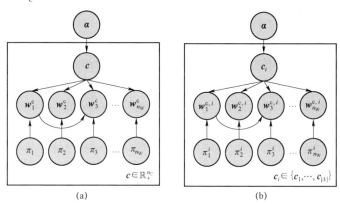

图 7-4　面向短文本概念化的局部有向图模型（书后附彩插）

（a）针对单一短文本的概念化示例；（b）应用于语料库上的概念化示例

1）针对词语的概念向量

该研究[10]使用知识库 Probase 作为概念化框架的基础。当在给定短文本中发
现词语 w_i，定义一个类型指示器 $\mathbb{I}_i$ 来指示词语 w_i 是一个属性（$\mathbb{I}_i = 0$）还是一个
实例（$\mathbb{I}_i = 1$）。进而词语 w_i 的概念向量 w_i^c 可以定义为

$$w_i^c = \begin{cases} A[:;i], & \mathbb{I}_i = 0 \\ B[:;i], & \mathbb{I}_i = 1 \end{cases} \tag{7-7}$$

式中，A 是"概念–属性"共现矩阵，$A \in \mathbb{R}^{n_C \times n_W}$，第 (j, i) 个元素 $A[j,i]$ 表示概念
c_j 和作为属性的词语 w_i 之间的共现次数，$A[:;i]$ 表示矩阵 A 中 w_i 所在的列。与之
相似，B 是"概念–实例"共现矩阵，$B \in \mathbb{R}^{n_C \times n_W}$。

理想情况下，图模型是一个混合模型而且 $\{\mathbb{I}_i\}_{i=1}^{n_W}$ 可以被视为潜变量。使用以
下启发式规则来确定词语 w_i 的概念向量 w_i^c：如果一个词语与其他词语无关，那么
该词语被视为一个实例；如果一个词语在一个句子中以属性决策出现，那么该词
语不可能同时成为一个实例。基于该启发式规则，该研究[10]计算 $\{\mathbb{I}_i\}_{i=1}^{n_W}$，并将其
视为可观测变量。

2）团检测

定义余弦相似度形式的 $r^{\text{ins-ins}}(w_i, w_j)$ 来度量"实例–实例"关系的强度：

$$r^{\text{ins-ins}}(w_i, w_j) = \frac{\left\| B^{\mathrm{T}}[:;i] B[:;j] \right\|}{\left\| B[:;i] \right\| \cdot \left\| B[:;j] \right\|} \tag{7-8}$$

同理，"实例–属性"关系强度基于 $B[;i]$ 和 $A[;i]$，使用 $r^{\text{ins-attr}}(w_i,w_j)$ 度量。需要注意的是，其他形式的词语关联关系度量方式也可以适用于此。给定阈值 τ，如果满足下式：

$$r(w_i,w_j) \triangleq \max\{r^{\text{ins-ins}}(w_i,w_j), r^{\text{ins-attr}}(w_i,w_j), r^{\text{ins-attr}}(w_j,w_i)\} \geqslant \tau \qquad (7-9)$$

则 w_i 和 w_j 之间可以引入一条边，否则 w_i 和 w_j 无连接。例如，如果词语"apple"和词语"microsoft"都出现在当前短文本语境中，由于此二者相似度较高，因此将在二者之间构建一条边；如果词语"population"和词语"new york"共现，那么词语"population"将被视为属性，因为属性"population"的概念向量（概念包括 COUNTRY、CITY、LOCATION、REGION 等）相较于实例"population"的概念向量（概念包括"geographical data""data"等）拥有与词语"new york"的向量更大的相似度。

3）因式分解

假设存在 K 个最大团，令 r_k 表示在第 k 个团中词语的索引集合，令 $\mathcal{E}_k = \{w_i^c, \mathbb{I}_i\}_{i \in r_k}$，则在这种情况下，是图的最大团 $\mathcal{E}_k \bigcup \{c\}$。将联合分布进行分解为

$$\mathcal{P}_\Phi(\alpha,c,\{w_i^c\}_{i=1}^{n_w},\{\mathbb{I}_i\}_{i=1}^{n_w}) = \frac{1}{\Omega}\phi(\alpha,c)\prod_{k=1}^{K}\phi(\mathcal{E}_k,c) \qquad (7-10)$$

式中，Ω 表示配分函数。$\phi(\mathcal{E}_k,c)$ 定义如下：

$$\phi(\mathcal{E}_k,c) = \sum_{j=1}^{n_C} c_j^{f_j(\mathcal{E}_k)} \qquad (7-11)$$

如果令 $f(\mathcal{E}_k) \in \mathbb{R}^{n_C}$ 表示服从多项式分布的团的特征向量，则 $f_j(\mathcal{E}_k)$ 表示其第 j 个元素：

$$f_j(\mathcal{E}_k) = \left(\prod_{i \in r_k}(\mathbb{I}^0(w_{i,j}))\right) \cdot \left(\sum_{i' \in r_k} w_{i',j}\right) \qquad (7-12)$$

式中，如果 $x \neq 0$，则 $\mathbb{I}^0(x) = 1$；否则，$\mathbb{I}^0(x) = 0$。

从式（7–12）可知，当且仅当在同一个团内相关的词语都拥有相同概念 c_j，特征方程 $f_j(\mathcal{E}_k)$ 才将这些共现关系累加，否则这个概念被剔除。例如，词语"apple"和词语"microsoft"共现，那么 FRUIT 概念将会被剔除。最终，为多项式分布参数 c 定义以 α 为参数的狄利克雷先验分布，如下：

$$\phi(\alpha,c) = \mathcal{P}(c|\alpha) = \frac{\Gamma\left(\sum_{j=1}^{n_C}\alpha_j\right)}{\prod_{j=1}^{n_C}\Gamma(\alpha_j)}\prod_{j=1}^{n_C}c_j^{\alpha_j-1} \qquad (7-13)$$

2. 潜变量推理

给定联合概率分布 $\mathcal{P}_\Phi\left(\alpha,c,\{w_i^c\}_{i=1}^{n_w},\{\mathbb{I}_i\}_{i=1}^{n_w}\right)$，该研究旨在根据最大后验估计来

推理生成潜变量 c。因为潜变量 c 被建模成多项式分布式形式来生成针对最大团的概念向量，进而可以使用推理得到的概念分布来描述整个短文本，这个过程也认为是概率概念化过程。潜变量 c 在 $\boldsymbol{\Phi} = \{\phi(\boldsymbol{a}, c)\} \bigcup \{\phi(\mathcal{E}_k, c)\}_{k=1}^K$ 上的后验可以表示为

$$\mathcal{P}_{\boldsymbol{\Phi}}\left(\boldsymbol{a}, \boldsymbol{c}, \{\boldsymbol{w}_i^c\}_{i=1}^{n_{\mathrm{w}}}, \{\mathbb{I}_i\}_{i=1}^{n_{\mathrm{w}}}\right) \propto \prod_{j=1}^{n_{\mathrm{C}}} c_j^{\alpha_j - 1 + \sum_{k=1}^K f_j(\mathcal{E}_k)} \tag{7-14}$$

在此基础上，固定 $\{\mathbb{I}_i\}_{i=1}^{n_{\mathrm{w}}}$ 并且确定 $\{\boldsymbol{w}_i^c\}_{i=1}^{n_{\mathrm{w}}}$ 后，通过下述方法来最大化式（7-14）：

$$\hat{c}_j = \frac{\alpha_j - 1 + \sum_{k=1}^K f_j(\mathcal{E}_k)}{\sum_{j'=1}^{n_{\mathrm{C}}}\left[\alpha_{j'} - 1 + \sum_{k=1}^K f_{j'}(\mathcal{E}_k)\right]}, \ \forall j \in [1, n_{\mathrm{C}}] \tag{7-15}$$

式（7-15）的特殊情况：当词语被假设相互独立时，式（7-15）可以变化为

$$\hat{c}_j = \frac{\alpha_j - 1 + \sum_{i=1}^{n_{\mathrm{w}}} w_{i,j}}{\sum_{j'=1}^{n_{\mathrm{C}}}\left[\alpha_{j'} - 1 + \sum_{i=1}^{n_{\mathrm{w}}} w_{i,j'}\right]}, \ \forall j \in [1, n_{\mathrm{C}}] \tag{7-16}$$

通过上述分析可知：如果在给定短文本语境中，词语之间互相关联，则需要将它们的共有（交互）概念进行累加；如果词语之间互相独立，那么概念分布则与概念和每个词语的共现频数之和成比例。

3. 超参数估计

由上述分析可知，越大的 α_j 表示概念 c_j 对于表示从语料库角度给定短文本的重要程度越高。如果语料库并非面向通用领域或者并未覆盖全领域，就会导致语料库主要聚焦某些主题，如"科技"主题、"商业"主题等，在这种主题下，概念 IT、概念 COMPANY、概念 INDUSTRY 就会比其他概念更加常见。在这种情况下，需要通过将重要概念对应的 α_j 设置得比较大，以强化这些重要概念。因此，基于最大似然估计（Maximum Likelihood Estimation，MLE）方法学习超参数 $\boldsymbol{\alpha}$。

通过将潜变量 c 集成进 $\mathcal{P}_{\boldsymbol{\Phi}}(\boldsymbol{\alpha}, c, \{\boldsymbol{w}_i^c\}_{i=1}^{n_{\mathrm{w}}}, \{\mathbb{I}_i\}_{i=1}^{n_{\mathrm{w}}})$，其在超参数 $\boldsymbol{\alpha}$ 上的分布可以表示为

$$\mathcal{P}(\boldsymbol{\alpha}, \{\boldsymbol{w}_i^c\}_{i=1}^{n_{\mathrm{w}}}, \{\mathbb{I}_i\}_{i=1}^{n_{\mathrm{w}}}) = \frac{\Gamma\left(\sum_{j=1}^{n_{\mathrm{C}}} \alpha_j\right)}{\Gamma\left(\sum_{j=1}^{n_{\mathrm{C}}}\left(\alpha_j + \sum_{k=1}^K f_j(\mathcal{E}_k)\right)\right)} \prod_{j=1}^{n_{\mathrm{C}}} \frac{\Gamma\left(\alpha_j + \sum_{k=1}^K f_j(\mathcal{E}_k)\right)}{\Gamma(\alpha_j)} \tag{7-17}$$

如图 7-4（b）所示，当给定 N 个短文本时，将第 n 个短文本的第 i 个词语记

为 $w_i^{(n)}$，相应地，$w_i^{c,(n)}$ 表示该词语的概念向量，$\mathbb{I}_i^{(n)}$ 和 $\mathcal{E}_k^{(n)}$ 的定义方式如旧。假设文本服从独立同分布，则 N 个短文本的似然函数可以表示为

$$\ln \mathcal{P}(\boldsymbol{\alpha}) \triangleq \sum_{n=1}^{N} \ln \mathcal{P}\left(\boldsymbol{\alpha}, \{w_i^{c,(n)}\}_{i=1}^{n_w^{(n)}}, \{\mathbb{I}_i^{(n)}\}_{i=1}^{n_w}\right) \tag{7-18}$$

在 N 个短文本的语料库上，超参数 $\boldsymbol{\alpha}$ 通过如下迭代方式学习，最终得到的 $\hat{\boldsymbol{\alpha}}$ 能够最大化式（7-18）：

$$\hat{\alpha}_j \leftarrow \frac{\alpha_j \sum_{n=1}^{N}\left(\Psi\left(\alpha_j + \sum_{k=1}^{K^{(n)}} f_j(\mathcal{E}_k^{(n)})\right) - \Psi(\alpha_j)\right)}{\sum_{n=1}^{N}\left(\Psi\left(\sum_{j'=1}^{n_C}\left(\alpha_{j'} + \sum_{k=1}^{K^{(n)}} f_{j'}(\mathcal{E}_k^{(n)})\right)\right) - \Psi(\alpha_j)\right)} \tag{7-19}$$

式中，$\Psi(\bullet)$——双伽玛函数，定义为 $\Psi(x) = \mathrm{d}\ln(\Gamma(x)) / \mathrm{d}x$。

该研究[10]在一定程度上打破了传统基于贝叶斯条件概率的短文本概念化研究所秉持的独立假设，但是模型设计较为复杂、存储开销较大。此外，该研究没有考虑概念之间的关系，建模"词语-词语"的过程和建模"词语-概念"的过程是分离的，导致语义信号没有充分融合。

7.3.5 基于随机游走策略的短文本概念化方法

为了从充满噪声且稀疏性明显的短文本中挖掘更多信号，Wang 等[5]尝试引入词语的动词修饰信息、词语的形容词修饰信息和词语的属性信息等，在一定程度上为理解词语提供了有益线索；随后，基于随机游走的方法，在每轮迭代中都给候选概念重新打分，最终在算法收敛的时候获得相关概念。然而，这些工作严重依赖句法分析（Syntactic Analysis）结果，受篇幅较短、书写不规范等因素影响，短文本句法分析的效果并不理想；此外，这些工作依然无法摆脱独立假设[77]。

词汇语义知识库（如 Probase、WordNet 等）能够揭示在一门语言中词语的交互机理，而短文本中很多词语并不是可以被概念化的实例，但是这些非实例词语可以为理解实例提供很多信息。例如，作用在实例上的动词修饰信息；作用在实例上的形容词修饰信息；作用在实例上的属性信息。这些信息能用于短文本中的词义消歧，特别是在诸如查询微博等形式的短文本格式不规范、不完整的情况下。因此，本书使用 Probase 知识库构建概念层次语义网络（该研究方法也可以应用于其他知识库，如 YAGO）来挖掘多元要素之间的概念层级的共现关系，进而打破传统自然语言处理系统的层次划分或者管道策略，提出一个整体性解决方案将词语、概念及以及相关语义信号组织在一个语义网络里，使用迭代随机游走算法将短文本中的实例和非实例词语（如动词、形容词等）映射成当前语境中其最优概念，最终对给定短文本生成一个连贯而恰当的理解与诠释。

Probase 知识库提供 isA 关系和 isAttributeOf 关系。对于实例 e 和概念 c 的 isA 关系，可以建模如下：

$$\mathcal{P}^*(c\,|\,e) = \frac{n(e,c)}{\sum\limits_{c'} n(e,c')} \tag{7-20}$$

式中， $n(e,c)$ ——从大规模数据库中实例 e 和概念 c 之间存在 isA 关系的频数；

c' ——所有概念组成的概念集合中的每个概念。

该研究使用 k –Medoids 聚类算法将 Probase 提供的规模巨大的概念聚合成 5000 个概念类簇（Concept Cluster）。基于此，并不是把所有实例都映射成概念，而是映射成概念类簇。与之相应，将实例 e 映射到概念类簇 c 的概率可以表示为

$$\mathcal{P}(c\,|\,e) = \sum\limits_{c^* \in c} \mathcal{P}^*(c^*\,|\,e) \tag{7-21}$$

Probase 知识库提供 isAttributeOf 关系，源于以下形式的句法模板：

```
the<attr>of(the/a/an)<word>(is/are/was/were/…)
```

其中，"<attr>"表示被抽取到的属性，"<word>"表示既可能表示一个概念（如 COUNTRY）也可能表示一个实例（如"Italy"）。

Probase 知识库使用 RankSVM 算法来构建概念相关的属性和实例相关的属性相结合；Probase 知识库执行函数 $f(\bullet)$ 来对属性 a 计算器类型得分：

$$\mathcal{P}(c\,|\,a) = f(n_{c',a}, n_{e_i,a}, \cdots, n_{e_k,a}) \tag{7-22}$$

式中， $n_{c',a}$ ——属性 a 作为概念 c' 的属性的频数；

$n_{e_i,a}$ ——属性 a 作为概念 c 的实例 e_i 的属性的频数， $i=1,2,\cdots,k$ 。

最终，通过聚合类族中每个概念的 $\mathcal{P}(c\,|\,a)$ 来生成的概念类簇的 $\mathcal{P}(c\,|\,a)$ 。

该研究提出的框架由离线部分和在线部分组成：离线部分，挖掘非实例（non-instance）词语和概念之间的关联关系；在线部分，推导短文本中词语的概念。

1. 离线部分：挖掘词汇关联关系

离线部分旨在获取知识，用于理解短文本，所获得的知识表示为以下两个分布。

$\mathcal{P}(z\,|\,w)$ ：给定词语 w ， $\mathcal{P}(z\,|\,w)$ 表示词语 w 属于类型 z （动词、形容词、属性、实例等）的先验概率。例如，对于文档中出现的词语"watch"，统计发现其属于动词的概率是 $\mathcal{P}(z_v\,|\,\text{watch}) = 0.8374$ 。

$\mathcal{P}(c\,|\,w,z)$ ：给定词语 w 和类型 z ， $\mathcal{P}(c\,|\,w,z)$ 表示概念 c 与之相关的概率。例如， $\mathcal{P}(\text{MOVIE}\,|\,\text{watch},z_v)$ 度量了动词"watch"与概念 MOVIE 的相关程度。

下文详述离线部分的算法流程。

1）语法分析

为了获得上述概率，首先使用一个自然语言处理解析器来解析由数十亿个文

档组成的大型 Web 语料库。具体来说，使用 Stanford 解析器来获取词性标记（POS Taggings）和文本中标记之间的依赖关系。词性标记揭示了代词是形容词还是动词。以知识库 Probase 作为词典，词语之间的依存关系，用于推导形容词/动词与实例/概念之间的依存关系。

2）获取分布 $\mathcal{P}(z|w)$

基于大规模语料库做统计计算，获取 $\mathcal{P}(z|w)$：

$$\mathcal{P}(z|w)=\frac{n(w,z)}{n(w)} \tag{7-23}$$

式中，$n(w,z)$ ——词语 w 在大规模语料库中作为类型 z 出现的频数；

$\quad\quad n(w)$ ——词语 w 的总体出现次数。

3）获取分布 $\mathcal{P}(c|w,z)$

基于类型 z 的不同情况，需要分别讨论：

（1）如果类型 z 是实例（即 $z_{\text{ins.}}$），则 $\mathcal{P}\big(c|t,z_{\text{ins.}}\big)=\mathcal{P}(c|e)$，可以直接从知识库 Probase 中计算得到。

（2）如果类型 z 是属性（即 $z_{\text{attr.}}$），则 $\mathcal{P}\big(c|t,z_{\text{attr.}}\big)=\mathcal{P}(c|a)$，可以直接从知识库 Probase 中计算得到。

（3）如果类型 z 是动词（即 $z_{\text{v.}}$）或形容词（即 $z_{\text{adj.}}$），则首先需要通过依存关系找到动词（或形容词）与实例之间的关系，然后使用实例做桥梁，找到动词（或形容词）与概念的关系。该研究基于 Stanford 语法分析器从大规模 Web 文档中挖掘实例、属性、动词、形容词之间的共现关系，挖掘得到的共现关系是基于依存分析的，而并不是仅仅出现在同一个句子中。

令 $P(e|w,z)$ 表示基于依存关系的类型为 z 的词语 w 与实例 e 的共现程度：

$$\mathcal{P}(e|w,z)=\frac{n_z(e,w)}{\sum\limits_{e'}n_z(e',w)} \tag{7-24}$$

式中，$n_z(e,w)$ ——类型为 z 的词语 w 与实例 e 呈现出依存关系的次数。

$\quad\quad e'$ ——所有实例组成的实体集合中的每个实例。

然后，使用实例作为桥梁，可以获得动词（或形容词）和概念之间的关系。动词与概念之间的关系计算如下：

$$\begin{aligned}\mathcal{P}(c|w,z_{\text{v.}})&=\sum_{e\in c}\mathcal{P}(c,e|w,z_{\text{v.}})\\&=\sum_{e\in c}\mathcal{P}(c|e,w,z_{\text{v.}})\times\mathcal{P}(e|w,z_{\text{v.}})\\&=\sum_{e\in c}\mathcal{P}(c|e)\times\mathcal{P}(e|w,z_{\text{v.}})\end{aligned} \tag{7-25}$$

同理，形容词与概念之间的关系计算如下：

$$\mathcal{P}(c\,|\,w,z_{\text{adj.}}) = \sum_{e\in c}\mathcal{P}(c\,|\,e)\times\mathcal{P}(e\,|\,w,z_{\text{adj.}})\tag{7-26}$$

4）语义网络构建

语义网络是一个包含实例、概念、属性、形容词、动词的图结构。图 7-5 展示了关于词语"watch"的语义子网。在该语义网络中，存在两种类型节点：一种类型节点表示概念，另一种类型节点表示词语。这些节点之间存在三类边：实例和概念之间表示 isA 关系的边；动词/形容词/属性和概念之间表示类型关系的边；概念和概念之间表示概念层面语义相关性的边。

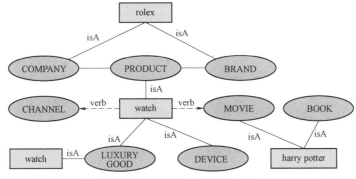

图 7-5　关于词语"watch"的语义网络（书后附彩插）

语义网络的构建过程需要度量每条边的强度，分情况讨论如下：

在第一种情况下，使用转移概率 $\mathcal{P}(c\,|\,w)$ 度量词语和概念之间关系的强度，可以直观表征概念化过程，对应上述第一类边和第二类边的情况。将从非概念词语（实例、属性、动词或形容词）到概念 c 的转移概率的定义为

$$\mathcal{P}(c\,|\,w) = \sum_{z}\mathcal{P}(c\,|\,w,z)\times\mathcal{P}(z\,|\,w)\tag{7-27}$$

在第二种情况下，使用转移概率 $\mathcal{P}(c_2\,|\,c_1)$ 度量两个概念之间的关联强度，对应上述第三类边的情况。该转移概率通过将两个概念的所有实例的共现相聚合而计算得到：

$$\mathcal{P}(c_2\,|\,c_1) = \frac{\displaystyle\sum_{e_i\in c_1,e_j\in c_2}n(e_i,e_j)}{\displaystyle\sum_{c\in C}\sum_{e_i\in c_1,e_j\in c}n(e_i,e_j)}\tag{7-28}$$

在计算式（7-28）时，分母用于对概念之间的相关性进行归一化。在实践中，通常为每个概念选择最相关的 25 个概念，即如果概念 c_2 没有出现在前 25 个，则 $\mathcal{P}(c_2\,|\,c_1) = 0$。

2. 在线部分：短文本概念化

在在线部分，给定短文本，识别其中的词语对应的概念。例如，对于短文本

"apple ipad",需要识别出"apple"的概念是 COMPANY 或者 BRAND、识别出"ipad"的概念是 DEVICE 或者 PRODUCT。在语义网络中,每个词语对应一组概念。给定短文本 s,在 s 中的所有词语激活语义网络中 s 对应的语义子网络。对于短文本 s 中的任何词语,旨在寻找概念 c 使得 $\mathcal{P}(c|w,s)$ 最大化,即需要在给定的语境 s 上对词语 w 所对应的多个概念进行排序。传统随机游走(Random Walk)算法适用于同质网络,该研究中的语义网络是异质的,所以传统随机游走算法无法直接适用。为了解决该问题,该研究使用多轮随机游走策略来获得最优概念。在每一轮随机游走过程中,使用当前对于"词语-类型"映射和"词语-概念"映射的认知和置信度来对候选概念进行打分并赋予相应权重。在两轮随机游走过程之间,使用概念的最新权重更新上述认知和置信度;直到收敛,得到最终结果。接下来,详述整个过程。

1)短文本切分

将短文本切分成一组词语 $W=\{w_1,w_2,\cdots\}$。该研究使用知识库 Probase 作为词典,采用最大匹配策略来识别该短文本中出现的所有最长词语,即所识别的词语不会完全包含于其他词语。例如,"angry bird"被认为是一个词语而不会被拆分成"angry"和"bird",虽然"angry"和"bird"也存在于词典中。

2)随机游走图构建

将切分得到的词语激活语义网络中的语义子网,构建随机游走图。在该随机游走图中,词语 w 与其所有候选概念相连接。图 7-6 展示了短文本"new york times square"与"cheap disney watch"所激活的语义子网。

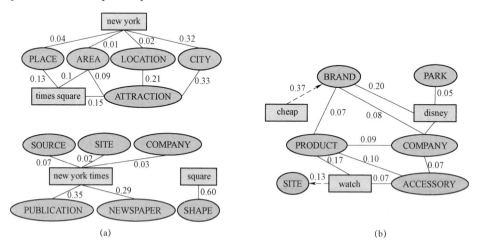

图 7-6　示例短文本激活的语义子网(书后附彩插)

(a)"new york times square";(b)"cheap disney watch"

3)随机游走

执行多轮随机游走过程来为每个词语寻找最优可能的概念。每轮随机游走过程均包含多次迭代。在第一次随机游走中，令 E 表示边权重向量，V^n 表示第 n 次迭代的节点权重向量。换言之，不同迭代过程对应的边权重是不变的，而节点权重是变化的。第一次随机游走开始前，边 e 的权重初始化为

$$E[e]=\begin{cases}\mathcal{P}(c\,|\,w), & e:w\rightarrow c \\ \mathcal{P}(c_2\,|\,c_1), & e:c_1\rightarrow c_2\end{cases} \qquad (7-29)$$

初次迭代时，节点 v 的权重初始化为

$$V^0[v]=\begin{cases}1/\,|\,W\,|, & \text{节点 } v \text{ 代表词语} \\ 0, & \text{节点 } v \text{ 代表概念}\end{cases} \qquad (7-30)$$

式中，$|\,W\,|$——词语数量。

该研究使用基于重启的随机游走策略来更新节点的权重：

$$V^0=(1-\alpha)E'\times V^{n-1}+\alpha V^0 \qquad (7-31)$$

式中，α——PageRank 算法中所使用的阻尼因子。

执行多轮迭代来完成当前一轮随机游走过程，进行迭代更新相应权重。在当前随机游走过程结束后，会得到新的节点权重向量；随后生成一个新边权重向量来准备开始下一轮随机游走过程，即需要不断更新该模型对于"词语–类型"映射和"词语–概念"映射的认知与置信度。因此，需要调整边权重向量 E：

$$E[e]=(1-\beta)\times V^n[c]+\beta\times E[e], \quad e:w\rightarrow c \qquad (7-32)$$

当新的节点权重向量和新的边权重向量生成后，即可执行新一轮随机游走过程。上述过程重复执行，直至收敛。相关研究已经证明，上述策略是可收敛的，因为所使用的随机游走策略是一个基于重启的随机游走策略；此外，E 和 V 均非负，且 $E\propto V^n$，这也保证了整个过程的收敛性。最终，通过对边权重进行归一化，可以识别给定短文本中的词语 $w\in s$ 的概念，即

$$\mathcal{P}(c\,|\,w,s)=\frac{E[t\rightarrow c]}{\sum\limits_{c_i}E[t\rightarrow c_i]} \qquad (7-33)$$

该研究比较依赖于前置的语法分析和句法分析（例如，使用 Stanford 词法分析器），在语法和句法不规范、不完整的短文本上进行语法分析和句法分析的效果并不稳定，导致该模型容易受到错误传递影响。该模型只考虑了形容词和动词，即只考虑了 Probase 中定义的 isA 关系；没有考虑词语之间的关联；仅为每个词语标注概念，而无法生成对于整个短文本的全局概念表示。

7.3.6　基于联合排序框架的短文本概念化方法

Huang 等[120-121]设计了一个全新的框架来对词语及其相关概念进行联合排序（Co-Ranking），该框架同时运行在概念关联网络（G_C）、词语关联网络（G_W）和

从属网络（G_{wc}）等三个网络上（图 7-1），能够利用概念与概念之间、词语与词语之间以及概念与词语之间等类型关联关系。这个基于 Co-Ranking 策略的框架是一个高效的、灵活的排序框架，在异构语义网络上依托一个迭代过程，迭代地对词语和概念进行排序，并使用每轮迭代的结果来对词语和概念的排序得分进行微调，实现同时对词语和概念的重要性度量。最终，在迭代过程结束时，选择排序得分最高的几个概念构成最优概念集合，以表示给定短文本。因此，该框架能够实现充分融合语义信息（即概念和词语以及二者之间多类型关系），进而获得对给定短文本的可靠的、全局性概念化表示。在真实世界网络数据上的实验结果充分证明，Co-Ranking 框架比现有最优基线算法更有效、更灵活，并且计算复杂度较低、收敛较快。

Co-Ranking 框架的原理：Co-Ranking 过程中蕴含着概念和词语之间相互增强和调整的关系：在给定短文本的上下文片段中，分以下几种情况讨论。

（1）两个（或多个）词语交互越密切，或者共同从属的概念的数量越多，则这两个（或多个）词语越有可能成为该上下文片段中的关键词[11]，而这两个（或多个）词语所共同从属的概念就越有可能成为对于表达该短文本有甄别能力的概念。

例如，在图 7-1 中，词语"apple"和词语"microsoft"共同从属于概念 COMPANY（公司）和概念 BRAND（品牌），而且这两个词语在大规模语料中共现频繁。因此，词语"apple"和词语"microsoft"会被赋予较高的排序得分（在图 7-1 中，这两个词语所在的矩形颜色较深），更有可能成为给定短文本的关键词。同时，概念 COMPANY 和概念 BRAND 也因此很有可能被赋予较高的排序得分，并成为对于当前给定短文本具有较强描述能力的概念。

（2）一个词语所从属的概念数量越少，则这个词语出现歧义的可能性越小，所以这个词语的甄别能力越强。

例如，在图 7-1 中，虽然词语"apple"和词语"microsoft"都从属于概念 COMPANY（公司），但是词语"apple"从属于三个概念，而词语"microsoft"只从属于两个概念。因此，在一定程度上，既然这两个词语都从属于某个概念，那么从属概念数量较少的词语"microsoft"可以被用于消除从属概念数量较多的词语"apple"的歧义。这符合实际情况，即词语"microsoft"的歧义性远远小于词语"apple"，而且前者的甄别能力明显强于后者。

（3）无歧义（或者歧义性非常小）的词语有助于消除（或缓解）有歧义词语的语义模糊性，即可以利用短文本上下文信息来实现消歧。

例如，在图 7-1 中，词语"apple"和词语"ipad"在大规模语料中共现频繁，而且词语"ipad"没有歧义，因此词语"ipad"可以用于消除（或缓解）词语"apple"歧义性带来的噪声。词语"microsoft"可起到与词语"ipad"类似的效果。同理，对于词语"apple"，如果上下文语境中存在诸如"headquarter""screen"等词语，则可以将其映射概念 COMPANY（公司），如果上下文语境中存在诸如"smell""delicious"等词语，则可以将其映射概念 FRUIT（水果）。

（4）两个（或多个）概念交互越密切、关联越紧密，则这些概念越有可能联合起来表达当前整个短文本。

例如，在图 7–1 中，概念 FRUIT 明显被孤立，而概念 COMPANY、概念 PRODUCT 和概念 BRAND 联系非常紧密，因此这些概念比概念 FRUIT 更有可能成为对于当前给定短文本来说具有较强描述能力的概念。

（5）在局部上下文语境中，有影响力的概念（词语）可以增强相应词语（概念）的影响力，即概念和词语之间可通过适当的交互机制来实现互相微调和增强[5,122–123]。

例如，在图 7–1 中，由于词语"apple"和词语"microsoft"的存在，因此概念 COMPANY 和概念 PRODUCT 的重要程度（即得分）被增强；而随着概念 PRODUCT 的增强，从属于该概念的词语"ipad"的重要程度也被适当增强。

基于上述讨论，接下来将详细介绍基于 Co-Ranking 框架的短文本概念化算法：首先，介绍运行该短文本概念化算法所依托的异构语义网络的构建；然后，介绍 Co-Ranking 框架整体框架和其中的迭代过程。

7.3.6.1　异构语义网络建模

将异构语义网络定义为 $G = (V, E)$ ，其中 $V = V_C \bigcup V_W$ 表示节点集合，$E = E_C \bigcup E_{wc} \bigcup E_w$ 表示边集合。V_C 表示概念节点集合；V_W 表示词语节点集合；E_C 表示连接概念与概念之间的边的集合；E_{WC} 表示连接词语与概念之间的边的集合；E_W 表示连接词语与词语之间的边的集合。语义网络 G 由三个子网络构成：① 概念关联网络 $G_C = (V_C, E_C)$ ，表示概念与概念之间的关联关系；② 词语关联网络 $G_w = (V_w, E_w)$ ，表示词语与词语之间的关联关系；③ 从属网络 $G_{wc} = (V_{wc}, E_{wc})$ ，将 G_C 中的概念和 G_w 中的词语连接在一起，表示词语与概念之间的从属关系（从属关系由知识库 Probase 定义）。为了便于存储和计算权重，语义网络 G 的关联矩阵 M 可以表示为

$$M = \begin{bmatrix} M_{CC} & M_{CW} \\ M_{WC} & M_{WW} \end{bmatrix} \tag{7–34}$$

式中，M_{CC}——表示概念之间的关联关系，体现在上述概念关联网络 G_C 中；

　　　　M_{WW}——表示词语之间的关联关系，体现在上述词语关联网络 G_w 中；

　　　　M_{WC}, M_{CW}——表示从属关系，分别度量在当前上下文语境中给定词语被赋予某些概念的可能性和给定概念包含某些词语的可能性，体现在上述从属网络 G_{WC} 中。

如何对关联矩阵 M 进行有效建模，是问题求解的关键。

1. 概念关联网络 G_C

概念关联网络 $G_C = (V_C, E_C)$ 是一个有权无向图，表示概念之间的相关性。其

中，G_C 是候选概念集合（将短文本中的词语在知识库 Probase 中查找得到候选概念），概念集合规模为 $n_C = |V_C|$；E_C 是边集合，表示概念之间的关联关系。每个候选概念被表示为 $\{c_i \mid c_i \in V_C, i = 1, 2, \cdots, n_C\}$。$M_{CC}[i][j]$ 是矩阵 $\boldsymbol{M}_{CC}$ 的元素，表示概念 c_i 和概念 c_j 语义关联关系，通过在知识库 Probase 中聚合概念 c_i 的所有实例与概念 c_j 的所有实例的共现关系而得到，即

$$M_{CC}[i][j] = \frac{\displaystyle\sum_{w_p \in c_i, w_q \in c_j} n(w_p, w_q)}{\displaystyle\sum_{l=1}^{n_C} \sum_{w_p \in c_i, w_q \in c_l} n(w_p, w_q)} \tag{7-35}$$

式中，w_p, w_q ——词表（Vocabulary）中的词语；

$w_p \in c_i$ ——表示词语 w_p 是概念 c_i 的实例，即知识库 Probase 定义词语 w_p 从属于概念 c_i；

$n(w_p, w_q)$ ——词语 w_p 和词语 w_q 在大规模语料中的共现频数。

这种对概念 c_i 和概念 c_j 语义关联的建模方式的优点在于同时利用了语义学知识和统计信息：一方面，概念与实例之间的从属关系（如 $w_p \in c_i$）取自词汇知识库 Probase，由语言学专家编制句法规则获取得到；另一方面，词语与词语之间的共现关系（如 $n(w_p, w_q)$）取自大规模语料上的共现频数分析，从统计学角度可保证这种建模方式的可靠性。

在上述基础上，引入基于常见观察的约束条件：对于某个概念，如果与之关联密切的概念数量越少，则说明这些概念之间的关联越紧密，进而说明它们联合起来的表达能力越强。换言之，这些概念对于存在于当前短文本中的一词多义现象具有更强的甄别能力。因此，如果词语 w_k 同为概念 c_i 和概念 c_j 的实例，则定义为如下形式的关联函数（Correlation Function）：

$$\tau(c_i, c_j, w_k) = \frac{\mathbb{I}(M_{CW}[i][k] \neq 0, M_{CW}[j][k] \neq 0)}{|w_k| \times (|w_k| - 1) / 2} \tag{7-36}$$

式中，$\mathbb{I}(M_{CW}[i][k] \neq 0, M_{CW}[j][k] \neq 0)$ ——指示函数（Indicator Function），用于指示词语 w_k 是否同为概念 c_i 和概念 c_j 的实例；

$|w_k|$ ——词语 w_k 从属的所有概念的数量，即与词语 w_k 相关的所有概念的数量。

需要注意的是，这种关联的强度取决于与词语 w_k 相关的概念的数量 $|w_k|$：如果词语 w_k 仅从属于两个概念，则通常称为单元关联（Unit-Correlation）；否则，这种关联强度通常需要使用词语 w_k 的候选单元关联对的数量（即 $|w_k| \times (|w_k| - 1) / 2$）来归一化。将所有词语的关联函数累加，改写原始公式，得：

$$M_{\mathrm{CC}}[i][j] = \frac{\sum\limits_{w_p \in c_i, w_q \in c_j} n(w_p, w_q) \times \sum\limits_{k=1}^{n_{\mathrm{W}}} \tau(c_i, c_j, w_k)}{\sum\limits_{l=1}^{n_{\mathrm{C}}} \left(\sum\limits_{w_p \in c_i, w_q \in c_l} n(w_p, w_q) \times \sum\limits_{k=1}^{n_{\mathrm{W}}} \tau(c_i, c_l, w_k) \right)} \qquad (7-37)$$

2. 词语关联网络 G_{W}

将知识库 Probase 作为词表，用于将给定短文本分割成词语集合 $\{w_i \mid w_i \in V_{\mathrm{W}}, i = 1, 2, \cdots, n_{\mathrm{W}}\}$。在分割过程中，只考虑最大匹配（Maximum Matching），即分割得到的词语无法被其他词语完全包含。例如，给定短文本中包括字段 "New York Times"，而 "New York Times" 本身正是存在于知识库 Probase 中的词语，所以 "New York Times" 被作为整体识别，虽然 "New York" 也存在于知识库 Probase 中，但是受最大匹配规则的限制，"New York Times" 不会被分割成 "New York" 和 "Times"。同理，如果给定短文本中包括词语序列 "angry bird"，则该词语序列会被作为整体识别，而不会被拆分成词语 "angry" 和 "bird"，虽然二者都在词表之列。此外，在执行文本分割之前，需要先进行词干还原（Stemming）和去除停用词（Stop-Word）等预处理操作。一旦识别出给定短文本中存在于知识库 Probase 的词语，那么这些词语在语义网络 G 中的位置也随即确定，这些词语所对应的词语关联网络就会被激活；通过知识库 Probase 中所定义的从属关系，就可以识别出这些词语所对应的概念，这些概念所在的概念关联网络 G_{C} 就会被激活；随即，这些词语和概念所在的从属网络 G_{WC} 也会被激活。

词语关联网络 $G_{\mathrm{W}} = (V_{\mathrm{W}}, E_{\mathrm{W}})$ 是一个有权无向网络，表示当前给定短文本中词语之间的关联关系。其中，V_{W} 是词语集合；E_{W} 是词语之间边集合，权重是基于词语之间的共现关系计算得到的。矩阵 M_{WW} 的元素 $M_{\mathrm{WW}}[i][j]$ 可以直观地定义为如下形式：

$$M_{\mathrm{WW}}[i][j] = \frac{n(w_i, w_j)}{\sum\limits_{k=1}^{n_{\mathrm{W}}} n(w_i, w_k)} \qquad (7-38)$$

式中，$n(w_i, w_j)$——表示词语 w_i 和词语 w_j 在语料库中的共现频数。

需要注意的是，式（7-38）所使用的基于大规模语料的统计共现信息属于全局信息（Global Information），也可以利用局部信息（Local Information）来辅助建模词语之间的关联关系：在当前上下文语境中，如果两个词语从属于同一概念，则在一定程度上佐证这两个词语的相关性；此外，两个词语共同从属的概念越多，则说明这两个词语的关系越紧密（例如，词语 "apple" 和词语 "microsoft" 共同从属概念 COMPANY 和概念 BRAND 等）。因此，给定概念 c_k，为每对词语 w_i 和 w_j 定义一个关联函数来捕获不同程度的词语关联程度，形式如下：

$$\sigma(w_i, w_j, c_k) = \frac{\mathbb{I}(M_{\mathrm{CW}}[k][i] \neq 0, M_{\mathrm{CW}}[k][j] \neq 0)}{|c_k| \times (|c_k| - 1) / 2} \qquad (7-39)$$

式中，$\mathbb{I}(M_{\mathrm{CW}}[k][i] \neq 0, M_{\mathrm{CW}}[k][j] \neq 0)$——指示函数；

$|c_k|$——从属于概念 c_k 的所有词语的数量。

上述定义也符合常见的观察规律，即如果一个概念所包含的词语数量越少，则这个概念的表意会相对越收敛，且这些词语的相关性会相对越强。将所有概念的关联函数累加，式（7-38）可写为

$$M_{\mathrm{WW}}[i][j] = \frac{n(w_i, w_j) \times \sum_{k=1}^{n_{\mathrm{C}}} \sigma(w_i, w_j, c_k)}{\sum_{l=1}^{n_{\mathrm{w}}} n(w_i, w_l) \times \sum_{k=1}^{n_{\mathrm{C}}} \sigma(w_i, w_l, c_k)} \qquad (7-40)$$

3. 从属网络 G_{WC}

从属网络 G_{WC} 是一个特殊的子网络，连接了上述两个子网络。概念关联网络 G_{C} 和词语关联网络 G_{W} 都是同构（Homogeneous）网络，而从属网络 G_{WC} 的存在使整个语义网络 G 成为异构（Heterogeneous）网络。从属网络 $G_{\mathrm{WC}} = (V_{\mathrm{WC}}, E_{\mathrm{WC}})$ 是一个有权无向网络，表示词语与相应概念之间的从属关系。其中，$V_{\mathrm{WC}} = V_{\mathrm{W}} \bigcup V_{\mathrm{C}}$。$M_{\mathrm{WC}}[i][j]$ 表示从词语 w_i 到概念 c_j 的连边。$M_{\mathrm{WC}}[i][j]$ 不仅需要能够表示词语 w_i 是否从属于概念 c_j，而且需要衡量在当前短文本上下文语境中，词语 w_i 从属于概念 c_j 的置信度。将词语 w_i 和概念 c_j 之间的从属度（Subordinate Degree）定义为如下形式：

$$\mathrm{subordinate}(w_i, c_j) = \frac{n_{\mathrm{ins}}(w_i, c_j)}{\sum_{k=1}^{n_{\mathrm{C}}} n_{\mathrm{ins}}(w_i, c_k)} \qquad (7-41)$$

式中，$n_{\mathrm{ins}}(w_i, c_j)$——在大规模语料库中词语 w_i 作为概念 c_j 的实例的出现次数，也在相关工作中被视为"词语 w_i 和概念 c_j 的共现频数"，可以直接从 Probase 中获得。

此外，为了确保获得有意义的计算结果，可使用拉普拉斯平滑（Laplace Smoothing）过滤噪声，并且引入概念多样性。

与前两个子网络的构建相似，在此同样利用局部信息促进词语与概念之间语义关联建模。给定概念 c_j，将词语 w_i 和词语 w_k 的关联函数定义为如下形式：

$$\varphi(w_i, w_k, c_j) = \frac{\mathbb{I}(M_{\mathrm{CW}}[j][i] \neq 0, M_{\mathrm{CW}}[j][k] \neq 0)}{|w_k| \times (|w_k| - 1) / 2} \qquad (7-42)$$

式中，$\mathbb{I}(M_{\mathrm{CW}}[j][i] \neq 0, M_{\mathrm{CW}}[j][k] \neq 0)$——指示函数。

上述定义服从直观观察：首先，没有歧义的词语有助于削减歧义词的歧义性；其次，如果一个词语从属的概念数量越少，那么这个词语的甄别能力就越强、歧义性就越弱。所以，将所有词语的关联函数累加，得到如下对 $M_{\mathrm{WC}}[i][j]$ 的定义：

$$M_{\mathrm{WC}}[i][j]=\frac{\mathrm{subordinate}(w_i,c_j)\times\sum\limits_{k=1}^{n_{\mathrm{W}}}\varphi(w_i,w_k,c_j)}{\sum\limits_{l=1}^{n_{\mathrm{C}}}\mathrm{subordinate}(w_i,c_l)\times\sum\limits_{k=1}^{n_{\mathrm{W}}}\varphi(w_i,w_k,c_l)}\qquad(7-43)$$

与 $M_{\mathrm{WC}}[i][j]$ 相反，对于从概念 c_i 到词语 w_j 的连边，直接使用从属度的归一化形式定义 $M_{\mathrm{CW}}[i][j]$，而不再引入关联函数。因此，$M_{\mathrm{CW}}[i][j]$ 的定义如下：

$$M_{\mathrm{CW}}[i][j]=\frac{\mathrm{subordinate}(w_j,c_i)}{\sum\limits_{l=1}^{n_{\mathrm{W}}}\mathrm{subordinate}(w_l,c_i)}\qquad(7-44)$$

从上述公式可以看出，关联矩阵 $\boldsymbol{M}_{\mathrm{CW}}$ 和关联矩阵 $\boldsymbol{M}_{\mathrm{WC}}$ 的构建是非对称的（Asymmetric），这种特殊的策略反映出词语与其相应概念之间的非对称关系（词语是可观察到的对象，而概念是需要被推测的对象），这也符合客观观察规律。

7.3.6.2　一种用于短文本概念化的联合排序框架

本小节详细介绍用于实现短文本概念化的异构语义网络联合排序（Co-Ranking）框架。不同于传统排序算法，Co-Ranking 框架依托一个迭代过程，每轮迭代中都会对词语和概念的得分进行相互微调，即词语的排序得分被语境中的其他词语以及该词语所从属的概念所影响、概念的排序得分被与其关联的概念以及该概念所对应的语境词语所影响，整个框架反复对词语和概念进行打分，从而实现交互微调和增强的过程。因此，该方法能够从整个异构网络 G 的全局角度，对每种类型个体进行重要性度量，而不仅仅利用其所处的局部网络信息。

Co-Ranking 框架流程如图 7-7 所示。首先，对给定短文本进行预处理，激活该短文本所对应的词语关联网络 G_{W}、概念关联网络 G_{C} 和从属网络 G_{WC}；然后，在上述网络上交互地执行迭代过程。

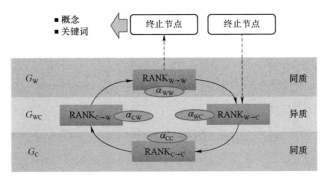

图 7-7　Co-Ranking 框架流程

1. 短文本预处理

对于待概念化的短文本，首先需要将 Probase 作为词表来将给定短文本分割成词语集合。在分割过程中，只考虑最大匹配（Maximum Matching），即分割得到的词语无法被其他词语完全包含。

Co-Ranking 框架中的迭代过程并不是运行在整个庞大的 Probase 知识库语义网络上，而是运行在由当前给定短文本所激活的子语义网络（Sub-Semantic Network）上。需要注意的是，这里由给定短文本激活的语义网络是知识库 Probase 中所有海量词语和概念所构成的语义网络的子网，下文所介绍的迭代过程就是在这个被激活的子语义网络上进行。

图 7-8 展示了上述短文本预处理过程。给定短文本 s 为 "microsoft unveils office for apple's ipad"，经过词干化、去除停用词、分割等预处理过程，得到词语集合 V_w 为 {microsoft，unveil，office，apple，ipad，…}；词语集合 V_w 中的词语在知识库 Probase 中对应的词语关联网络 G_w 被激活，随即相应的概念关联网络 G_C 和从属网络 G_WC 也被激活，上述三个被激活的网络共同构成了给定短文本 s 所对应的语义网络 G（语义网络 G 仅为短文本 s 在知识库 Probase 中所对应的局部网络），下文将要描述的迭代过程将执行在这三个网络上。

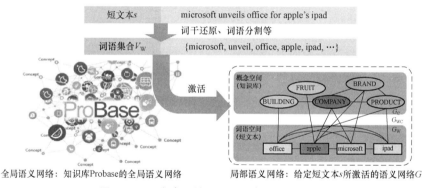

图 7-8 短文本预处理过程（书后附彩插）

2. 迭代过程

当给定短文本后，该短文本在预处理阶段激活相对应的概念关联网络 G_C、词语关联网络 G_w 和从属网络 G_WC。Co-Ranking 框架在被激活的概念关联网络 G_C、词语关联网络 G_w 和从属网络 G_WC 上交互地执行迭代过程（Iterative Procedure），从给定短文本中挖掘最具表达能力的概念集合。为了同时协调控制内部（Intra-Class）排序和外部（Inter-Class）排序（图 7-7），设置一组参数 $\{\alpha_\mathrm{CC}, \alpha_\mathrm{CW}, \alpha_\mathrm{WC}, \alpha_\mathrm{WW}\}$ 来控制所期望的词语排序与概念排序之间相互依赖和影响的程度。这些参数的取值既可以根据经验选择，也可以针对特殊需求、具体应用以及数据集来灵活选择。这些参数的约束条件如下：

$$\alpha_\mathrm{CC} + \alpha_\mathrm{CW} + \alpha_\mathrm{WC} + \alpha_\mathrm{WW} = 1 \qquad (7-45)$$

（1）迭代过程的形式化定义。$\boldsymbol{\delta}_\mathrm{C}^{(z)}$ 和 $\boldsymbol{\delta}_\mathrm{W}^{(z)}$ 分别表示在第 z 轮迭代中概念的排序得分向量和词语的排序得分向量，$\delta_\mathrm{C}^{(z)}(j)$ 和 $\delta_\mathrm{W}^{(z)}(i)$ 分别表示在第 z 轮迭代中概念 c_j

的排序得分和词语 w_i 的排序得分。为了确保迭代过程收敛，关联矩阵 $\boldsymbol{M}$ 是非负常值矩阵，$\boldsymbol{\delta}_{\mathrm{C}}^{(z)}$ 和 $\boldsymbol{\delta}_{\mathrm{W}}^{(z)}$ 均为非负，而且在每轮迭代之后，$\boldsymbol{\delta}_{\mathrm{C}}^{(z)}$ 和 $\boldsymbol{\delta}_{\mathrm{W}}^{(z)}$ 都会被进行归一化处理。在该 Co-Ranking 框架中，当相邻两轮迭代过程得到的排序得分差值（概念的排序得分差值用 $\mathrm{Diff}_{\mathrm{C}}(z-1,z)$ 表示，词语的排序得分差值用 $\mathrm{Diff}_{\mathrm{W}}(z-1,z)$ 表示）小于某一阈值 ε（设定为 10^{-3}）时，迭代过程收敛：

$$\mathrm{Diff}_{\mathrm{C}}(z-1,z) = \frac{\sum_{j=1}^{|V_{\mathrm{C}}|}\left|\delta_{\mathrm{C}}^{(z-1)}(j) - \delta_{\mathrm{C}}^{(z)}(j)\right|}{|V_{\mathrm{C}}|} \tag{7-46}$$

$$\mathrm{Diff}_{\mathrm{W}}(z-1,z) = \frac{\sum_{i=1}^{|V_{\mathrm{W}}|}\left|\delta_{\mathrm{W}}^{(z-1)}(i) - \delta_{\mathrm{W}}^{(z)}(i)\right|}{|V_{\mathrm{W}}|} \tag{7-47}$$

通过实验验证，上述 Co-Ranking 框架在新闻类数据集和百科类数据集上，只需不到 10 轮迭代就能达到收敛。

每轮迭代包括四个步骤。

（2）迭代步骤。

第 1 步，词语对概念排序（图 7-7 中的 $\mathrm{RANK}_{\mathrm{W}\to\mathrm{C}}$）。

词语的排序得分被用于修正概念的排序得分。因为词语可在给定短文本中被直接显式观察到，而且初始化词语的排序得分相对容易（例如可以使用词语的 TF-IDF 值或者直接使用 $1/n_{\mathrm{W}}$ 等），所以每轮迭代过程从 $\mathrm{RANK}_{\mathrm{W}\to\mathrm{C}}$ 开始（即对应图 7-7 中的 Starting Point）。

$$\delta_{\mathrm{C}}^{(z+1)}(j) = \alpha_{\mathrm{WC}} \times \sum_{k=1}^{n_{\mathrm{W}}} M_{\mathrm{WC}}[k][j] \times \delta_{\mathrm{W}}^{(z)}(k) \tag{7-48}$$

$$\delta_{\mathrm{C}}^{(z+1)} = \frac{\delta_{\mathrm{C}}^{(z+1)}}{\left\|\delta_{\mathrm{C}}^{(z+1)}\right\|} \tag{7-49}$$

这一步操作表示在当前上下文语境中，重要程度（权重）越高的词语可以增强其相对应概念的重要程度。很显然，对于一个词语，如果其甄别能力更强，或者与其他上下文词语联系紧密，那么应该为这个词语的相关概念赋予更高权重。

第 2 步，概念对概念排序（图 7-6 中的 $\mathrm{RANK}_{\mathrm{C}\to\mathrm{C}}$）。

概念的排序得分被用于修正其他概念的排序得分。

$$\delta_{\mathrm{C}}^{(z+1)}(j) = \alpha_{\mathrm{CC}} \times \left(1 - \beta + \beta \times \sum_{k=1}^{n_{\mathrm{C}}} M_{\mathrm{CC}}[k][j] \times \delta_{\mathrm{C}}^{(z)}(k)\right) \tag{7-50}$$

$$\delta_{\mathrm{C}}^{(z+1)} = \frac{\delta_{\mathrm{C}}^{(z+1)}}{\left\|\delta_{\mathrm{C}}^{(z+1)}\right\|} \tag{7-51}$$

式中，β——PageRank 算法中所使用的阻尼因子（Damping Factor）。

上述公式基于如下常规观察规律：如果一个概念与其他高权重概念关联紧密，那么这个概念的权重也会得到加强。该策略类似于有权 PageRank（Weighted PageRank）。由于引入了关联函数，因此 $M_{CC}[k][j]$ 能够有效反映概念 c_k 和概念 c_j 之间交互的强度。

第 3 步，概念对词语排序（图 7-7 中的 $RANK_{C \to W}$）。

概念的排序得分被用于修正词语的排序得分。

$$\delta_W^{(z+1)}(i) = \alpha_{CW} \times \sum_{k=1}^{n_C} M_{CW}[k][i] \times \delta_C^{(z)}(k) \tag{7-52}$$

$$\delta_W^{(z+1)} = \frac{\delta_W^{(z+1)}}{\left\| \delta_W^{(z+1)} \right\|} \tag{7-53}$$

上述公式基于以下常规观察规律：在当前短文本上下文语境中，越重要的词语越有可能来自更加有甄别能力的（即更重要的）概念，即重要的概念通常能够生成重要的语境词语。

第 4 步，词语对词语排序（图 7-7 中的 $RANK_{W \to W}$）。

词语的排序得分被用于修正其他词语的排序得分。

$$\delta_W^{(z+1)}(i) = \alpha_{WW} \times \left(1 - \beta + \beta \times \sum_{k=1}^{n_W} M_{WW}[k][i] \times \delta_W^{(z)}(k) \right) \tag{7-54}$$

$$\delta_W^{(z+1)} = \frac{\delta_W^{(z+1)}}{\left\| \delta_W^{(z+1)} \right\|} \tag{7-55}$$

式中，β——阻尼因子。

上述公式表示，如果一个词语与语境中其他高权重词语频繁共现，那么这个词语对该短文本的表达能力会被增强。

3. 联合排序框架

基于对异构语义网络 G （及其关联矩阵）的构建，以及对迭代过程的定义，联合排序（Co-Ranking）框架如算法 7.1 所示。当迭代过程收敛，将概念和词语按照排序得分（ $\delta_C(j)$ 和 $\delta_W(i)$ ）降序排列，分别选择排序得分最高的前 k_C 个概念和前 k_W 个词语。至此，短文本概念化任务已经完成：① 得到的这 k_C 个概念构成对给定短文本有最佳表达能力和甄别能力的概念集合，进而形成概念分布 $\phi_C = \{\langle c_j, p_j \rangle \mid j = 1, 2, \cdots, k_C\}$，其中 $p_j = \delta_C(j)$ 表示概念 c_j 的概率；② 得到的这 k_W 个词语构成给定短文本的关键词集合 $W = \{\langle w_i, \delta(w_i) \rangle \mid i = 1, 2, \cdots, k_W\}$。显然，针对不同的特定应用，会存在不同的策略来选择最终结果。例如，选择排序得分高于某个预设阈值的概念构成最终概念集合等。

算法 7.1：一种用于短文本概念化的 Co-Ranking 框架

输入：M_{cc}，M_{ww}，M_{cw}，M_{wc}，α_{cc}，α_{ww}，α_{cw}，α_{wc}，k_c，k_w

输出：根据 $\delta_C^{(z)}(j)$ 选择排序得分前 k_c 个概念，根据 $\delta_W^{(z)}(i)$ 选择排序得分前 k_w 个词语

过程：

初始化：

1. $\delta_C^{(1)}(j) \leftarrow 0$，$\quad j = 1, 2, \cdots, n_c$．
2. $\delta_W^{(1)}(i) \leftarrow 1/n_w$，$\quad i = 1, 2, \cdots, n_w$．
3. $z \leftarrow 1$．

迭代过程：

1. Do
2. $z = z + 1$；
3. $\text{RANK}_{W \to C}$；$\text{RANK}_{C \to C}$；$\text{RANK}_{C \to W}$；$\text{RANK}_{W \to W}$．
4. Until（$\text{Diff}_C(z-1, z) < \varepsilon$ && $\text{Diff}_W(z-1, z) < \varepsilon$）

7.4　短文本概念化方法总结分析

由于短文本概念化表示建模是一个新兴研究方向，目前尚无公开权威的带有概念标注的短文本数据集用于评测。为了验证和对比上述短文本概念化表示建模方法的性能，本书采用两种策略来进行实验：**间接评估**，仿照目前短文本概念化研究惯用的实验思路[10-11,17]，构建短文本聚类实验来间接验证短文本概念化算法的结果；**直接评估**，构建手工标注的短文本数据集来直接评估短文本概念化算法所产生的概念的质量。此外，本书还进行了关联函数性能实验、算法收敛情况分析等实验与分析工作。

7.4.1　实验验证

1. 实验数据集

1）实验数据集的构建

该数据集主要被用于构建异构语义网络 G 上的关联矩阵 M，以及用于训练相关模型（例如基于传统统计分析策略的短文本概念化方法等）。本书通过处理和索引 Wikipedia 文章来构建数据集 Wiki：首先，去除篇幅少于 100 个词语或者链接数量少于 10 个的维基百科文章；然后，去除目录页面（Category Page）和消歧页面（Disambiguation Page）；此外，如果遇到需要进行内容重定向的情况，就将内容转至重定向页面。最终获得 374 万篇 Wikipedia 文章构成的数据集 Wiki。此外，下述推文数据集 Twitter 也被用于训练。

2）间接评估策略（即文本聚类任务）所使用的数据集构建方式

本书构建三个数据集，分别是新闻数据集 NewsTitle、推文数据集 Twitter 和百科数据集 WikiFirst，对每个数据集概述如下。

● NewsTitle：新闻标题通常字数很少并且含有很多特指词语或者歧义词语，本书采集 *Retuers*（《路透社》）和 *New York Times*（《纽约时报》）共约 362 万篇文章。这些文章涉及经济、宗教、科技、交通、政治和体育等六个类别，以这些类别作为短文本聚类实验的正确基准标注（Ground-Truth Label）。仿照文献[10]，本书从每个类别中随机选择 30 000 篇新闻报道，仅保留其新闻标题和首句，构成新闻数据集 NewsTitle。新闻标题的平均长度为 9.53 个词语。

● Twitter：本书使用 2011 年和 2012 年 TREC 微博检索任务（Microblog Task）所使用的官方推文数据集[124]来构建该数据集。通过手工标注，本书所构建的推文数据集 Twitter 包括 175 214 条推文，涉及饮食、体育、娱乐和电子设备（IT 相关）等四个类别，以这些类别作为短文本聚类实验的正确基准标注。同时，剔除了推文中的超链接和停用词等。推文的平均长度为 10.05 个词语。因其明显的噪声和稀疏性，该数据集更加具有挑战性和说服力。

● WikiFirst：该数据集包含 330 000 篇维基百科文章，基于维基百科文章与知识库 Freebase 主题的映射关系，共分成 110 个类[11]。例如，以"The Big Bang Theory"（生活大爆炸）为题的维基百科文章被划分到类目 Tv_program 下。每个类包含 3000 篇维基百科文章。本书只保留每篇维基百科文章的首句构成数据集 WikiFirst，首句的平均长度为 15.43 个词语。因为该数据集的类目数量较多、类目多样性较强，而且很多类目之间相关性较强，所以该数据集是一个很有挑战性的数据集。

直接评估策略所使用的数据集构建方式，将在下文进行详细所述。

2. 对比算法

本节验证和对比上述短文本概念化表示建模方法的性能，包括基础基线算法（包括使用 TF−IDF 值作为权重的词袋模型、主题模型等）、最优的基线概率概念化方法、基于联合排序（Co-Ranking）策略的短文本概念化方法等，对进行对比的算法概述如下。

● BOW：使用词袋模型表示每个短文本，在上述大规模语料上计算词语的 TF−IDF 值[11]，并使用 TF−IDF 值作为词袋模型的特征，构成短文本向量。对于在当前给定短文本上出现频率高而且在数据集全集出现频率较低的词语，会将其赋予较高 TF−IDF 值。

● LDA：使用基于潜在狄利克雷分布（Latent Dirichlet Allocation，LDA）算法得到的主题分布表示每个短文本[13]。本书使用两种方法训练该模型：① 仅在文本聚类实验所使用的数据集上训练，因为实验所用数据集中的数据都是短文本，在这种情况下主题模型受数据稀疏性影响较大；② 在数据集 Wiki 和文本聚类实验所使用的数据集上训练。本书对这两种方法的训练结果择优使用。效仿文献[10, 17]，将主题数量选择与聚类类簇数量相同或者二倍于聚类类簇数量，择优使用。

● ESA：不同于算法 LDA 使用潜在主题（作为"概念"）的分布表示短文本，

该算法在数据集 Wiki 上计算词语与概念(该方法将文章作为"概念")的 TF−IDF 值,使用文章的分布来表示短文本[99,125]。

● IJCAI₁₁:文献[17]提出了一个概率框架,利用知识库 Probase 中定义的 isA 关系,使用朴素贝叶斯方法估计概率 $\mathcal{P}(c_j\,|\,W) \propto \mathcal{P}(c_j) \times \prod_{i=1}^{n_W}\mathcal{P}(w_i\,|\,c_j)$,用于推理和挖掘最有可能的概念。

● IJCAI₁₁+CL:通过引入聚类策略算法,对算法 IJCAI₁₁ 进行扩展。文献[17] 首先挖掘能够最大化条件概率 $\mathcal{P}(w_i\,|\,c_j)$ 的稠密的 $k-$互斥团,将在同一个团中的词语认为属于同一个语义类簇(即语义相近的词语被聚类到同一语义类簇中);然后,在每个语义类簇上执行算法 IJCAI₁₁,完成概念化。算法 IJCAI₁₁+CL 被认为是目前短文本概念化的基线算法之一[5,10,70,77]。

● IJCAI₁₅:将动词和形容词的修饰关系考虑在内。文献[5]首先在大规模语料中挖掘词语之间不同类型的修饰关系,然后将这些词语映射到相应概念上,最后使用一个基于随机游走的迭代过程完成概念化。

● Co-Rank_AD:文献[118]提出了一个 Co-Ranking 框架,通过耦合两个随机游走过程,基于 PageRank 思想[22]对不同类型的节点(学术网络中的文档和作者)进行交互排序。

● Co-Rank:基于 Co-Ranking 框架的短文本概念化方法,通过执行一个迭代过程,同时对概念和词语进行联合排序,充分利用词语之间、概念之间以及词语和概念之间的多类型关联关系。

3. 实验设置

对于算法 BOW,短文本向量维度为 50 000;对于算法 LDA,主题数量为聚类类簇数量或者聚类类簇数量的两倍[10],本书对这两种数量的训练结果择优使用,展示在实验结果表格中;对于算法 ESA,本书分别选择前 1000、前 2000、前 5000 和前 10 000 个概念(对应维基百科文章)作为聚类特征,择优使用。对于算法 Co-Rank、IJCAI₁₁、IJCAI₁₁+CL、IJCAI₁₅ 和 Co-Rank_AD,如果将知识库 Probase 定义的所有概念作为特征,就会造成严重的维度灾难、极大增加计算开销,因此以往工作使用 $k-$中心聚类算法[8],将知识库 Probase 中所有百万量级的概念聚成 5000 个概念类簇。因此,效仿以往基于词汇知识库的短文本概念化研究[4-5,8],本书选择这 5000 个概念类簇作为特征构成短文本向量,即上述算法中短文本向量的维度是 5000。使用这些概念类簇作为特征,既涵盖了知识库 Probase 所有概念的基本类别,又避免了使用知识库 Probase 所有概念而导致的高计算开销,兼顾语义完整性和计算效率。对于算法 Co-Rank,词语 w_i 作为概念 c_j 的实例的频数 $n_{ins}(w_i,c_j)$ 可以直接从知识库 Probase 中获得,而词语 w_i 和词语 w_j 的共现次数 $n(w_i,w_j)$ 需要从数据集 Wiki 和数据集 Twitter 中统计得到。效仿以往工作[122],可以基于经验或者特定应用需求来灵活设定算法 Co-Rank 的参数 $\{\alpha_{CC},\alpha_{CW},$

$\alpha_{wc}, \alpha_{ww}\}$。本书对上述参数的不同组合做了实验和探讨，最终选择能够达到最佳实验结果的参数组合，即算法 Co-Rank 将这些参数分别设定为 0.2、0.25、0.35 和 0.2。使用数据集 Wiki 和数据集 Twitter 训练算法 LDA。本书使用 Porter 算法[126]对短文本进行词干化处理，使用 InQuery 的停用词列表剔除短文本中的停用词。

4. 短文本聚类实验

文本聚类（Text Clustering）是一种比较重要的无监督学习技术，其任务旨在把目标文本分成若干个类簇（Cluster），并保证每个类簇之中的目标文本尽量内容接近，而不同类簇之间的目标文本尽量内容远离。传统文本聚类算法依赖于统计分析（例如将目标文本建模成词袋形式或者采用主题分析策略等），有两方面不足：一方面，这种统计方法对语义挖掘不够深入，且所产生的结果的可解释性有限；另一方面，传统方法应用于短文本比较困难，因为短文本缺乏足够的内容（如上下文信息等）用于统计分析和推理。

总体而言，本书首先使用各短文本概念化算法为每个短文本生成相关"概念"（除算法 LDA 生成主题作为概念、算法 ESA 生成维基百科文章作为概念外，其他算法均生成知识库 Probase 所定义的概念）；然后，使用这些概念作为特征来构建短文本向量；最后，以这些短文本向量作为输入来运行一个球面 k−均值聚类（Spherical k−Means Clustering）算法[127]，以评估上述各算法的性能。本书使用纯度（Purity）[128]、调整兰德指数（Adjusted Rand Index，ARI）[129]和归一化互信息（Normalized Mutual Information，NMI）[130−131]来衡量短文本聚类质量。指标 Purity、指标 ARI 和指标 NMI，均是值越大就表示聚类结果越优，对应的算法性能越优。

各类评价指标的计算方法，如下所述。$\mathbb{X}=\{x_1, x_2, \cdots, x_{|\mathbb{X}|}\}$ 表示聚类后的文本集合，x_i 表示第 i 个类簇的文本集合；$\mathbb{Y}=\{y_1, y_2, \cdots, y_{|\mathbb{Y}|}\}$ 表示已知准确聚类的文本集合；N 表示文本总数。

纯度（Purity）的计算方法如下：

$$\text{Purity} = \frac{1}{N} \sum_{i=1}^{|\mathbb{X}|} \sum_{j=1}^{|\mathbb{Y}|} \max |x_i \cap y_j| \qquad (7-56)$$

调整兰德指数（ARI）的计算方法如下：

$$\text{ARI} = \frac{\sum\limits_{i=1}^{|\mathbb{X}|} \sum\limits_{j=1}^{|\mathbb{Y}|} \binom{n_{ij}}{2} - \dfrac{\sum\limits_{i=1}^{|\mathbb{X}|} \binom{|x_i|}{2} \times \sum\limits_{j=1}^{|\mathbb{Y}|} \binom{|y_j|}{2}}{\binom{N}{2}}}{\dfrac{\sum\limits_{i=1}^{|\mathbb{X}|} \binom{|x_i|}{2} + \sum\limits_{j=1}^{|\mathbb{Y}|} \binom{|y_j|}{2}}{2} - \dfrac{\sum\limits_{i=1}^{|\mathbb{X}|} \binom{|x_i|}{2} \times \sum\limits_{j=1}^{|\mathbb{Y}|} \binom{|y_j|}{2}}{\binom{N}{2}}} \qquad (7-57)$$

式中，n_{ij}——同时在类簇 x_i 和类簇 y_j 的文本的数量。

归一化互信息（NMI）的计算方法如下：

$$\mathrm{NMI} = \frac{2 \times I(\mathbb{X}; \mathbb{Y})}{H(\mathbb{X}) + H(\mathbb{Y})} \qquad (7-58)$$

$$I(\mathbb{X}; \mathbb{Y}) = \sum_{i=1}^{|\mathbb{X}|} \sum_{j=1}^{|\mathbb{Y}|} \left(\mathcal{P}(x_i \cap y_j) \times \ln \frac{\mathcal{P}(x_i \cap y_j)}{\mathcal{P}(x_i) \times \mathcal{P}(y_j)} \right) \qquad (7-59)$$

$$H(\mathbb{X}) = -\sum_{i=1}^{|\mathbb{X}|} \mathcal{P}(x_i) \times \ln \mathcal{P}(x_i) \qquad (7-60)$$

$$H(\mathbb{Y}) = -\sum_{j=1}^{|\mathbb{Y}|} \mathcal{P}(y_j) \times \ln \mathcal{P}(y_j) \qquad (7-61)$$

式中，$I(\mathbb{X}; \mathbb{Y})$——集合 $\mathbb{X}$ 和集合 $\mathbb{Y}$ 的互信息；

　　　$\mathcal{P}(x_i)$——文本在类簇 x_i 中的概率；

　　　$\mathcal{P}(y_j)$——文本在已知正确类簇 y_j 中的概率；

　　　$H(\mathbb{X}), H(\mathbb{Y})$——信息熵。

因为 k – 均值聚类结果易受初始化操作影响（特别是在文本向量维度比较高的情况下），所以本书使用基于 20 次随机实验（每次实验均基于 10 次随机初始化）的各类指标的平均值作为实验结果，如表 7 – 1 所示。

表 7–1　短文本聚类任务实验结果

算法	数据集 NewsTitle			数据集 Twitter			数据集 WikiFirst		
	Purity	ARI	NMI	Purity	ARI	NMI	Purity	ARI	NMI
BOW	0.620	0.572	0.681	0.277	0.263	0.295	0.297	0.419	0.531
LDA	0.621	0.573	0.682	0.317	0.300	0.337	0.274	0.387	0.490
ESA	0.680	0.627	0.747	0.371	0.352	0.395	0.311	0.439	0.556
IJCAI$_{11}$	0.702	0.648	0.771	0.369	0.349	0.392	0.326	0.460	0.583
IJCAI$_{11}$+CL	0.739	0.682	0.812	0.410	0.388	0.436	0.343	0.484	0.613
IJCAI$_{15}$	0.747‡	0.690‡	0.821‡	0.415	0.392	0.441	0.346‡	0.488‡	0.617‡
Co-Rank$_{AD}$	0.733	0.677	0.806	0.413	0.391	0.434	0.343	0.483	0.612
Co-Rank	**0.795†‡**	**0.738†‡**	**0.876†‡**	**0.457†‡**	**0.433†‡**	**0.482†‡**	**0.369†‡**	**0.521†‡**	**0.659†‡**
注：† 和 ‡ 分别表示对于算法 IJCAI$_{15}$ 和算法 IJCAI$_{11}$+CL 的显著性提升（ $p^* < 0.05$ ）									

表 7–1 所示的实验结果显示，Co-Rank 在绝大多数情况下都比目前最优短文本概念化基线算法（算法 IJCAI$_{11}$+CL 和算法 IJCAI$_{15}$）有性能提升。为了验证这种性能提升的显著性，本书使用显著性检测（Significant Test）：为了验证算法 A 对算法 B 的性能提升是否统计上显著，T–检测（T-Test）基于算法 A 和算法

B 的性能计算 p^* 值[132–133]。如果 p^* 值足够小（通常 $p^* < 0.05$），那么本书认为算法 A 相对于算法 B 的性能提升是统计上显著的。

5. 概念化质量评估实验

前面以间接的方式（文本聚类任务）评估了各短文本概念化算法的性能，为了能够直接地评估各算法所产生的概念的质量，构建手工标注数据集。因为短文本概念化是一个新兴研究领域，目前尚无用于验证短文本概念化算法的权威的标注数据集。Wang 等[5]曾基于随机选择的查询，手工标注了两个数据集，但并未公开这些数据集。然而，这些数据集的构建思路值得借鉴。因此，本书仿照文献[5,17,77]的数据集构建思路，构建更加具有多样性和挑战性的测试数据集，用于对概念化质量进行直接评估。

本书使用推特搜索引擎采集推文，并基于关键词和标签（Hashtag）来筛选推文，得到 4200 条包含常见歧义词（如"apple""fox""gift""key""match""book"等）的推文。随后，组织 15 名志愿者来标注这些推文：首先，对于每条推文执行所有对比算法，每个算法为该条推文生成 k_C 个概念①，将所有算法生成的所有概念混合并去重，构成一个候选概念列表；然后，对于每条推文，志愿者们人工为其候选概念列表中的每个概念赋予一个相关性得分 rel_i。如果这个概念与该推文完全相关、比较相关、不确定相关、不相关，则相关性得分 rel_i 的值分别是 1、0.6、0.3、0。不同于文献[5]仅为单个词语标注概念、只验证单个词语的概念化结果，本书为每条短文本进行整体的概念标注、验证对于整条短文本的概念化结果。因此，本书所构建的标注数据集更具挑战性。基于上述准备工作，本书使用前 k_C 个概念的准确率来衡量各对比算法所产生的概念的质量：

$$P@k_C = \sum_{i=1}^{k_C} rel_i / k_C$$

概念化质量评估实验结果如表 7-2 所示。

表 7-2　手工标注数据集上概念化质量评估任务的实验结果

度量指标	IJCAI₁₁	IJCAI₁₁ + CL	IJCAI₁₅	Co-Rank
P@5	0.319±0.019	0.329±0.037	0.448±0.027	**0.481±0.035**
P@10	0.340±0.027	0.358±0.032	0.457±0.025	**0.495±0.029**

7.4.2　对比分析

1. 短文本聚类实验结果分析

通过表 7-1，可以观察到算法 Co-Rank 的性能显著优于其他基线算法，以指

① k_C 表示对给定推文执行短文本概念化算法得到的概念的数量，见 3.3.2 节。

标 NMI 为例，在最有挑战性的数据集 Twitter 上，该算法比最优基线算法 IJCAI$_{15}$ 提升 9.3%、比算法 IJCAI$_{11}$+CL 提升 10.6%、比算法 Co-Rank$_{AD}$ 提升 11.1%；在数据集 NewsTitle 上，该算法比最优基线算法 IJCAI$_{15}$ 提升 6.7%、比算法 IJCAI$_{11}$+CL 提升 7.9%、比算法 Co-Rank$_{AD}$ 提升 8.7%。这充分说明了算法 Co-Rank 能够挖掘到更加具有表达能力和甄别能力的概念，也证明了充分利用词语之间关联关系、概念之间关联关系以及词语与概念之间关联关系的必要性。这种现象既可以归因于算法 Co-Rank 创新性地将关联函数引入 Co-Ranking 框架，也归因于算法 Co-Rank 相较于传统概率概念化算法能够充分利用词语和概念之间的多种类型的交互关系；同时，由于摆脱了短文本词法分析和句法分析的束缚，因此算法 Co-Rank 受短文本的噪声和稀疏性的影响较小（特别是相较于算法 LDA 和算法 IJCAI$_{15}$）。

与传统算法 BOW 相比，算法 Co-Rank 不仅在性能上有显著提升，而且能节省至少 90% 的特征空间。有趣的是，最简单的基线算法 BOW 的性能与基于主题模型的算法 LDA 不相上下，二者性能都明显劣于其他算法。算法 LDA 的性能受限，这主要是因为主题模型受短文本的稀疏性影响较大，而实验所用数据集中的文本（如新闻标题、社交媒体文本等）的长度通常比较短，缺乏充足的内容用于训练生成一个可靠的主题模型。此外，本书尝试将算法 LDA 的主题数量设定为聚类类簇数量或者二倍于聚类类簇数量[10,17]，前者的实验结果优于后者，说明随着主题模型主题数量的增多，聚类效果实际上呈下降趋势。更重要的是，算法 LDA 将文本视为向量空间上的词袋，以从文本中挖掘潜在主题，然而，找到了潜在主题并不等同于"理解"了文本，虽然每个潜在主题被表示成一组词语的组合，但机器无法理解和凝练这组词语背后的概念，也无法感知这些概念的属性以及关联[17]，导致以算法 LDA 为代表的基于主题模型的算法因无法挖掘深层语义而在短文本上的效果较差。相较于算法 LDA，基于维基百科的算法 ESA 的性能有所提升，这也证明了引入外部知识库资源对于实现概念映射的重要性。但是算法 ESA 性能依然不如概率概念化算法（算法 IJCAI$_{11}$、算法 IJCAI$_{11}$+CL、算法 IJCAI$_{15}$ 和算法 Co-Rank 等），主要原因可以解释为以下两个方面：一方面，本书所研究的短文本篇幅较短，导致算法 ESA 无法产生从给定文本到维基百科文章的可靠映射；另一方面，相较于知识库 Probase，知识库 Wikipedia 的概念空间覆盖范围不够大。

此外，几乎所有算法都能够在数据集 WikiFirst 和数据集 NewsTitle 上取得不错的效果，但是都在数据集 Twitter 上出现性能下降，尤其以算法 LDA 的性能下降最为严重。这种现象主要归因于数据集 Twitter 中的数据相较而言更具挑战性，因为以推文为代表的社交媒体文本的噪声大、稀疏性明显以及歧义性普遍。此外，各算法在数据集 WikiFirst 上性能受限的原因在于该数据集的类目数量较多、类目多样性较强，而且很多类目之间的相关性较强。例如，类目 Film_actor、Award_winner、Film_music_contributor 等非常相近，即使由人工来进行分类也很困难。

作为短文本概率概念化研究的开山之作，算法 IJCAI$_{11}$ 和算法 IJCAI$_{11}$+CL 仅利用了从概念到词语的单向关系，并且基于相似性对概念和词语进行分别聚类。然而，上述聚类过程和概念推理过程是分离的，而且在概念推理过程中忽略了词语之间以及概念之间的交互作用，也忽略了词语与概念之间有益的相互反馈，导致实验结果并不理想。作为目前性能最好的基线算法，算法 IJCAI$_{15}$ 虽然在数据集 WikiFirst 和数据集 NewsTitle 上表现良好，但是无法在数据集 Twitter 上取得理想结果。这主要是因为算法 IJCAI$_{15}$ 十分依赖于依存句法分析（如"动词–名词"搭配、"形容词–名词"搭配等），然而社交媒体文本由于篇幅简短和书写不规范等原因，通常无法提供上述信息。相反，算法 Co-Rank 能有效避免上述问题。虽然算法 Co-Rank 和算法 IJCAI$_{15}$ 都是基于随机游走策略，但是算法 Co-Rank 与算法 IJCAI$_{15}$ 的区别表现在很多方面。例如，在算法 Co-Rank 中，概念和词语能够相互调整、共同完善，而算法 IJCAI$_{15}$ 却存在独立假设和单向假设。此外，算法 IJCAI$_{15}$ 依赖于从大规模语料中挖掘词语之间的修饰关系（如"形容词–名词"关系等），计算时间开销比较大。实验结果的差异佐证了上述算法原理上的区别，充分证明了概念和词语之间交互排序的效用和意义。此外，相较于其他基于 Co-Ranking 策略的基线算法（算法 Co-Rank$_{AD}$）的实验结果提升，说明了算法 Co-Rank 引入关联函数的必要性，其能够实现全局统计信息和局部上下文启发式信息的充分利用和融合，也证明了其所设计的关联矩阵 M 能够对语义关联强度进行更有效建模：在构建异构语义网络 G 的关联矩阵 M 的时候，同时使用了全局信息（来自大规模语料的统计信息）和局部信息（在当前上下文语境中的启发式信息），而其中的局部信息体现在关联函数。表 7–3 列举了包含关联函数的 Co-Ranking 框架（记作 Co-Rank）和去除关联函数的 Co-Ranking 框架（记作 Co-RankNT）的性能。从 Co-Rank 中去除关联函数 $\tau(c_i, c_j, w_k)$、关联函数 $\sigma(w_i, w_j, c_k)$ 和关联函数 $\varphi(w_i, w_k, c_j)$，即可得到 Co-RankNT。

表 7–3 展示了算法 Co-Rank 和算法 Co-RankNT 在文本聚类实验上的实验结果对比。实验结果显示，这两个方法均取得不错的效果，而引入关联函数后，算法的性能得到一定提升。这种在真实世界数据集上的实验结果同样验证了 Co-Ranking 框架背后的假设，即排序过程蕴含着不同类型元素之间存在一种交互增强关系。实验结果证明，需要引入关联函数。这是因为，局部信息能够提升针对普遍存在的一词多义现象的甄别能力。

表 7–3　包含关联函数和去除关联函数的 **Co-Ranking** 框架的性能对比

算法	集 NewsTitle			数据集 Twitter			数据集 WikiFirst		
	Purity	ARI	NMI	Purity	ARI	NMI	Purity	ARI	NMI
Co-RankNT	0.776	0.716	0.851	0.425	0.402	0.438	0.354	0.500	0.633
Co-Rank	**0.795**	**0.738**	**0.876**	**0.457**	**0.433**	**0.482**	**0.369**	**0.521**	**0.659**

本书同样验证了不同算法收敛时的迭代次数，图 7-9 展示了不同算法在数据集 NewsTitle、数据集 Twitter 和数据集 WikiFirst 的收敛情况。实验结果显示：相较于其他基于 Co-Ranking 策略的算法（Co-Rank$_{AD}$），算法 Co-Rank 达到收敛状态所需的迭代次数更少；算法 IJCAI$_{11}$ 的收敛速度虽然最快，但是其性能欠佳；算法 IJCAI$_{15}$ 的收敛速度慢于算法 Co-Rank，而且算法 IJCAI$_{15}$ 前期需要花费大量时间来从大规模语料中挖掘不同类型的词语之间的修饰关系信息。纵观各对比算法在不同数据集上的收敛性能，各算法在数据集 NewsTitle 和数据集 WikiFirst 上的收敛速度普遍快于在社交媒体类文本数据集 Twitter 上的收敛速度。

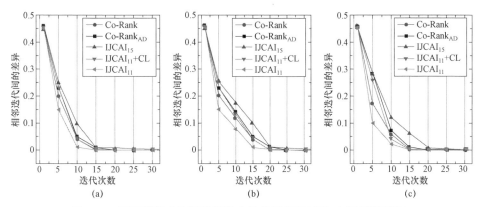

图 7-9　不同算法在不同数据集上的收敛情况对比（书后附彩插）

（a）数据集 NewsTitle；（b）数据集 Twitter；（c）数据集 WikiFirst

2. 概念化质量评估实验结果分析

表 7-4 所示为各算法在 P@5（k_C 取 5）和 P@10（k_C 取 10）度量指标下的实验结果。实验结果显示，Co-Ranking 框架能够在所有度量指标下均取得最高准确率，尤其是在 P@5 度量指标下。相较于最优基线算法 IJCAI$_{15}$，算法 Co-Rank 在 P@5 和 P@10 上分别提升了 7.3% 和 8.2%。

表 7-4　手工标注数据集上概念化质量评估任务的实验结果

度量指标	IJCAI$_{11}$	IJCAI$_{11}$ + CL	IJCAI$_{15}$	Co-Rank（本文）
P@5	0.319±0.019	0.329±0.037	0.448±0.027	**0.481**±0.035
P@10	0.340±0.027	0.358±0.032	0.457±0.025	**0.495**±0.029

表 7-5 列举了一些包含歧义词的短文本的概念化结果（使用算法 Co-Rank）。其中，概念按照排序得分 δ_C 降序排列，词语（即关键词）按照排序得分 δ_W 降序排列。例如，给定短文本 "Google announced its IPO"，其包含的多义词 "Google" 从属于概念 COMPANY（公司）和 SEARCH ENGINE（搜索引擎），由于上下文词语 "IPO" 的消歧作用，概念 COMPANY 会被以较高置信度赋予该短文本；同

理，给定短文本"Microsoft unveils office for Apple's ipad"，由于上下文语境中存在非歧义词"Microsoft"，因此词语"Apple"的概念倾向于 COMPANY（公司）或者 BRAND（品牌），而不是 FRUIT（水果）。

表 7-5　短文本概念化示例

短文本示例	概念	关键词
Microsoft unveils office for Apple's ipad	COMPANY；BRAND；PRODUCT	Apple；Microsoft；ipad
Google announced its IPO	COMPANY；STOCK；FINANCE	Google；IPO；announce
a terrorist group bombed trains in Madrid	CRIMINAL；WEAPON；ENEMY	terrorist；bomb；Madrid

7.4.3　问题与思考

短文本概念化研究面临诸多挑战，主要体现在：长文本（如一篇文章等）包含丰富的文本内容信息，有助于词义和句法消歧，还有助于构建可靠的统计分析模型，但短文本缺乏充足和完整的句法结构及语义信息用于句法分析和主题建模。

综上，将现有短文本概念化表示研究存在的问题和不足概述如下。

（1）**容易产生过度泛化的概念**。传统朴素贝叶斯方法容易不加甄别地提升与给定短文本中所有词语都相关现的概念，而丢失只与部分重要词语匹配的概念。在极端情况下，只有那些泛化和模糊的概念（如概念 TOPIC、概念 THING 等）才会被识别出来，因为这些概念几乎与给定短文本中所有词语都存在相关或者共现关系[10]。然而实际上，那些与给定短文本中部分核心词语匹配的概念，往往能更加具体且更好地描述给定短文本。换言之，挖掘当前短文本语境中的上下文关键词，有助于短文本概念化。

（2）**独立假设限制对多类型语义关联关系的充分利用**。现有短文本概念化算法假设给定短文本中的所有可观察到的词语都是条件独立的[5,8,17,72]，而忽略了概念之间、词语之间的交互以及概念与词语之间的有益的相互反馈。然而，在实际应用中，这个假设并不总是成立的[10,77]。

（3）**难以降低一词多义现象对概念化结果的影响**。以 Song 等[17]为代表的研究工作没有采用词语消歧和充分利用词语关系，难以从一词多义词语的众多候选概念中遴选出正确概念，这成为制约概念化准确率提升的关键因素。上下文语境信息通常可被用于实现消歧，而短文本篇幅较短、上下文信息较匮乏，以往很多短文本概念化研究对上下文信息的消歧能力利用不力[4,8,10]。

（4）**难以对给定短文本生成全局概念表达**。现有很多方法只为给定短文本中的每个词语 w（或词语类簇）分别生成相关概念，其目标函数是 $\arg\max_c \mathcal{P}(c \mid w)$，对词语 w（或词语类簇）所能映射到的概念进行排序，最终生成 top-N 个概念，而不同词语（或词语类簇）的概念列表之间完全互斥、没有关联[5,11,16]。因此，这些算法无法为整个短文本生成能够表征该短文本全局（Global）语义的概念集合。

（5）**句法结构分析在短文本上难以奏效**。虽然 Wang 等[5]、Hua 等[72]和 Song 等[10]尝试引入词语关系来增强语义表达，但是这些工作严重依赖于依存句法分析，而依存句法分析对句法结构不完备的短文本来说很难奏效。

综上，为了解决上述问题，当前短文本概念化表示研究领域研究正在尝试设计一个全新框架，以确保各种类型语义信息能够充分融合，着重协同考虑概念之间（以及词语之间）的交互以及概念与词语之间的交互。例如，依托 Co-Ranking 框架来全面解决上述问题。

此外，异构网络分析近年来开始引发学术界和产业界的广泛研究[115-116,134]。短文本概念化研究所使用的语义网络本质上也是一个异构网络（Heterogeneous Network），因为其包含不同类型的节点（概念和词语等）和不同类型的连边（概念之间的连边、词语之间的连边、概念与词语之间的连边等）。因此，异构网络分析的相关理论及算法在短文本概念化研究上存在一定的应用价值。对被网络所联结的个体进行排序，一直以来在社交媒体运维和商业营销推广领域有着重要且深入的应用，如搜索引擎、推荐系统、意见领袖（或影响力用户）挖掘等。很多著名的排序算法（如 PageRank 算法[22]、HITS 算法[24]等）受限于解决同构网络（Homogeneous Network）中的上述问题，而对异构网络无能为力。然而，在现实世界应用中，我们需要综合考虑多种类型的个体和关系，如学术网络包括论文隶属关系、合著关系、引用关系等关系。为了解决这个问题，近年来对异构网络中不同类型的个体进行联合排序（Co-Ranking）的研究逐渐受到重视[115-117,122,135]，被应用于学术网络影响力论文和影响力作者识别[122]、微博推荐[136]、电商评价搭配抽取[137-139]、消费意图挖掘[140]等应用任务。Co-Ranking 策略能够充分利用隐含在异构网络中的丰富的附加信息，在众多应用和任务中得到了广泛应用。实质上，Co-Ranking 策略背后的原理可以概述为：这种联合排序过程蕴含着不同类型实体之间相互增强和调整的关系。因此，当前越来越多的研究将 Co-Ranking 策略引入短文本概念化研究，使多类语义信息（即词语和概念之间各种类型的关联关系）能够充分融合，以便为短文本产生更加可靠的概念化表达。

7.5　本　章　小　结

针对以往短文本概念化研究存在的对词语和概念之间多类型关联关系利用不足、无法生成面向给定短文本全局的概念表达、难以降低一词多义现象对概念化结果的影响等问题，基于联合排序框架的短文本概念化算法依托一个迭代过程，并运行在概念关联网络（G_C）、词语关联网络（G_W）和从属网络（G_{wc}）

所构成的异构语义网络上，能够对词语及其相关概念进行联合排序，可实现对于词语之间关联关系、概念之间关联关系和词语与概念之间关联关系等多类型语义信息的充分利用和融合，从而实现全局统计信息和局部上下文启发式信息的充分利用和融合。除了能够生成针对给定短文本的概念表达，该算法还能同时挖掘给定短文本中的关键词，这是以往短文本概念化算法所不具备的功能。在真实世界网络数据上的实验结果充分证明，联合排序框架比现有最优基线算法更有效、更灵活，且计算复杂度较低、收敛较快。

本章所研究的短文本概念化算法为第 8 章和第 9 章的相关研究内容提供支撑：在第 8 章介绍的短文本向量化表示研究中，短文本概念化结果被引入短文本向量化建模过程，以提升短文本向量的语义表达能力和甄别能力；在第 9 章中的微博检索研究中，短文本概念化算法发挥桥梁作用，将外部知识库中的知识引入面向微博检索查询扩展的伪相关反馈框架，以实现对篇幅简短、稀疏性明显的查询和推文的语义信息扩充，同时实现对微博环境噪声的过滤。

第8章

短文本向量化表示建模

8.1 引　言

短文本向量化表示建模研究属于短文本隐式表示建模研究范畴。文本向量化表示研究能将文本转化成可计算的定长向量，在很多自然语言处理任务（如文本分类[141-143]、文本相似度计算[144-146]、自动问答[147-148]、文本蕴含[149]、情感分析[150]等）中发挥着重要作用。根据粒度（即篇幅）的不同，"文本"可以分为句子、段落和篇章等，已有相关工作基于神经网络对上述不同粒度的"文本"分别进行向量化表示研究。基于前文，短文本通常是指长度较短的文本，按照粒度不同可以分为一个篇幅简短的段落、一句话、一个短语等形式。本章以研究句子形式的短文本为主，探索面向短文本的向量化表示方法，为了方便表述，本章使用"句子"代指"短文本"，即**重点研究句子粒度的文本向量化表示（即生成句向量），又称"句嵌入"**（Sentence Embedding），旨在将短文本表示为可以输入机器进行计算的抽象形式。近年来，很多研究尝试使用深度神经网络（Deep Neural Network，DNN）来学习句子向量化表示（此类研究通常被称为"句嵌入"）。这类基于深度学习的方法达到了目前句嵌入研究的最好结果，并广泛应用于文本分类、文本聚类和文本匹配等研究工作和应用中。

8.2 问 题 描 述

给定短文本 $s = \{w_1, w_2, \cdots, w_l\}$，其中，$w_i$ 表示词语，$i = 1, 2, \cdots, l$，l 表示短文本长度（即词语数量）。短文本向量化表示建模旨在生成 d 维向量 s 来对短文本 s 的语义进行表示。对于本书重点研究的基于短文本概念化的短文本向量化表示建模，问题可以进一步描述为：给定短文本 $s = \{w_1, w_2, \cdots, w_l\}$ 及其概念分布 ϕ_C，短文本向量化表示建模旨在生成 d 维向量 s 来对短文本 s 的语义进行表示。

8.3 短文本向量化方法

8.3.1 基于词袋模型的短文本向量化方法

在传统文本向量化表示领域，独热（One-Hot）方法被广泛应用，如词袋（Bag-of-Words，BOW）模型[18]。使用传统的 One-Hot 模型表示文本时，文本向量维度通常设置为词表中的词语总数，每一维度代表相应词语在文本中是否出现，该维度的值通常使用 "0/1" 表示方法（若该词语在文本中出现，则使用 "1"；否则使用 "0"）或者使用 "0/TF-IDF" 表示方法（若该词语在文本中出现，则使用其在文本中的 TF-IDF 值；否则使用 "0"）。但是这种句子表示方法仅仅将词语符号化，不包含任何语义信息，无法利用语义信息以及词语间关系信息，且存在严重的维度灾难问题。

基于词袋模型的短文本向量化方法是实现短文本向量化的最直观简捷的方法，概述如下。给定短文本 $s = \{w_1, w_2, \cdots, w_l\} \in \Delta$，生成短文本向量 $s = \{\text{TF-IDF}_i \mid i = 1, 2, \cdots, |\mathbb{V}|\}$，其向量维度为 $|\mathbb{V}|$。计算过程如下：初始置 $s = 0$，即 $\text{TF-IDF}_i = 0$（$i = 1, 2, \cdots, |\mathbb{V}|$）；在数据集 Δ 上运行基于词频-逆文档频率的向量空间模型；如果 $w_i \in s$，则 $\text{TF-IDF}_i = \text{TF-IDF}(w_i, s)$。其中，$\Delta$ 表示语料库，$\mathbb{V}$ 表示词典（$|\mathbb{V}|$ 表示词典规模大小）。

8.3.2 基于段向量模型的短文本向量化方法

近年来，随着深度学习技术的深入研究，基于神经网络的方法已经在文本向量化表示中取得最优效果[14,90,143-144,151-156]，其中大部分研究都受词嵌入研究[39]启发。Le 等[14]在传统神经网络语言模型的基础上提出段向量（Paragraph Vector，PV）模型，将任意长度的文本表示成向量，该模型被训练用于预测文档中的词语。

该研究受词向量的学习过程启发：在词向量的训练过程中，词向量被要求用于 "预测" 句子中的下一个词语。虽然词向量是随机初始化的，但该预测过程能够为每个词向量赋予语义含义。因此，该研究同样要求段向量能够 "预测" 从段落中采样得到的许多上下文片段。段向量的框架如图 8-1 所示，将每个段落映射成一个唯一的向量，表示为矩阵 D 的一列；将每个词语也映射成一个唯一向量，表示为词向量矩阵 W 的一列。段向量或者词向量被平均（Average）或者拼接（Concatenate），以预测当前上下文语境的下一个词语。

上述 "预测" 过程可以建模成一个多标签分类器。以 Softmax 为例，给定词语序列 $\{w_1, w_2, \cdots, w_T\}$，用上下文语境词语预测中心词语的概率可以表示为

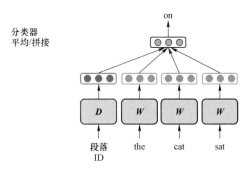

图 8-1　段向量模型架构图（书后附彩插）

$$\mathcal{P}(w_t \mid w_{t-k}, \cdots, w_{t+k}) = \frac{e^{y_{w_t}}}{\sum\limits_i e^{y_{w_i}}} \tag{8-1}$$

记 $\boldsymbol{y} = [y_{w_1}, y_{w_2}, \cdots, y_{w_T}]$，则

$$\boldsymbol{y} = \boldsymbol{U} h(w_{t-k}, \cdots, w_{t+k}, d; \boldsymbol{W}, \boldsymbol{D}) + \boldsymbol{b} \tag{8-2}$$

式中，$\boldsymbol{U}, \boldsymbol{b}$——Softmax 参数；

$h(w_{t-k}, \cdots, w_{t+k}, d; \boldsymbol{W}, \boldsymbol{D})$—— $\boldsymbol{h}$ 是由上下文语境词向量和段向量通过平均或者拼接形成的。

在上述建模过程中，段落 ID 被视为另一个词语，起到记忆器的作用，由于其能记忆当前上下文语境所缺失的内容，因此该模型又被称为面向段向量的分布式存储模型。上下文语境的长度固定，通过一个滑动窗口在段落上采样得到。段向量在不同的上下文语境片段之间保持恒定，因此可实现段向量对不同的上下文语境片段的共享。词向量矩阵 $\boldsymbol{W}$ 在不同的段落之间是共享的，例如，词语"cat"的向量表示对于所有段落都是已知的。在图 8-1 的示例中，段向量和包含三个词语的上下文被平均或者拼接，以预测第四个词语。

整体而言，段向量模型包含两个阶段：训练阶段；推理阶段。

在训练阶段，该研究在已知可观测的段落上，使用基于反向传播的随机梯度下降方法来训练段向量矩阵 $\boldsymbol{D}$ 和词向量矩阵 $\boldsymbol{W}$、Softmax 权重（$\boldsymbol{U}$ 和 $\boldsymbol{b}$）。随机梯度下降方法的每一步均从一个随机的段落中采样固定长度的上下文语境片段，并计算网络结构的误差梯度，最终使用地图来更新模型参数。

在推理阶段，该模型旨在对于一个新的段落执行推理步骤，从而计算生成段向量。首先，为段向量矩阵 $\boldsymbol{D}$ 增加相应的列（对应于这个新的段落）；然后，通过随机梯度方法，在保持模型的其他部分的参数、词向量矩阵 $\boldsymbol{W}$ 和 Softmax 权重（$\boldsymbol{U}$ 和 $\boldsymbol{b}$）等固定的前提下，完成在段向量矩阵 $\boldsymbol{D}$ 上的梯度下降。

假设语料库中共包含 N 个段落，词典中共包含 $|\mathbb{V}|$ 个词语，如果需要将每个段落映射成 p 维向量、将每个词语映射成 q 维向量，则该模型的参数规模为 $N \times p + |\mathbb{V}| \times q$（不含 Softmax 参数）。虽然当 N 比较大时会导致模型的参数规模

较大，但是训练过程中的更新过程相对稀疏，所以模型的效率有保障。

段向量一经训练完成，就可以被用作段落的一个特征，进而可以服务于其他传统机器学习模型（如逻辑回归、支持向量机、k–均值等）。该模型的一个重要优势是能从没有标签的数据上学习得到，因而可以胜任很多没有充足标注数据的任务。段向量克服了传统基于词袋模型的短文本向量表示方法的弱点。首先，段向量模型继承了词嵌入模型的性质——词语的语义。例如，在语义空间中，词语"powerful"相较于"Paris"距离"strong"更近。其次，段向量模型能够考虑并建模上下文语境片段中的语序（Word Order），能完成 N–gram 语言模型在 N 比较大的时候才能完成的任务。在这种意义上，段向量模型要优于词袋 N–gram 语言模型，因为一个 N–gram 语言模型的词袋往往会产生一个难以泛化的高维表示。但是，该方法仅利用文本字面信息，而忽略了诸如文本主题、文本概念等语义信息，而且该模型在隐含层计算开销比较大。

8.3.3　基于主题模型的主题化句嵌入方法

Liu 等[90]利用主题模型为语料库中的每个词语施加主题信息，以辅助增强对多义词的区别能力，进而基于这些词语及其主题来学习得到主题化词嵌入（Topic Word Embedding，TWE）和主题化句嵌入（Topic Sentence Embedding，TSE）。该研究将主题模型引入传统训练词向量的 Skip–Gram 模型来增强词向量和短文本向量的语义表达能力，提出基于主题的主题化词向量，并使用主体化词向量完成句子建模。其对句子 s 的向量化建模方式为 $s = \sum_{w \in s} \mathcal{P}(w|s) \times \boldsymbol{w}$，其中 $\boldsymbol{w}$ 表示词语 w 的词向量，$\mathcal{P}(w|s)$ 表示词语 w 在句子 s 中的 TF–IDF 值，即在这种句向量表示过程中，以 TF–IDF 值作为词向量的权重。

大多数传统词向量表示学习方法通常将每个词语表示成单个向量，但这无法处理普遍存在的同音异义和一词多义的情况；忽略了上下文语境信息，但实际上很多词的意义解析都依赖于其上下文。为了提高区分能力，受多原型向量空间模型（Multi-Prototype Vector Space Model）影响，本研究以 Skip–Gram 模型为基础，将使用潜主题模型（如 LDA 模型）来为语料库中每个词语赋予主题，并基于这些词语及其对应的主题信息来学习主题词向量——这是一种上下文词向量（Contextual Word Embedding），有助于基于余弦相似度、皮尔逊相关系数等策略衡量不同词语在不同上下文语境下的相似度。进一步，聚合给定短文本中所有词语的主题词向量来构建主题短文本向量，实现对给定短文本的向量化语义表达，这比基于传统主题模型（如 LDA 模型等）的短文本向量表示模型更有表现力。该研究允许词语在不同主题下拥有不同的向量表示形式。例如，词语"apple"在主题"food"下指一种水果，在主题"information technology"下指 IT 公司。

首先，使用 LDA 模型来获得词语主题；然后，执行 Gibbs 采样来迭代地为

每个词语赋予潜主题。通过这种方式，给定短文本 $s = \{w_1, w_2, \cdots, w_{|s|}\}$，LDA 模型收敛后，每个词语 w_i 被划归为一个特定主题 z_i，进而形成词语－主题对 $\langle w_i, z_i \rangle$，用于生成主题词向量。该研究共设计了以下三个主题词向量模型。

- TWE－1 模型：将每个主题视为伪词语（Pseudo Word），词语与其主题分离，同步地分别进行学习，最终基于词向量和主题向量构建词语－主题对 $\langle w_i, z_i \rangle$ 的主题词向量。
- TWE－2 模型：将词语－主题对视为伪词语，考虑词语和主题之间的交互，直接学习主题词向量。该模型面临稀疏性挑战，因为每个词语的出现被严格地限定在不同主题中。
- TWE－3 模型：对甄别能力和稀疏性进行平衡折中，主题向量会影响相应词向量，并降低同一主题下的词语判别性。

图 8－2 表示上下文语境窗口规模为 3 的情况，w_{i-1} 和 w_{i+1} 表示目标词语 w_i 的上下文词语，蓝色圆圈表示词语嵌入表示，绿色圆圈表示主题嵌入表示。

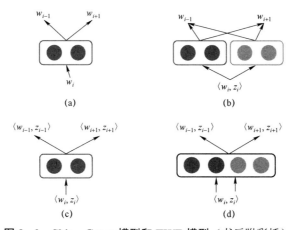

图 8－2　Skip－Gram 模型和 TWE 模型（书后附彩插）
（a）Skip－Gram 模型；（b）TWE－1 模型；（c）TWE－2 模型；（d）TWE－3 模型

1. TWE－1 模型

TWE－1 模型旨在系统地学习词语和主题的向量表示。对于每个词语及其主题 $\langle w_i, z_i \rangle$，TWE－1 模型的目标函数定义为如下平均对数概率的形式：

$$\mathcal{L}(s) = \frac{1}{|s|} \sum_{i=1}^{|s|} \sum_{-k \leqslant j \leqslant k,\, j \neq 0} \ln \mathcal{P}(w_{i+j} \mid w_i) + \ln \mathcal{P}(w_{i+j} \mid z_i) \qquad (8-3)$$

与传统 Skip－Gram 模型仅使用目标词语 w_i 来预测上下文语境词语的方式不同，TWE－1 模型同时利用了目标词语的主题 z_i 来预测上下文语境词语。TWE－1 模型的基本思想是把每个主题视为出现在属于该主题的所有词语位置上的伪词语（Pseudo Word）。因此，主题向量能够表征在该主题下词语的整体语义。

通过拼接词语 w_i 和主题 z_i 的向量 $\boldsymbol{w}_i$、$\boldsymbol{z}_i$ 来获得主题 z_i 下的词语 w_i 的主题词向量 $\boldsymbol{w}_i^{z_i}$，如下：$\boldsymbol{w}_i^{z_i} = \boldsymbol{w}_i \oplus \boldsymbol{z}_i$。对于每个词语 w_i 及其上下文语境 $\mathrm{Context}(w_i)$，TWE$-$1 模型通过将 $\mathrm{Context}(w_i)$ 视为一个文档来推理主题分布 $\mathcal{P}(z_i \mid w_i, \mathrm{Context}(w_i))$：

$$\mathcal{P}(z_i \mid w_i, \mathrm{Context}(w_i)) \propto \mathcal{P}(w_i \mid z_i)\mathcal{P}(z_i \mid \mathrm{Context}(w_i)) \qquad (8-4)$$

基于该主题分布，可以进而生成词语 w_i 在当前上下文语境中上下文词向量：

$$\boldsymbol{w}_i^{\mathrm{context}_i} = \sum_z \mathcal{P}(z_i \mid w_i, \mathrm{Context}(w_i))\boldsymbol{w}_i^{z_i} \qquad (8-5)$$

上述上下文词向量可以用于度量带有上下文语境的词语的语义相似性。给定一对词语及其上下文语境，$(w_i, \mathrm{Context}(w_i))$ 和 $(w_j, \mathrm{Context}(w_j))$，这两个词语之间的相似度可以使用如下公式度量：

$$\mathrm{sim}(w_i, \mathrm{Context}(w_i), w_j, \mathrm{Context}(w_j)) = \boldsymbol{w}_i^{\mathrm{Context}(w_i)} \bullet \boldsymbol{w}_j^{\mathrm{Context}(w_j)}$$
$$= \sum_z \sum_{z'} \mathcal{P}(z \mid w_i, \mathrm{Context}(w_i))\mathcal{P}(z' \mid w_j, \mathrm{Context}(w_j))\mathrm{sim}(\boldsymbol{w}_i^z, \boldsymbol{w}_j^{z'}) \qquad (8-6)$$

式中，$\mathrm{sim}(\boldsymbol{w}_i^z, \boldsymbol{w}_j^{z'})$ 使用余弦相似度计算 $\boldsymbol{w}_i^z$ 和 $\boldsymbol{w}_j^{z'}$ 的语义相似度。

受多原型向量空间模型[157]启发，选择在上下文语境 $\mathrm{Context}(w_i)$ 中的词语 w_i 所能推理得到的最有可能的主题 $\hat{z}_i$ 的主题词向量 $\boldsymbol{w}_i^{\hat{z}_i}$，作为上下文词向量 $\boldsymbol{w}_i^{\mathrm{Context}(w_i)}$，即

$$\boldsymbol{w}_i^{\mathrm{Context}(w_i)} = \boldsymbol{w}_i^{\hat{z}_i} \qquad (8-7)$$

$$\hat{z}_i = \arg\max_z \mathcal{P}(z \mid w_i, \mathrm{Context}(w_i)) \qquad (8-8)$$

上下文词语相似度定义为

$$\mathrm{sim}(w_i, \mathrm{Context}(w_i), w_j, \mathrm{Context}(w_j)) = \boldsymbol{w}_i^{\hat{z}_i} \bullet \boldsymbol{w}_j^{\hat{z}_j} \qquad (8-9)$$

$$\hat{z}_j = \arg\max_z \mathcal{P}(z \mid w_j, \mathrm{Context}(w_j)) \qquad (8-10)$$

TWE$-$1 模型通过对当前短文本 s 的所有词语的主题词向量进行平均来生成短文本向量：

$$\boldsymbol{s} = \sum_{w_i \in s} \mathcal{P}(w_i \mid s)\boldsymbol{w}_i^{z_i} \qquad (8-11)$$

式中，$\mathcal{P}(w_i \mid s)$ 表示权重，可以使用词语 w_i 在短文本 s 中的词频－逆文档频率表示。

2. TWE$-$2 模型

主题模型基于词语语义将不同词语划归不同主题，在不同主题下，同一词语可能有不同含义。在语义空间中，一个词语的不同含义需要对应不同的、有区分度的向量。TWE$-$2 模型将每个词语－主题对视为伪词语，并学习一个唯一的向量。

TWE-2 模型的目标函数定义为如下平均对数概率的形式：

$$\mathcal{L}(s) = \frac{1}{|s|} \sum_{i=1}^{|s|} \sum_{\substack{-k \leqslant j \leqslant k \\ j \neq 0}} \ln \mathcal{P}\left(\langle w_{i+j}, z_{i+j} \rangle \,|\, \langle w_i, z_i \rangle\right) \qquad (8-12)$$

$$\mathcal{P}\left(\langle w_{i+j}, z_{i+j} \rangle \,|\, \langle w_i, z_i \rangle\right) = \frac{\exp(\boldsymbol{w}_{i+j}^{z_{i+j}} \cdot \boldsymbol{w}_i^{z_i})}{\sum_{\langle w_k, z_k \rangle \in \langle \mathbb{V}, Z \rangle} \exp(\boldsymbol{w}_k^{z_k} \cdot \boldsymbol{w}_i^{z_i})} \qquad (8-13)$$

通过上述建模方式，TWE-2 模型将词语 w_i 的表示分解为 $|Z|$ 部分 $\boldsymbol{w}_i = \sum_{z \in Z} \mathcal{P}(z \,|\, w_i) \boldsymbol{w}_z$。其中，$\mathcal{P}(z \,|\, w_i)$ 可以通过 LDA 模型获得。在该模型中，上下文词向量和上下文词语相似度的计算方式同 TWE-1 模型。短文本向量的计算方式如下：

$$s = \sum_{\langle w_i, z_i \rangle \in s} \mathcal{P}\left(\langle w_i, z_i \rangle \,|\, s\right) \boldsymbol{w}_i^{z_i} \qquad (8-14)$$

3. TWE-3 模型

前述 TWE-2 模型由于把每个词语的出现分解到了多个主题，因此词向量的学习过程相较于传统 Skip-Gram 模型面临更大的稀疏性问题。为了缓解这一问题，TWE-3 模型旨在平衡甄别能力和稀疏性。

对于每个词语-主题对 $\langle w_i, z_i \rangle$，TWE-3 模型通过拼接词语 w_i 和主题 z_i 的向量 $\boldsymbol{w}_i$、$\boldsymbol{z}_i$ 来获得主题 z_i 下的词语 w_i 的主题词向量 $\boldsymbol{w}_i^{z_i}$，如下：$\boldsymbol{w}_i^{z_i} = \boldsymbol{w}_i \oplus \boldsymbol{z}_i$。TWE-3 模型的目标函数与 TWE-2 模型的目标函数相同，不同之处在于：在 TWE-2 模型中，任意两个词语-主题对 $\langle w_i, z_i \rangle$ 和 $\langle w_j, z_j \rangle$ 均拥有独立的参数，而在 TWE-3 模型中，这两个词语-主题对共享词向量和主题向量。TWE-3 模型的上下文词向量的计算方式和短文本向量的计算方式，都与 TWE-1 模型的相同。

采用 Skip-Gram 模型的优化策略来完成 TWE 模型的训练过程，使用随机梯度下降方法实现优化过程，使用反向传播算法计算梯度。

在初始化阶段，对于 TWE-1 模型，首先使用 Skip-Gram 模型来预训练词向量，然后使用被分配到某主题的词语的词向量的平均来初始化该主题对应的主题向量（在学习主题向量的过程中，保持词向量不变）；对于 TWE-2 模型，使用来自 Skip-Gram 模型的词向量来初始化每个词语-主题对的向量；对于 TWE-3 模型，使用来自 Skip-Gram 模型的词向量来初始化词向量，使用来自 TWE-1 模型的主题向量来初始化主题向量。

随着词向量表示在自然语言处理研究诸多任务中取得应用，学者们开始探索如何基于词向量进行句向量表示。基于词向量拼接的方式获得句向量，也是最直观、最简单的研究思路。通常采用的策略包括句子所包含的词语的词向量加权平均、词向量加权求和等。

需要注意的是，Liu 等[90]所提出的句嵌入模型，均由训练得到的词向量加权平均得到。同样基于"词向量加权平均获得句向量"策略，Kenter 等[144]通过将对"加权平均得到的句向量"的对比引入模型的损失函数，直接面向"词向量累加平均得到句向量"这个最终目标来优化传统词向量的训练，提出面向句嵌入的词向量训练模型 Siamese CBOW 模型，训练得到的词向量直接被用于加权平均得到句向量；Wieting 等[158]提出一种映射策略来由词向量生成句向量，其建模方式为 $s = W_{proj} \times \left((1/|s|) \cdot \sum_{w \in s} w \right) + b$，其中 W_{proj} 和 b 分别表示映射矩阵和偏置向量，w 表示词语 w 的词向量。Wang 等[159]将人类阅读习惯引入注意力机制，学习句向量表示，其建模方式为 $s = (1/|s|) \times \sum_{w \in s} \text{attention}(w) \times w$，其中 $\text{attention}(w)$ 表示词语 w 在句子 s 中的基于人类阅读习惯注意力值，即以注意力值作为权值对词向量进行加权平均。类似通过词向量（加权）平均来得到句向量的相关工作还有文献[154，160－162]等。

8.3.4　基于卷积神经网络的短文本向量化方法

很多研究已经证明，在深度学习框架[163]下，许多经典神经网络模型，例如卷积神经网络（Convolutional Neural Network，CNN）模型[161,164-166]、递归神经网络（Recursive Neural Network，RecursiveNN）模型[151,158,167]、循环神经网络（Recurrent Neural Network，RecurrentNN）模型[168-170]等，可以将词向量序列有效地编码成短语向量或者句向量[94]。卷积神经网络利用含有卷积滤波器的层，擅长捕捉局部相关性，即提取句子中类似 $N-Gram$ 的关键信息。卷积神经网络最初是针对计算机视觉和图像分析任务而发明的，后来被引入自然语言处理领域并取得良好效果，在某些应用任务中得到了相较于传统自然语言处理模型更加优异的结果。

基于卷积神经网络的短文本向量化方法往往是面向某个特定自然语言处理而设计的，例如文本分类任务的 TextCNN 模型。TextCNN 模型首先将短文本映射成向量，然后利用多个滤波器来建模感知输入文本的上下文语境中的局部语义信息；随后，执行最大池化过程，捕捉最重要的特征；最终将这些特征输入全连接层，生成分类标签的概率分布。该模型仅需要很少的超参数和静态向量，就可以在很多数据集上均取得较好的效果，并且经过微调学习特定于任务的向量可以进一步提高性能。此外，该模型因具有计算速度快以及可并行执行等特点，在产业界得到了推广和使用，被广泛应用于文本分类和情感分析等任务。

模型架构是基于 Collobert 等[171]提出的 CNN 架构的变体，如图 8－3 所示。

令 $w_i \in \mathbb{R}^k$ 表示句子中第 i 个词语所对应的 k 维词向量。图 8－3 最左侧矩阵的维度是 $n \times k$，每一行表示一个 k 维词语，该图表示长度为 n 的句子的卷积过程。

长度为 n 的句子表示为

$$w_{1:n} = w_1 \oplus w_2 \oplus \cdots \oplus w_n \qquad (8-15)$$

式中，$\oplus$ 表示拼接操作。通常而言，$w_{i:i+j}$ 指的是词向量 $w_i, w_{i+1}, \cdots, w_{i+j}$ 的拼接。

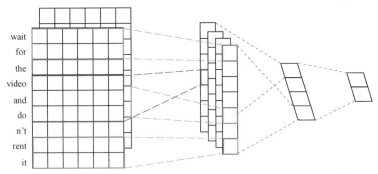

图 8-3 基于卷积神经网络的短文本向量化模型架构（书后附彩插）

卷积操作包括一个滤波器 $w \in \mathbb{R}^{h \times k}$，该滤波器被应用于规模为 h 的文本词语窗口来生成新的特征。例如，图 8-3 中红色线部分表示文本词语窗口大小为 2，每次选择 2 个词语进行特征提取；黄色线部分表示文本词语窗口大小为 3，每次选择 3 个词语进行特征提取——文本窗口规模大小表示每次作用几个词语，反映在图 8-3 则表示滤波器一次性遍历几行。例如，通过词语窗口 $x_{i:i+h-1}$ 生成特征 ω_i：

$$\omega_i = f(W \cdot w_{i:i+h-1} + b) \qquad (8-16)$$

式中，$b \in \mathbb{R}$ 表示偏差；函数 $f(\cdot)$ 表示一个非线性函数（例如双曲正切函数）。

将滤波器应用于句子中所有可能的文本词语窗口 $\{w_{1:h}, w_{2:h+1}, \cdots, w_{n-h+1:n}\}$，来产生一个特征映射（Feature Map）向量：

$$\omega = [\omega_1, \omega_2, \cdots, \omega_{n-h+1}] \in \mathbb{R}^{n-h+1} \qquad (8-17)$$

在该特征映射向量上应用最大超时池化（Max-Overtime Pooling）操作，然后取最大值 $\hat{\omega} = \max\{\omega\}$ 作为该特定滤波器所对应的特征。该操作的目的在于为每个特征映射向量捕捉最主要的特征。池化层的输出为各个特征映射的最大值，并组成一个一维向量。池化策略能有效地处理多变句子长度的问题。

上文已经描述了从一个滤波器中抽取一个特征的过程。该模型使用面向可变窗口规模的多元滤波器来获取多元特征。这些来自倒数第二层的特征被输入全连接的 Softmax 层，该 Softmax 层的输出是在所有分类标签上的概率分布。

该模型的一个变体常识为词向量配备"双通道"：第一个通道在训练过程中保持静态特性，即词向量是固定不变的；第二个通道则在反向传播过程中实现微调，即词向量并不是固定不变的，而是在模型训练过程中作为可优化的参数并在反向误差传播过程中被调整。在多通道模型架构中（图 8-3），每个滤波器被应用于所有通道，将所有结果相加来计算 ω_i。在计算机视觉研究领域，通常可以利用红色、绿色、蓝色作为不同的通道，而在自然语言处理领域通常采用不同的词向量生成方式来作为不同通道。例如，该模型中使用静态词向量和非静态词向量作为不同通道。

正则化（Regularization）过程在倒数第二层使用 Dropout 方法，并施加权重向量 $\boldsymbol{\mu}$ 的 l_2 范式约束。Dropout 方法在正向反向传播过程中，通过随机丢弃一定比例 p 的隐含层单元（即随机设置为 0）的方式来防止隐含层单元自适应，从而减轻过拟合程度。也就是说，假如共有 m 个过滤，给定倒数第二层 $z=[\hat{\omega}_1,\hat{\omega}_2,\cdots,\hat{\omega}_m]$，则 Dropout 方法不再使用下式来在正向传播过程中产生单元 y 的输出：

$$y = \boldsymbol{\mu} \cdot z + b \qquad (8-18)$$

而是使用下式来为单元 y 产生输出：

$$y = \boldsymbol{\mu} \cdot (z \circ r) + b \qquad (8-19)$$

式中，$\circ$ 表示按元素的乘法操作；$r \in \mathbb{R}^m$，是伯努利随机变量的遮挡向量（将 p 置为 1）；梯度仅通过未遮挡的单元反向传播。

在测试阶段，学习到的权重向量通过比例 p 来进行伸缩处理：$\hat{\boldsymbol{\mu}} = p\boldsymbol{\mu}$，$\hat{\boldsymbol{\mu}}$ 被用于对测试集中的句子进行打分。

虽然卷积神经网络模型能够捕捉局部相关性，但其往往难以确定针对具体任务的网络层级和神经元数量；此外，难以应对训练数据集与测试数据集数据分布不一致的情况。

8.3.5 基于递归神经网络的短文本向量化方法

递归神经网络（Recursive Neural Network，RecursiveNN）模型[151,158,167]通常自底向上地基于句法分析树的结构逐层生成短语级、句子级的向量表达，能够有效建模短文本中的词语的组合，但是受限于句法分析的准确率。

Chen 等[142]提出一个基于门控递归神经网络的短文本向量化模型，利用满二叉树（Full Binary Tree，FBT）结构作为句子拓扑结构来控制递归结构的组合，如图 8-4 所示，左侧代表使用有向无环图（Directed Acyclic Graph，DAG）结构的门控递归神经网络，右侧代表使用满二叉树结构的门控递归神经网络。绿色节点、灰色节点和白色节点分别表示正向、负向、中立状态。相较于其他主流拓扑结构（如句法树、有向无环图等），满二叉树结构能够实现隐含层节点的数量随句子的长度线性增长，进而降低建模复杂度。此外，该模型引入两类门控策略（"复位"门控和"更新"门控）来控制递归结构中的组合，以实现对复杂特征组合的建模和捕获长距离依存交互。

该研究所使用的满二叉树结果（图 8-5）被用于为给定短文本建模其特征的组合。事实上，满二叉树结构可以通过不断混合底层到顶层的信息来对特征的组

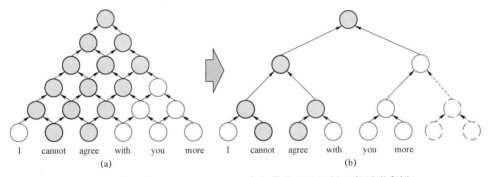

图 8－4　基于递归神经网络的短文本向量化方法示例（书后附彩插）

（a）基于有向无环图的门控递归神经网络架构；（b）基于满二叉树的门控递归神经网络架构

合进行建模：每个神经元都可以看作其控制子句（Sub－Sentence）的一个复杂的特征组合；当子节点合并为父节点时，两个子节点的特征组合信息也由其父节点合并保存。

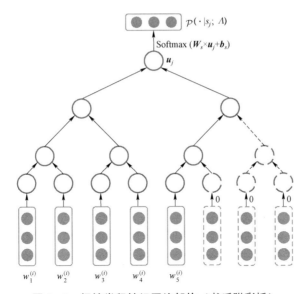

图 8－5　门控卷积神经网络架构（书后附彩插）

把所有的零填充向量放在句子的最后一个词语之后，直到句子长度为 $2^{\lceil \log_2 n \rceil}$，其中 n 是给定句子的长度。符号 $\lceil x \rceil$ 表示不小于 x 的最小整数。

受 Chung 等[172]提出的门机制的启发，该研究通过引入"重置"门控和"更新"门控两种门门控策略，提出了一种门控递归神经网络（Gated Recursive Neural Network，gRecursiveNN）。整个模型包括两个复位门控 reset_L 和 reset_R，分别读取左子句和右子句的信息；包括三个更新门控 update_N、update_L 和 update_R，以决定在组合子句信息时要保存的内容。这些门控的作用可以直观地理解为用于决定如何更新和利用特征组合信息。

以文本分类任务为例，对于每个给定的句子 $s_j = \{w_1, w_2, \cdots, w_{|s_j|}\} \in \Delta$ 和相应的类别 y_j，首先将每个词语 w_i 表示成其对应的词向量 $\boldsymbol{w}_i \in \mathbb{R}^d$，其中 $|s_j|$ 表示第 j 个句子的长度（即句子 s_j 的词语个数），d 是词向量的维度。然后，将嵌入的数据作为输入来输入 GRNN 的第一层，其输出将递归地输入上层，直到整个模型在最顶层输出一个固定长度的向量 $\boldsymbol{u}_j$。接下来，通过 $\boldsymbol{u}_j$ 的 Softmtax 转换来产生给定句子 s_j 的类别 $\mathcal{P}(\bullet \mid s_j; \Lambda)$，如下：

$$\mathcal{P}(\bullet \mid s_j; \Lambda) = \mathrm{Softmax}\,(\boldsymbol{W}_s \bullet \boldsymbol{u}_j + \boldsymbol{b}_s) \qquad (8-20)$$

式中，$\boldsymbol{W}_s \in \mathbb{R}^{\#\mathrm{class} \times d}$，$\boldsymbol{b}_s \in \mathbb{R}^{\#\mathrm{class}}$，#class 表示类别数量；$\Lambda$ 表示待训练的参数集合。

门控递归单元是门控递归神经网络的最小单元，其结构如图 8-6 所示。假设语料库中所有句子的长度都为 n，递归层用 l 表示且满足 $l \in [1, \lceil \log_2 n \rceil + 1]$。在每个递归层 l，第 $j \in [0, 2^{\lceil \log_2 n \rceil - l}]$ 个隐变量 $\boldsymbol{h}_j^l \in \mathbb{R}^d$ 的计算公式如下：

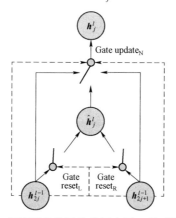

图 8-6　门控递归单元结构示意图（书后附彩插）

$$\boldsymbol{h}_j^l = \begin{cases} \boldsymbol{U}_\mathrm{N} \odot \hat{\boldsymbol{h}}_j^l + \boldsymbol{U}_\mathrm{L} \odot \boldsymbol{h}_{2j}^{l-1} + \boldsymbol{U}_\mathrm{R} \odot \boldsymbol{h}_{2j+1}^{l-1}, & l > 1 \\ \text{对应的词向量}, & l = 1 \end{cases} \qquad (8-21)$$

式中，$\boldsymbol{U}_\mathrm{N}, \boldsymbol{U}_\mathrm{L}, \boldsymbol{U}_\mathrm{R}$——新的 $\hat{\boldsymbol{h}}_j^l$、左子节点 $\boldsymbol{h}_{2j}^{l-1}$ 和右子节点 $\boldsymbol{h}_{2j+1}^{l-1}$ 的更新门控；
$\odot$——基于元素的乘积。

更新门控可以形式化表示为如下形式：

$$\boldsymbol{U} = \begin{bmatrix} \boldsymbol{U}_\mathrm{N} \\ \boldsymbol{U}_\mathrm{L} \\ \boldsymbol{U}_\mathrm{R} \end{bmatrix} = \begin{bmatrix} 1/\boldsymbol{\Omega} \\ 1/\boldsymbol{\Omega} \\ 1/\boldsymbol{\Omega} \end{bmatrix} \odot \exp\left(\boldsymbol{U}_\mathrm{update} \bullet \begin{bmatrix} \hat{\boldsymbol{h}}_j^l \\ \boldsymbol{h}_{2j}^{l-1} \\ \boldsymbol{h}_{2j+1}^{l-1} \end{bmatrix} \right) \qquad (8-22)$$

式中，$\boldsymbol{U}_\mathrm{update}$——更新门控的系数矩阵，$\boldsymbol{U}_\mathrm{update} \in \mathbb{R}^{3d \times 3d}$；
$\boldsymbol{\Omega}$——归一化系数向量，$\boldsymbol{\Omega} \in \mathbb{R}^d$，其每一维度 $\boldsymbol{\Omega}_j$（$1 \leqslant j \leqslant d$）的计算方

式如下：

$$\Omega_j = \sum_{i=1}^{3} \left[\exp\left(\boldsymbol{U}_{\text{update}} \cdot \begin{bmatrix} \hat{\boldsymbol{h}}_j^l \\ \boldsymbol{h}_{2j}^{l-1} \\ \boldsymbol{h}_{2j+1}^{l-1} \end{bmatrix} \right) \right]_{d\times(i-1)+j} \quad （8-23）$$

新的 $\hat{\boldsymbol{h}}_j^l$ 的计算方式如下：

$$\hat{\boldsymbol{h}}_j^l = \tanh\left(\boldsymbol{W}_{\hat{h}} \begin{bmatrix} \boldsymbol{R}_{\text{L}} \odot \boldsymbol{h}_{2j}^{l-1} \\ \boldsymbol{R}_{\text{R}} \odot \boldsymbol{h}_{2j+1}^{l-1} \end{bmatrix} \right) \quad （8-24）$$

式中，$\boldsymbol{W}_{\hat{h}} \in \mathbb{R}^{d\times 2d}$；

$\boldsymbol{R}_{\text{L}}, \boldsymbol{R}_{\text{R}}$——左子节点 $\boldsymbol{h}_{2j}^{l-1}$ 和右子节点 $\boldsymbol{h}_{2j+1}^{l-1}$ 的重置门控，可以形式化表示为如下形式：

$$\begin{bmatrix} \boldsymbol{R}_{\text{L}} \\ \boldsymbol{R}_{\text{R}} \end{bmatrix} = \text{Sigmoid}\left(\boldsymbol{U}_{\text{reset}} \cdot \begin{bmatrix} \boldsymbol{h}_{2j}^{l-1} \\ \boldsymbol{h}_{2j+1}^{l-1} \end{bmatrix} \right) \quad （8-25）$$

式中，$\boldsymbol{U}_{\text{reset}}$——重置门控的系数矩阵，$\boldsymbol{U}_{\text{reset}} \in \mathbb{R}^{2d\times 2d}$。重置门控能够控制左子句和右子句输出信息的选择，从而产生当前新的 $\hat{\boldsymbol{h}}$。通过更新门控，父节点的激活可以看作当前新的 $\hat{\boldsymbol{h}}$、左子句和右子句的选择，这种选择允许整体结构根据输入来自适应地改变。因此，这种门控机制可以有效地对特征组合进行建模。

在训练模型时，采用最大似然（Maximum Likelihood，ML）机制。以文本分类任务为例，给定训练集合 $\{s_j, y_j\} \in \Delta$ 和模型参数 Λ，优化目标为最小化如下形式的目标函数：

$$\mathcal{L}(\Lambda) = -\frac{1}{|\Delta|} \sum_{j=1}^{|\Delta|} \ln \mathcal{P}(y_j \mid s_j; \Lambda) + \frac{\lambda}{2|\Delta|} \|\Lambda\|_2^2 \quad （8-26）$$

式中，$|\Delta|$——训练数据集规模，即 $\{s_j, y_j\}$ 对的数量。

此外，Socher 等[167]基于斯坦福情感树库，通过引入递归神经张量网络（Recursive Neural Tensor Network，RNTN）来建模句子中词语之间的语义合成（Semantic Compositionality），完成句子情感分析。该研究也引领了一个潮流，即：很多学者为了探讨深度学习和语言学句法结构的关系，尝试融合深度神经网络和句法分析结果，提出了很多基于句法分析的文本向量化表示模型，以利用长距离依存关系[173-176]。这类代表性研究成果包括：Nicosia 等[177]通过度量语境词语在语义树核（Tree Kernel）的相似度，融合树核和 Siamese 神经网络[178]来对文本进行可计算建模；Socher 等[179]将概率化上下文无关文法（Probabilistic Context-Free Grammar，PCFG）与递归神经网络模型相结合，提出组合向量语法（Compositional Vector Grammar，CVG）模型，实现对短语的语法和语义信息的有效利用。

8.3.6 基于循环神经网络的短文本向量化方法

循环神经网络（Recurrent Neural Network，RecurrentNN）模型[168-170]通常应用于具有时序关系的序列问题，并假设当前的输出与之前的输出有关，神经网络会对前面的信息进行记忆并应用于当前输出的计算中，因此能够利用词语顺序，但这极易造成"梯度消失"现象，难以建模长距离依赖关系。为了解决时序上的"梯度消失"现象，机器学习领域发展出了长短期记忆（Long Short-Term Memory，LSTM）网络[151,180-181]，通过门的开关来实现时间上的记忆功能，并防止梯度消失。

（1）在传统 RecurrentNN 模型的情况下，参数集合 Λ 包括 W_{rec} 和 W。面向短文本向量化任务的传统 RecurrentNN 模型的数学表达如下：

$$l_t = W_h w_t \tag{8-27}$$

$$h_t = f(Wl_t + W_{rec}h_{t-1} + b) \tag{8-28}$$

式中，w_t ——给定短文本中第 t 个词语对应的词向量，通常用独热模型建模；

W，W_{rec} ——待学习的输入权重矩阵和循环权重矩阵；

W_h ——一个固定的词语哈希算子，将高维输入 w_t 转换成相对较低的维度表示 l_t；

b ——偏置向量；

$f(\cdot)$ ——函数，可以是 $\tanh(\cdot)$；

h_t ——隐状态向量，可以被视为对第 t 个词语的语义表达；最后一个词语的隐状态向量被视为对整个短文本的语义表达，如图 8-7 中蓝色图形所示。

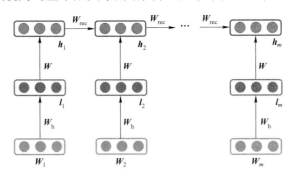

图 8-7　基于循环神经网络的短文本向量化模型架构（书后附彩插）

（2）在基于 LSTM 模型的 RecurrentNN 模型情况下，参数集合 Λ 包括 W_1、W_2、W_3、W_4、W_{rec1}、W_{rec2}、W_{rec3}、W_{rec4}、W_{p1}、W_{p2}、W_{p3}、b_1、b_2、b_3、b_4。面向短文本向量化任务的传统 RecurrentNN + LSTM 模型的数学表达如下：

$$h_t^g = g(W_4 l_t + W_{rec4}h_{t-1} + b_4) \tag{8-29}$$

$$\mathbf{in}_t = \sigma(W_3 l_t + W_{\text{rec}3} h_{t-1} + W_{\text{p}3}\mathbf{cell}_t + b_3) \tag{8-30}$$

$$\mathbf{forget}_t = \sigma(W_2 l_t + W_{\text{rec}2} h_{t-1} + W_{\text{p}2}\mathbf{cell}_t + b_2) \tag{8-31}$$

$$\mathbf{cell}_t = \mathbf{forget}_t \circ \mathbf{cell}_{t-1} + \mathbf{in}_t \circ h_t^g \tag{8-32}$$

$$\mathbf{out}_t = \sigma(W_1 l_t + W_{\text{rec}1} h_{t-1} + W_{\text{p}1}\mathbf{cell}_t + b_1) \tag{8-33}$$

$$h_t = \mathbf{out}_t \circ h(\mathbf{cell}_t) \tag{8-34}$$

式中，$\mathbf{in}_t,\mathbf{forget}_t,\mathbf{out}_t,\mathbf{cell}_t$——输入门、遗忘门、输出门、单元状态向量；

$W_i, W_{\text{rec}i}, b_i$——输入权重矩阵、循环权重矩阵、偏置向量，$i = 1,2,3,4$；

$W_{\text{p}1}, W_{\text{p}2}, W_{\text{p}3}$——权重矩阵；

$g(\cdot), h(\cdot)$——函数，可以是 $\tanh(\cdot)$；

$\sigma(\cdot)$——函数，可以是 Sigmoid$(\cdot)$；

h_t——隐状态向量，可以被视为对第 t 个词语的语义表达；最后一个词语的隐状态向量被视为对整个短文本的语义表达。

Palangi 等[151]提出了一个基于循环神经网络的短文本向量化方法。该研究使用 RecurrentNN 顺序地接收给定短文本中的词语，然后辅以历史信息，将这些词语映射到一个潜语义空间。当 RecurrentNN 到达短文本最后一个词语时，隐状态形成一个对于给定短文本语境信息的向量表示；同时，该研究将 LSTM 单元引入 RecurrentNN，构成 LSTM-RecurrentNN 来解决 RecurrentNN 存在的长距离语义关系建模效果差的问题。

为了学习对于所输入的句子的良好语义表示，该模型旨在使语义相似的句向量在语义空间中尽可能相近，而使语义不相似的句向量在语义空间中尽可能远离。在现实应用中要实现这个目标是比较困难的，因为很难获取大量表征不同句子语义相似度差异的标注数据。然而，被广泛使用的传统 Web 搜索引擎能够从另一方面基于用户的反馈信号来提供大量数据。例如，给定一个特定的查询，关于用户从候选文档中点击文档的点击数据（Click-Through Data）可被视为一种用于指示句子之间相似程度的弱监督（Weak Supervision）策略。

使用两个句子的语义向量的余弦相似度来衡量句子之间的相似度，即

$$\text{sim}(Q, D) = \frac{s_Q^{\text{T}} s_D}{\|s_Q\| \cdot \|s_D\|} \tag{8-35}$$

在点击数据的场景下，使用 Q 和 D 分别表示查询和文档。图 8-8 所示为查询的句向量 s_Q 以及所有文档的句向量 $\{s_{D^+}, s_{D_1^-}, \cdots, s_{D_m^-}\}$。其中，下标 D^+ 表示被点击的正例，下标 D_j^- 表示没有被点击的负例，$j=1,2,\cdots,m$；T_Q 表示查询 Q 的发布时间，T_{D^+} 表示正例 D^+ 的发布时间。所有这些句向量被投入基于 LSTM 模型的 RecurrentNN 模型，然后使用最后一个词语对应的隐状态变量 h 作为句向量 s。

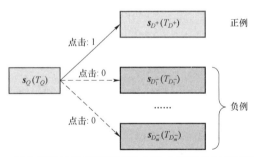

图 8 - 8　点击信息被用于度量查询侧和文档侧的句子语义相似度

该模型希望在给定查询的前提下，最大化被点击文档的似然。可以将其建模成如下优化目标函数形式：

$$\mathcal{L}(\Lambda) = \min_{\Lambda} \left\{ -\ln \prod_{r=1}^{|\Delta|} \mathcal{P}(D_r^+ | Q_r) \right\} = \min_{\Lambda} \sum_{r=1}^{|\Delta|} l_r(\Lambda) \qquad (8-36)$$

式中，Λ——模型的参数集合。

令 D_r^+ 表示第 r 个查询对应的被点击文档，$\mathcal{P}(D_r^+ | Q_r)$ 表示第 r 个查询对应的被点击文档的概率，$|\Delta|$ 表示语料库中查询和被点击文档对的数量。$l_r(\Lambda)$ 的定义如下：

$$l_r(\Lambda) = -\ln \left(\frac{e^{\gamma \cdot \text{sim}(Q_r, D_r^+)}}{e^{\gamma \cdot \text{sim}(Q_r, D_r^+)} + \sum_{i=j}^{m} e^{\gamma \cdot \text{sim}(Q_r, D_{r,j}^-)}} \right) = \ln \left(1 + \sum_{j=1}^{m} e^{-\gamma \cdot \Delta_{r,j}} \right) \qquad (8-37)$$

式中，$\Delta_{r,j} = \text{sim}(Q_r, D_r^+) - \text{sim}(Q_r, D_{r,j}^-)$；

　　$D_{r,j}^-$——第 r 个查询的第 j 个未点击的负例句子；

　　m——在训练过程中所使用的负例句子数量。

这种表示方式是一个在 $\Delta_{r,j}$ 上的 Logistic 损失，其规定了按对准确率（pairwise accuracy）的上界。因为相似度度量函数是余弦公式，所以 $\Delta_{r,j} \in [-2, 2]$。为了扩大 $\Delta_{r,j}$ 的范围，可以使用参数 γ 来对其进行缩放。使用反向传播方法对传统 RecurrentNN 模型或者基于 LSTM 的 RecurrentNN 模型进行训练。

参数 Λ 在第 k 轮的更新公式定义为

$$\Delta \Lambda_k = \Lambda_k - \Lambda_{k-1} = \mu_{k-1} \Lambda_{k-1} - \eta_{k-1} \nabla \mathcal{L}(\Lambda_{k-1} + \mu_{k-1} \Delta \Lambda_{k-1}) \qquad (8-38)$$

式中，$\nabla \mathcal{L}(\cdot)$——目标函数 $\mathcal{L}(\cdot)$ 的梯度；

　　η_{k-1}——学习率；

　　μ_k——由训练过程使用的时序策略决定的动力参数。在前 2% 和后 2% 的参数更新过程中，将 μ_k 设置为 0.9；在其余 96% 的参数更新过程中，将 μ_k 设置为 0.995。

将 $\nabla \mathcal{L}(\Lambda)$ 定义为

$$\nabla \mathcal{L}(\Lambda) = -\sum_{r=1}^{|\Lambda|} \sum_{j=1}^{m} \sum_{\tau=1}^{T} \alpha_{r,j} \frac{\partial \Delta_{r,j,\tau}}{\partial \Lambda} \qquad (8-39)$$

式中，T ——模型展开网络的时间步数；

$\Delta_{r,j,\tau}$ ——第 τ 个时间步对应的 $\Delta_{r,j}$；

将 $\alpha_{r,j}$ 定义如下：

$$\alpha_{r,j} = \frac{-\gamma \cdot e^{-\gamma \cdot \Delta_{r,j}}}{1 + \sum_{j=1}^{m} e^{-\gamma \cdot \Delta_{r,j}}} \qquad (8-40)$$

为了实现并行化训练，在反向传播过程中使用 mini-batch 训练方法和 one-large-update 策略来替代增量更新策略。使用梯度重归一化方法，以缓解梯度爆炸（Gradient Explosion）问题；使用 Nesterov 方法加速收敛过程，该方法被证明能够有效提高面向短文本向量化表示任务的卷积神经网络和 LSTM 模型。

相关研究也尝试将依存句法结果融入循环神经网络模型，以提升基于循环神经网络的短文本向量化性能。Wang 等[182]假设句法信息能够提升跨领域句压缩模型性能，基于此假设将显式句法特征引入线性规划策略，提出了基于 LSTM 网络的句压缩模型，来探索模型的领域迁移性。但是这项研究存在严重的假设依赖性和训练语料依赖性，因为其只能处理新闻语料库和学术论文语料中的句法语法规范句子。受面向词嵌入学习的循环神经网络相关工作启发，Amiri 等[183]将依存句法分析结果融入循环神经网络，实现对消费者表达停止使用某种品牌产品（或服务）意愿的推文的向量化表示与识别。由于短文本通常难见完整规范的书面语言句法结构，而且缺乏足够的信号用于统计推理（如主题模型），因此上述研究往往只能处理书写规范的文本，在很多情况下的效果是受限的。

上述基于深度学习常见神经网络模型的短文本向量化相关研究多在监督学习框架下展开，往往针对特定应用场景（或者应用任务）来训练和优化模型，导致领域移植能力欠缺、模型灵活性较差[143,156,184-186]，其中有些研究比较依赖标注语料。此外，这些研究大多使用词向量作为输入，所以模型最终生成句向量的效果受制于词向量的质量。

8.3.7　基于注意力机制的概念化句嵌入方法

概念化句嵌入模型是受词嵌入研究的启发。在词嵌入研究中：词向量被用于预测目标词或者上下文语境词；虽然词向量被随机初始化，但作为训练过程的一个间接结果，它们最终会被赋予准确的语义含义。因此，本书将这个理念移植到概念化句嵌入模型中：在给定上下文语境中，被赋予概念信息的句向量被用于预测目标词或上下文语境词。此外，注意力机制会为上下文片段中的不同语境词赋予不同注意力。

　　Wang 等[70]提出了 5 个概念化句嵌入模型。其中，第一个概念化句嵌入模型是基于词嵌入研究中的 CBOW 模型，记为 CSE－CBOW；第二个概念化句嵌入模型是基于词嵌入研究中的 Skip－Gram 模型，记为 CSE－SkipGram。基于上述基本概念化句嵌入模型，本书通过引入不同类型的注意力机制来得到相应变体：① 引入基于词语类型的注意力机制，提出 aCSE－TYPE 模型；② 引入基于惊异度的注意力机制，提出 aCSE－SUR 模型；③ 引入词语类型和惊异度的注意力机制，提出 aCSE－ALL 模型。

　　1. 基于 CBOW 模型的概念化句嵌入模型

　　首先介绍第一个概念化句嵌入模型——CSE－CBOW。该句嵌入模型是基于词嵌入研究中的 CBOW 模型，其框架如图 8－9 所示，绿色圆圈表示词向量，蓝色圆圈表示概念向量，紫色圆圈表示句向量，橙色圆圈表示概念分布 ϕ_C。每个句子由唯一的句子编号标识，通过句矩阵 S 映射成唯一向量 s。概念分布 ϕ_C 是由一个基于词汇知识库的短文本概念化算法所生成（见第 7 章）。类似于词嵌入方法，每个词语 w_t 被映射成为唯一向量 w_t，表示为词矩阵 W 的一列。上下文窗口中的词语 $\text{Context}(w_t) = \{w_{t+i} | -k \leqslant i \leqslant k, i \neq 0\}$ 和句子编号作为输入。图 8－9 中，C 是一个固定的需要通过训练学习得到的映射矩阵[187]，将概念分布 ϕ_C 转换成概念向量 c，$c = C \times \phi_C$。这也使该模型与 Le 等[14]的模型产生很大区别：他们的工作仅使用字面信息，而没有利用概念信息。

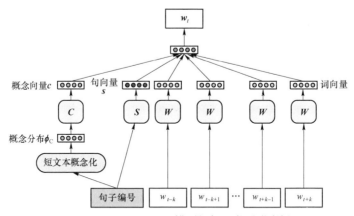

图 8－9　CSE－CBOW 模型框架（书后附彩插）

　　随后，句向量 s、上下文词向量 $\{w_{t+i} | -k \leqslant i \leqslant k, i \neq 0\}$ 和概念向量 c 被拼接（或平均），以预测上下文窗口的目标词 w_t。实际上，这个模型与词嵌入模型的最大区别在于，用于构建语境向量 $\textbf{context}_t$ 的不仅利用矩阵 W，还需利用矩阵 C 和矩阵 S。需要注意的是，句向量在该句所有上下文片段上共享，但不会跨句共享。所以，可以认为句子编号扮演着存储器的角色，用于记录在当前上下文片段所缺失的句子全局信息。其中，上下文片段是在当前句子上通过滑动窗口采样得到的，

窗口长度都是固定的（长度为 $2k+1$）。词矩阵 W 则在不同句子间共享。

CSE－CBOW 的算法流程总结如下：

在概念化阶段，对于给定的句子，本书首先进行预处理并将该句子分割成词语集合；然后使用短文本概念化算法，对该句子完成概念化，得到相应概念及每个概念的概率，进而构成概念分布 ϕ_C。需要注意的是，概念分布 ϕ_C 在整个概念化句嵌入框架中扮演着重要角色，对整个句子的语义表达有着重要作用。

在训练阶段，该模型的目的是在可观察到的句子上，训练得到词矩阵 W、句矩阵 S、概念映射矩阵 C 以及参数集合 Λ。同时，本书探索使用层次化 Softmax 和负采样技术来提高模型学习效率。W、S 和 C 由随机梯度方法训练得到。在随机梯度方法的每一步，本书从整个句子中采样一个定长的上下文片段，计算通过反向传播得到的误差梯度，然后使用该梯度来更新相应参数。

2. 基于 Skip－Gram 模型的概念化句嵌入模型

对于上述预测过程，还存在另一种建模方式：在输入中忽略上下文片段中的语境词，而让模型在输出层预测从上下文片段中随机采样得到的词语。这种建模方式类似于词嵌入研究中的 Skip－Gram 模型[39]。基于 Skip－Gram 模型的概念化句嵌入模型 CSE－SkipGram 如图 8－10 所示，蓝色圆圈表示概念向量，紫色圆圈表示句向量，橙色圆圈表示概念分布 ϕ_C。如图 8－10 所示，只有句向量 s 和概念向量 c 被用于预测上下文片段中的词语；上下文词语不再用于输入，而是输出层所要预测的内容。在随机梯度方法的每一轮迭代中，本书采样一个上下文片段 $\{w_{t-k}, \cdots, w_{t+k}\}$，然后从该片段中随机采样一个词语，对当前句向量 s 和概念向量 c 形成一个分类任务。

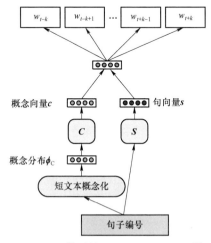

图 8－10　基于 Skip－Gram 模型的 CSE－SkipGram 模型（书后附彩插）

CSE－SkipGram 模型的训练过程与 CSE－CBOW 模型类似。除了框架更简洁外，CSE－SkipGram 模型所需存储的数据更少——只需存储 $\{\Lambda, S, C\}$，而 CSE－

CBOW 模型需要存储 $\{\Lambda, S, C, W\}$。为了与下文介绍的基于注意力机制的概念化句嵌入模型进行区分,本书将 CSE–CBOW 模型和 CSE–SkipGram 模型统称为"基础概念化句嵌入模型"。

由上述对 CSE–CBOW 模型和 CSE–SkipGram 模型的介绍可知,概念分布 ϕ_C 在概念化句嵌入模型中扮演着重要角色。这是因为,这个分布中的每一维度都对应着一个概念,而每一维度的数值都表示这个句子对应这个概念的概率。换言之,概念分布是一个对该句而言比较可靠的语义表达。与之相反,句向量和词向量中的每一维度上的信息没有任何实质意义。

3. 概念化句嵌入模型求解

本书使用层次化 Softmax 和负采样这两种方法来进行模型求解,以求解 CSE–CBOW 模型为例。

1)基于层次化 Softmax 的模型求解

哈夫曼编码是一种最优的编码方式,层次化的 Softmax 通过构建哈夫曼树来获得每个词语的哈夫曼编码,因此层次化 Softmax 的编码策略能够使所有词语的总编码长度最小。在将每个词语转化成哈夫曼编码后,模型的输出层仅需要 $\log_2 |\mathbb{V}|$ 个节点即可表示整个词表。综上,训练过程的目标是使得预测所有哈夫曼编码的概率最大。

对模型梯度误差的计算是整个基于层次化 Softmax 模型求解算法的核心。首先,语境向量 $\mathbf{context}_t$ 可以表示为如下形式:

$$\mathbf{context}_t = \frac{1}{2k+2} \times \left(\sum_{\substack{-k \leqslant i \leqslant k \\ i \neq 0}} \mathbf{w}_{t+i} + \mathbf{s} + \mathbf{c} \right) \tag{8-41}$$

式中, $\mathbf{w}_{t+i}$ ——上下文语境词语 w_{t+i} 所对应的上下文语境词向量,从词矩阵 $\mathbf{W}$ 查找得到,本书沿用上文定义,使用 $\mathrm{Context}(w_t) = \{w_{t+i} \mid -k \leqslant i \leqslant k, i \neq 0\}$ 来表示词语 w_t 的上下文语境词集合;

$\mathbf{s}$ ——当前短文本 s 对应的句向量,从句矩阵 $\mathbf{S}$ 查找得到;

$\mathbf{c}$ ——概念向量,可以表示为概念映射矩阵 $\mathbf{C}$ 与概念分布 ϕ_C 相乘的形式,即 $\mathbf{c} = \mathbf{C} \times \phi_C$; $\mathbf{C}$ 为概念映射矩阵,是一个 $d \times d_c$ 维矩阵,d 表示向量 $\mathbf{c}$ 的维度,d_c 表示 ϕ_C 的维度。

因为神经网络语言模型本质上依然属于统计语言模型,因此可以利用最大似然估计来进行参数估计,CSE–CBOW 模型的目标函数表示为如下对数似然函数的形式:

$$\mathcal{L} = \sum_{w_t \in \Delta} \ln \mathcal{P}(w_t \mid \mathrm{Context}(w_t), \mathbf{s}, \mathbf{c}) \tag{8-42}$$

式中, Δ ——语料库。

式（8−42）的关键是条件概率 $\mathcal{P}(w_t|\text{Context}(w_t), \boldsymbol{s}, \boldsymbol{c})$ 的构造。层次化 Softmax 的基本思想总结如下：对于词典 $\mathbb{V}$ 中的任何一个词语 w_t，哈夫曼树必存在且唯一存在一条从根节点到词语 w_t 对应节点的路径，路径上包括 l_{w_t} 个分支，将每个分支看作一次二分类，每一次分类就会产生一个概率，将这些概率相乘，就是所需的条件概率 $\mathcal{P}(w_t|\text{Context}(w_t), \boldsymbol{s}, \boldsymbol{c})$。因此，$\mathcal{P}(w_t|\text{Context}(w_t), \boldsymbol{s}, \boldsymbol{c})$ 的公式可以写为

$$\mathcal{P}(w_t|\text{Context}(w_t), \boldsymbol{s}, \boldsymbol{c}) = \prod_{j=2}^{l_{w_t}+1} \mathcal{P}(h_{w_t}^j|\textbf{context}_t, \lambda_{w_t}^{j-1}) \qquad (8-43)$$

根据语境向量 $\textbf{context}_t$ 预测词语 w_t 在其路径中的第 j 个节点的编码 $h_{w_t}^j$ 的概率，计算方式如下：

$$\mathcal{P}(h_{w_t}^j|\textbf{context}_t, \lambda_{w_t}^{j-1}) = \begin{cases} \sigma(\textbf{context}_t^{\text{T}} \times \lambda_{w_t}^{j-1}), & h_{w_t}^j = 1 \\ 1 - \sigma(\textbf{context}_t^{\text{T}} \times \lambda_{w_t}^{j-1}), & h_{w_t}^j = 0 \end{cases} \qquad (8-44)$$

式（8−44）可改写为

$$\mathcal{P}(h_{w_t}^j|\textbf{context}_t, \lambda_{w_t}^{j-1}) = \left(\sigma(\textbf{context}_t^{\text{T}} \times \lambda_{w_t}^{j-1})\right)^{h_{w_t}^j} \cdot \left(1 - \sigma(\textbf{context}_t^{\text{T}} \times \lambda_{w_t}^{j-1})\right)^{1-h_{w_t}^j}$$
$$(8-45)$$

令 $\ell = \ln\mathcal{P}(w_t|\text{Context}(w_t), \boldsymbol{s}, \boldsymbol{c})$。由于 $\text{Context}(w_t)$ 所对应的上下文语境词向量、句向量 $\boldsymbol{s}$ 和概念向量 $\boldsymbol{c}$ 通过映射层转换成语境向量 $\textbf{context}_t$，所以 ℓ 可以改写为如下形式：

$$\ell = \ln\mathcal{P}(w_t|\textbf{context}_t; \Lambda) = \ln\prod_{j=2}^{l_{w_t}+1} \mathcal{P}(h_{w_t}^j|\textbf{context}_t, \lambda_{w_t}^{j-1}) \qquad (8-46)$$

式中，Λ——层次化 Softmax 的参数 $\lambda_{w_t}^{j-1}$ 的集合。

式（8−46）可进一步改写为

$$\ell = \ln\prod_{j=2}^{l_{w_t}+1}\left(\left(\sigma(\textbf{context}_t^{\text{T}} \times \lambda_{w_t}^{j-1})\right)^{h_{w_t}^j} \cdot \left(1 - \sigma(\textbf{context}_t^{\text{T}} \times \lambda_{w_t}^{j-1})\right)^{1-h_{w_t}^j}\right)$$
$$= \sum_{j=2}^{l_{w_t}+1}\left(h_{w_t}^j \cdot \ln\sigma(\textbf{context}_t^{\text{T}} \times \lambda_{w_t}^{j-1}) + (1-h_{w_t}^j)\times\ln(1-\sigma(\textbf{context}_t^{\text{T}} \times \lambda_{w_t}^{j-1}))\right)$$
$$(8-47)$$

然后，计算 ℓ 对各个参数的导数。为了梯度推导方便起见，使用 $\ell_{w_t}^j$ 表示 ℓ 的第 j 个求和项，即

$$\ell_{w_t}^j = h_{w_t}^j \times\sigma(\textbf{context}_t^{\text{T}} \times \lambda_{w_t}^{j-1}) + (1-h_{w_t}^j)\times\ln(1-\sigma(\textbf{context}_t^{\text{T}} \times \lambda_{w_t}^{j-1}))$$
$$(8-48)$$

接下来，将该函数最大化。本书采用随机梯度上升法，其关键在于给出相应的梯度计算公式，因此接下来重点论述梯度的计算。随机梯度上升法的思路是：每取一个样本 $\{w_t, \text{Context}(w_t)\}$，就对目标函数中所有相关参数做一次更新。观察上述公式可知，该函数中的参数包括 $\lambda_{w_t}^{j-1}$、context_t、s、w_t、C，其中 $w_t \in \Delta$，$j = 2, 3, \cdots, l_{w_t} + 1$。

$\ell_{w_t}^j$ 对参数 $\lambda_{w_t}^{j-1}$ 求偏导，得到 $\ell_{w_t}^j$ 关于的 $\lambda_{w_t}^{j-1}$ 梯度，如下：

$$\frac{\partial \ell_{w_t}^j}{\partial \lambda_{w_t}^{j-1}} = \left(h_{w_t}^j (1 - \sigma(\text{context}_t^\mathrm{T} \times \lambda_{w_t}^{j-1})) + (1 - h_{w_t}^j)(-\sigma(\text{context}_t^\mathrm{T} \times \lambda_{w_t}^{j-1})) \right) \bullet \frac{\partial(\text{context}_t^\mathrm{T} \times \lambda_{w_t}^{j-1})}{\partial \lambda_{w_t}^{j-1}}$$

$$= \left(h_{w_t}^j - \sigma(\text{context}_t^\mathrm{T} \times \lambda_{w_t}^{j-1}) \right) \bullet \frac{\partial(\text{context}_t^\mathrm{T} \times \lambda_{w_t}^{j-1})}{\partial \lambda_{w_t}^{j-1}} \qquad (8-49)$$

此外，$\dfrac{\partial(\text{context}_t^\mathrm{T} \times \lambda_{w_t}^{j-1})}{\partial \lambda_{w_t}^{j-1}} = \text{context}_t$。式（8-49）省略了由 context_t 中分母得来的常数项。

综上，$\ell_{w_t}^j$ 对参数 $\lambda_{w_t}^{j-1}$ 求导结果为

$$\frac{\partial \ell_{w_t}^j}{\partial \lambda_{w_t}^{j-1}} = \left(h_{w_t}^j - \sigma(\text{context}_t^\mathrm{T} \times \lambda_{w_t}^{j-1}) \right) \times \text{context}_t \qquad (8-50)$$

$\ell_{w_t}^j$ 对 context_t 求导结果为

$$\frac{\partial \ell_{w_t}^j}{\partial \text{context}_t} = \left(h_{w_t}^j - \sigma(\text{context}_t^\mathrm{T} \times \lambda_{w_t}^{j-1}) \right) \times \lambda_{w_t}^{j-1} \qquad (8-51)$$

同理可得，$\ell_{w_t}^j$ 对 s 和 w_t 的导数与对 context_t 的导数相同，即

$$\frac{\partial \ell_{w_t}^j}{\partial s} = \frac{\partial \ell_{w_t}^j}{\partial w_t} = \frac{\partial \ell_{w_t}^j}{\partial \text{context}_t} \qquad (8-52)$$

由于 $\dfrac{\partial(\text{context}_t^\mathrm{T} \times \lambda_{w_t}^{j-1})}{\partial C} = \dfrac{\partial((C \times \phi_C)^\mathrm{T} \times \lambda_{w_t}^{j-1})}{\partial C} = \dfrac{\partial(\phi_C^\mathrm{T} \times C^\mathrm{T} \times \lambda_{w_t}^{j-1})}{\partial C} = \lambda_{w_t}^{j-1} \times \phi_C^\mathrm{T}$，可得 $\ell_{w_t}^j$ 对矩阵 C 求导的结果为

$$\frac{\partial \ell_{w_t}^j}{\partial C} = \left(h_{w_t}^j - \sigma(\text{context}_t^\mathrm{T} \times \lambda_{w_t}^{j-1}) \right) \times \lambda_{w_t}^{j-1} \times \phi_C^\mathrm{T} \qquad (8-53)$$

至此，已经求得对 context_t、s、w_t、C 的导数。基于上述梯度公式，本书使用随机梯度上升算法完成模型训练。通过多次遍历数据集中每个句子 s，利用上述梯度公式更新模型参数。下面以对于一个句子的训练过程为例，介绍训练算法，见算法 8.1。

算法 8.1： 基于层次化 Softmax 的 CSE – CBOW 模型训练算法

输入：数据集中的句子 s，学习率 η

输入：句子 s 对应的句向量 $\boldsymbol{s}$、词矩阵 $\boldsymbol{W}$、概念映射矩阵 $\boldsymbol{C}$ 和层次化 Softmax 参数集合 Λ

过程：

随机初始化句矩阵 $\boldsymbol{S}$、词矩阵 $\boldsymbol{W}$、概念映射矩阵 $\boldsymbol{C}$ 和层次化 Softmax 参数集合 Λ；

通过短文本概念化算法得到句子 s 的概念分布 $\boldsymbol{\phi}_\mathrm{C}$；

计算概念向量 $\boldsymbol{c} = \boldsymbol{C} \times \boldsymbol{\phi}_\mathrm{C}$

For $w_t \in s$ **do**

　　计算语境向量： $\mathbf{context}_t = \dfrac{1}{2k+2} \times \left(\displaystyle\sum_{\substack{-k \leqslant i \leqslant k \\ i \neq 0}} \boldsymbol{w}_{t+i} + \boldsymbol{s} + \boldsymbol{c} \right)$

　　初始化向量梯度值 $\nabla_\mathrm{V} = 0$，初始化矩阵 $\boldsymbol{C}$ 的梯度值 $\nabla_\mathrm{M} = 0$

　　For $j = 2 : l_{w_t} + 1$ **do**

　　　　$q = \sigma(\mathbf{context}_t^\mathrm{T} \times \lambda_{w_t}^{j-1})$

　　　　$g = \eta \times (h_{w_t}^j - q)$

　　　　计算向量梯度： $\nabla_\mathrm{V} \leftarrow \nabla_\mathrm{V} + g \times \lambda_{w_t}^{j-1}$

　　　　计算矩阵梯度： $\nabla_\mathrm{M} \leftarrow \nabla_\mathrm{M} + g \times \lambda_{w_t}^{j-1} \times \boldsymbol{\phi}_\mathrm{C}^\mathrm{T}$

　　　　更新参数集合 Λ： $\lambda_{w_t}^{j-1} \leftarrow \lambda_{w_t}^{j-1} + g \times \mathbf{context}_t$

　　For $\{w_{t+i} \mid -k \leqslant i \leqslant k, i \neq 0\}$ **do**

　　更新词向量： $\boldsymbol{w}_{t+i} \leftarrow \boldsymbol{w}_{t+i} + \nabla_\mathrm{V}$

　　更新句向量： $\boldsymbol{s} \leftarrow \boldsymbol{s} + \nabla_\mathrm{V}$

　　更新概念映射矩阵： $\boldsymbol{C} \leftarrow \boldsymbol{C} + \nabla_\mathrm{M}$

在算法 8.1 中，首先随机初始化各个参数，并使用短文本概念化算法得到句子 s 的概念分布 $\boldsymbol{\phi}_\mathrm{C}$，并根据概念映射矩阵 $\boldsymbol{C}$ 计算出概念向量 $\boldsymbol{c}$；然后，遍历句子中的每个词语 w_t，将其作为中心词，更新模型参数的梯度和模型各参数本身。迭代结束之后，即得到最终的模型参数。

2）基于负采样的模型求解

负采样是简化版的 NCE 算法，最初被用于高效求解 Word2Vec 模型[50]。

关于词语 w_t 的样本词语 $\tilde{w}$ 的标签 $\mathrm{label}_{w_t}^{\tilde{w}}$：如果词语 $\tilde{w}$ 是正样例（即词语 w_t 本身，$\tilde{w} = w_t$），则 $\tilde{w}$ 的标签 $\mathrm{label}_{w_t}^{\tilde{w}}$ 取值为 1；如果词语 $\tilde{w}$ 是负样例（即 $\tilde{w} \neq w_t$），则 $\mathrm{label}_{w_t}^{\tilde{w}}$ 取值为 0。词语 w_t 的负样例集合用 NEG_{w_t} 表示，其规模用 $|\mathrm{NEG}_{w_t}|$ 表示。

给定一个正样本 $\{w_t, \mathrm{Context}(w_t), \boldsymbol{s}, \boldsymbol{c}\}$，基于负采样的模型求解希望最大化 $f(w_t) = \displaystyle\prod_{\tilde{w} \in \{w_t\} \cup \mathrm{NEG}_{w_t}} \mathcal{P}(\tilde{w} \mid \mathrm{Context}(w_t), \boldsymbol{s}, \boldsymbol{c})$。

其中，

$$\mathcal{P}\big(\tilde{w} \mid \mathrm{Context}(w_t), \boldsymbol{s}, \boldsymbol{c}\big) = \begin{cases} \sigma(\mathbf{context}_t^\mathrm{T} \times \boldsymbol{\mu}_{\tilde{w}}), & \mathrm{label}_{w_t}^{\tilde{w}} = 1 \\ 1 - \sigma(\mathbf{context}_t^\mathrm{T} \times \boldsymbol{\mu}_{\tilde{w}}), & \mathrm{label}_{w_t}^{\tilde{w}} = 0 \end{cases} \qquad (8-54)$$

写成整体表达形式，如下：

$$\mathcal{P}(\tilde{w}\,|\,\mathrm{Context}(w_t),s,c)=\left(\sigma(\mathbf{context}_t^{\mathrm{T}}\times\boldsymbol{\mu}_{\tilde{w}})\right)^{\mathrm{label}_{w_t}^{\tilde{w}}}\cdot\left(1-\sigma(\mathbf{context}_t^{\mathrm{T}}\times\boldsymbol{\mu}_{\tilde{w}})\right)^{1-\mathrm{label}_{w_t}^{\tilde{w}}}$$

式中，$\boldsymbol{\mu}_{\tilde{w}}$——词语 $\tilde{w}$ 所对应的负采样参数向量，为待训练的参数；

$\quad\quad\mathbf{context}_t$——语境向量。

集合 NEG_{w_t} 通过负采样得到，采样方法阶数为 3/4 的一元分布。因此，$f(w_t)$ 可以改写为如下形式：

$$f(w_t)=\sigma(\mathbf{context}_t^{\mathrm{T}}\times\boldsymbol{\mu}_{w_t})\prod_{\tilde{w}\in\mathrm{NEG}_{w_t}}\left(1-\sigma(\mathbf{context}_t^{\mathrm{T}}\times\boldsymbol{\mu}_{\tilde{w}})\right) \quad\quad (8-55)$$

式中，$\sigma(\mathbf{context}_t^{\mathrm{T}}\times\boldsymbol{\mu}_{w_t})$——当前上下文为 $\mathrm{Context}(w_t)$ 时，预测中心词 w_t 的概率；

$\quad\quad\sigma(\mathbf{context}_t^{\mathrm{T}}\times\boldsymbol{\mu}_{\tilde{w}})$——当前上下文为 $\mathrm{Context}(w_t)$ 时，预测中心词 $\tilde{w}$ 的概率。

从形式上看，最大化 $f(w_t)$ 相当于同时最大化 $\sigma(\mathbf{context}_t^{\mathrm{T}}\times\boldsymbol{\mu}_{w_t})$ 和最小化 $\sigma(\mathbf{context}_t^{\mathrm{T}}\times\boldsymbol{\mu}_{\tilde{w}})$，$\tilde{w}\in\mathrm{NEG}_{w_t}$，即实现了增大正样本概率的同时降低负样本的概率。综上，语料库 $\varDelta$ 上的目标函数可以表示为

$$\begin{aligned}\mathcal{L}&=\ln\prod_{w_t\in\varDelta}f(w_t)=\sum_{w_t\in\varDelta}\ln f(w_t)\\&=\sum_{w_t\in\varDelta}\ln\prod_{\tilde{w}\in\{w_t\}\cup\mathrm{NEG}_{w_t}}\left\{(\sigma(\mathbf{context}_t^{\mathrm{T}}\times\boldsymbol{\mu}_{\tilde{w}}))^{\mathrm{label}_{w_t}^{\tilde{w}}}\cdot(1-\sigma(\mathbf{context}_t^{\mathrm{T}}\times\boldsymbol{\mu}_{\tilde{w}}))^{1-\mathrm{label}_{w_t}^{\tilde{w}}}\right\}\\&=\sum_{w_t\in\varDelta}\sum_{\substack{\tilde{w}\in\{w_t\}\\\cup\mathrm{NEG}_{w_t}}}\left\{\mathrm{label}_{w_t}^{\tilde{w}}\times\ln(\sigma(\mathbf{context}_t^{\mathrm{T}}\times\boldsymbol{\mu}_{\tilde{w}}))+(1-\mathrm{label}_{w_t}^{\tilde{w}})\times\ln(1-\sigma(\mathbf{context}_t^{\mathrm{T}}\times\boldsymbol{\mu}_{\tilde{w}}))\right\}\end{aligned}$$

$$(8-56)$$

式中，对于词语 w_t 的样本集合（即上式中的 $\{w_t\}\cup\mathrm{NEG}_{w_t}$）中的词语 $\tilde{w}$，其似然函数表示为 $\ell_{w_t}^{\tilde{w}}$（即将上式花括号中的内容记为 $\ell_{w_t}^{\tilde{w}}$），则 $\ell_{w_t}^{\tilde{w}}$ 对 $\mathbf{context}_t$ 的导数为

$$\frac{\partial\ell_{w_t}^{\tilde{w}}}{\partial\mathbf{context}_t}=(\mathrm{label}_{w_t}^{\tilde{w}}-\sigma(\mathbf{context}_t^{\mathrm{T}}\times\boldsymbol{\mu}_{\tilde{w}}))\times\boldsymbol{\mu}_{\tilde{w}} \quad\quad (8-57)$$

$\ell_{w_t}^{\tilde{w}}$ 对 $\boldsymbol{\mu}_{\tilde{w}}$ 的导数为

$$\frac{\partial\ell_{w_t}^{\tilde{w}}}{\partial\boldsymbol{\mu}_{\tilde{w}}}=(\mathrm{label}_{w_t}^{\tilde{w}}-\sigma(\mathbf{context}_t^{\mathrm{T}}\times\boldsymbol{\mu}_{\tilde{w}}))\times\mathbf{context}_t \quad\quad (8-58)$$

$\ell_{w_t}^{\tilde{w}}$ 对 s 和 w_t 的导数与对 $\mathbf{context}_t$ 的导数相同，即

$$\frac{\partial\ell_{w_t}^{\tilde{w}}}{\partial s}=\frac{\partial\ell_{w_t}^{\tilde{w}}}{\partial w_t}=\frac{\partial\ell_{w_t}^{\tilde{w}}}{\partial\mathbf{context}_t} \quad\quad (8-59)$$

$\ell_{w_t}^{\tilde{w}}$ 对概念映射矩阵 $\boldsymbol{C}$ 的导数为

$$\frac{\partial\ell_{w_t}^{\tilde{w}}}{\partial\boldsymbol{C}}=(\mathrm{label}_{w_t}^{\tilde{w}}-\sigma(\mathbf{context}_t^{\mathrm{T}}\times\boldsymbol{\mu}_{\tilde{w}}))\times\boldsymbol{\mu}_{\tilde{w}}\times\boldsymbol{\phi}_{C}^{\mathrm{T}} \quad\quad (8-60)$$

综上，在求得上述梯度之后，便可采用随机梯度上升算法求解模型参数，通过多次遍历数据集中每个句子，利用上述梯度公式来更新模型参数。下面以对于一个句子的训练过程为例，介绍训练算法，见算法 8.2。

算法 8.2：基于负采样的 CSE – CBOW 模型训练算法

输入：数据集中的句子 s，学习率 η

输出：短文本 s 对应的概念化句向量 s、词矩阵 W、概念映射矩阵 C 和负采样参数集合 Λ

过程：

随机初始化句矩阵 S、词矩阵 W、概念映射矩阵 C 和负采样参数集合 Λ；

通过短文本概念化算法得到句子 S 的概念分布 $\boldsymbol{\phi}_C$；

计算概念向量 $c = C \times \boldsymbol{\phi}_C$

For $w_t \in s$ **do**

计算隐含层输出：$\textbf{context}_t = \dfrac{1}{2k+2} \times \left(\displaystyle\sum_{\substack{-k \leqslant i \leqslant k \\ i \neq 0}} w_{t+i} + s + c \right)$

初始化向量梯度值 $\nabla_V = 0$，初始化矩阵 C 的梯度值 $\nabla_M = 0$

For $\tilde{w} \in \{w_t\} \bigcup \text{NEG}_{w_t}$ **do**

$q = \sigma(\textbf{context}_t^T \times \boldsymbol{\mu}_{\tilde{w}})$

$g = \eta \times (\text{label}_{w_t}^{\tilde{w}} - q)$

计算向量梯度：$\nabla_V \leftarrow \nabla_V + g \times \boldsymbol{\mu}_{\tilde{w}}$

计算矩阵梯度：$\nabla_M \leftarrow \nabla_M + g \times \boldsymbol{\mu}_{\tilde{w}} \boldsymbol{\phi}_C^T$

更新负采样参数集合 Λ：$\boldsymbol{\mu}_{\tilde{w}} \leftarrow \boldsymbol{\mu}_{\tilde{w}} + g \times \textbf{context}_t^T$

For $\{w_{t+i} \,|\, -k \leqslant i \leqslant k, i \neq 0\}$ **do**

更新词向量：$w_{t+i} \leftarrow w_{t+i} + \nabla_V$

更新句向量：$s \leftarrow s + \nabla_V$

更新概念映射矩阵：$C \leftarrow C + \nabla_M$

在上述算法 8.2 中，首先随机初始化各个参数，并使用短文本概念化算法得到句子 s 的概念分布 $\boldsymbol{\phi}_C$，并根据概念映射矩阵 C 计算出概念向量 c；然后，针对句子中的每个词语 w_t，对该词语的样本集合（$\{w_t\} \bigcup \text{NEG}_w$）进行遍历，更新模型参数的梯度和模型各参数。迭代结束之后，即得到最终的模型参数。

4. 基于注意力机制的概念化句嵌入模型

大部分已有句嵌入研究往往平等地处理句子中的每个词语，但实际上人类在阅读过程中，会自动跳过某些词语或者快速扫视某些词语，而把主要注意力集中在个别重要词语上[188-189]。人类这种注意力机制不仅有助于提高阅读效率，而且能够节省有限的认知资源。同理，人类阅读习惯中的这种注意力机制有助于句嵌入建模。

此外，正如前文所提到的，设定上下文片段窗口规模（$2k+1$）是一件困难的事情。如果 k 的值设置得过大，不仅会加大计算开销，而且会导致大量无关词语被无效引入进而导致模型性能衰退；如果 k 的值设置得过小，就会导致上下文片段范围过小而不足以容纳足够的语义相关的词语[190-192]。为了解决这个问题，本书通过引入多种注意力机制[57,153,191]来扩展上述基础概念化句嵌入模型，使模型能够有区别地处理上下文片段中的语境词语。为了方便表述，本书使用注意力机制扩展 CSE – CBOW 模型。在此，重写 **context**$_t$ 的原公式，如下：

$$\mathbf{context}_t = \frac{1}{2k+2}\left(\sum_{\substack{-k \leqslant i \leqslant k \\ i \neq 0}} (a(w_{t+i}) \times \delta(w_{t+i}) \times \boldsymbol{w}_{t+i}) + \boldsymbol{s} + \boldsymbol{c} \right) \qquad (8-61)$$

由式（8–61）可知，本书使用对词向量进行加权平均的方式取代原公式中对词向量平均的方式。这就意味着，每个上下文语境词 w_{t+c} 被赋予不同"注意力权重"，表征其对预测目标词 w_t 的重要程度。式（8–61）中的"注意力权重"包括两部分：① 语境词 w_{t+i} 的概念化得分 $\delta(w_{t+i})$，表征词 w_{t+i} 对句子整体语义表达的贡献程度；② 语境词 w_{t+i} 的注意力因子 $a(w_{t+i})$，接下来将重点讨论两种注意力因子建模方法，分别是基于词语类型的注意力机制和基于惊异度的注意力机制。

1）基于词语类型的注意力机制

人类阅读行为受词语类型（如词性）影响很大，研究表明，人类注意力更倾向于停留在开放性词类（以实词为主，如名词、形容词、动词等），而非封闭性词类（以功能词、结构词为主，如连词、介词、感叹词等）则被投入很少注意力，甚至被忽略[188,193]。例如，给定句子"microsoft$_{/NNP}$ unveils$_{/VBZ}$ office$_{/NN}$ for$_{/IN}$ apple$_{/NN}$ ipad$_{/NNP}$"，如果要对该句进行有效的句子表示，就需要对具有名词词性（NN 和 NNP）、动词词性（VBZ）的词语给予更高注意力，而对介词词性（IN）的词语施以较低注意力。引入词语类型，能够实现对人类阅读行为和人类注意力机理的有效模拟，进而提高句嵌入水平。本书所重点关注的词语类型主要是词性（Part-of-Speech，POS）。

综上，给定上下文片段 $\mathrm{Context}(w_t) = \{w_{t+i} | -k \leqslant i \leqslant k, i \neq 0\}$，要预测目标词 w_t。$\{-k,\cdots,k\}$ 表示语境词 $\{w_{t-k},\cdots,w_{t+k}\}$ 对于目标词 w_t 的相对位置（距目标词 w_t 左/右的距离），为了便于表述，下文用"相对位置"表示词语位置。对于上下文片段中位于相对位置 i 的语境词 w_i，基于词语类型的注意力因子 $a_{\mathrm{TYPE}}(w_i)$，可以表示为所有语境词上的 Softmax 函数，如下：

$$a_{\mathrm{TYPE}}(w_i) = \frac{\mathrm{e}^{d(w_i)} + r_i}{\sum\limits_{\substack{-k \leqslant j \leqslant k \\ j \neq 0}} \mathrm{e}^{d(w_j)} + r_j} \qquad (8-62)$$

式中，$d(w_i)$——词语类型矩阵 $\boldsymbol{D} \in \mathbb{R}^{|V| \cdot 2k \cdot |POS|}$ 的一个元素，表征位于相对位置 i 的词语 w_i 的词语类型（即词性）的重要程度，本书所采用的词性标注集合是宾州英

文树库（Penn Treebank）词性标注集合，|POS| 表示该词性标注集合的规模；

　　r_i——偏置矩阵 $\boldsymbol{R} \in \mathbb{R}^{2k}$ 的一个元素，由相对位置 i 决定。

　　虽然以往研究表明，注意力机制检索大规模参数表的时间开销比较高昂[57]，但是该模型中所涉及的注意力机制的计算开销比较小。在计算给定上下文片段中的所有语境词的注意力值的时候，只需执行 $4k$ 步查表操作：首先，从词语类型矩阵 $\boldsymbol{D}$ 中，为每个语境词检索其在相应位置的相应词性的重要程度值；其次，从偏置矩阵 $\boldsymbol{R}$ 中，为每个语境词检索偏置值。

　　虽然上述注意力值计算策略不是最优计算方式，而且已有研究提供了多种其他更加复杂的注意力机制建模方式[194]，但是注意力机制是对模型准确率和计算复杂度的有效平衡。因此，除了基础概念化句嵌入模型中的参数集合 $\{\Lambda, \boldsymbol{S}, \boldsymbol{C}, \boldsymbol{W}\}$ 外，新增需要训练的参数为词语类型矩阵 $\boldsymbol{D}$ 和偏置矩阵 $\boldsymbol{R}$。所有参数通过反向传播算法计算，并在每次迭代之后通过固定学习率更新。本书将这种引入基于词语类型的注意力机制的概念化句嵌入模型记作 aCSE－TYPE。

　　以句子"microsoft unveils office for apple's ipad"为例。aCSE－TYPE 模型预测多义词"apple"时的模型结构如图 8－11 所示，方框的颜色越深表示注意力值越高。我们可以观察到，介词"for"被注意的程度较低，而名词词性的语境词（特别是对概念化贡献高的词，即 $\delta(w_i)$ 值高的语境词）往往被赋予更高的注意力权重，这些词也最具甄别能力，如"ipad""office"和"microsoft"等。没有任何歧义的词语"ipad"被赋予最高注意力值，一方面是因为其靠近被预测的目标词"apple"并且是专有名词词性（NNP），另一方面是因为其与被预测词在大规模语料中共现频繁，因此语义范畴非常相近，提升其 $\delta(w_i)$ 值。

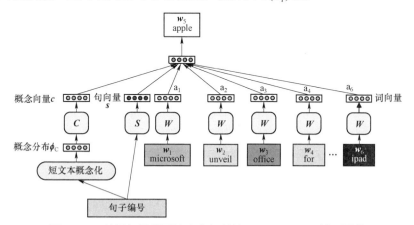

图 8－11　基于词语类型注意力机制的 aCSE－TYPE 模型结构

2）基于惊异度的注意力机制

　　相关研究已经证明，人类阅读习惯并非平等地重视文本中每个词语，而是会有选择性地进行扫视和跳过一些词语，以提高阅读效率[193]。

惊异度（Surprisal）概念起源于心理学和信息论研究领域[195]，用于预测某个词语在上下文语境中的可预测程度和被处理的困难程度[196-197]，在众多研究中被作为人类阅读行为的重要预测因素[159,189]。心理学和认知学研究认为，具有越高惊异度值的词语，包含和传递的信息越丰富，对其的处理时间和阅读时间会越长，应该被赋予越高注意力。因此，引入惊异度能够实现对人类阅读行为和人类注意力机理的有效模拟，进而提高句嵌入水平。惊异度通用概念和定义最早由 Hale 等[196]提出，通常被定义为在给定前序词语序列基础上，对该词语的条件概率的负对数形式，因此一般使用语言模型（如 $N-\mathrm{Gram}$ 模型）来计算，如下：

$$\mathrm{sur}(w_i) = -\ln \mathcal{P}(w_i | w_1, w_2, \cdots, w_{i-1}) \qquad (8-63)$$

式中，w_i——当前词语；

$\{w_1, w_2, \cdots, w_{i-1}\}$——上下文片段中当前词语 w_i 前面的词语。

由式（8-63）可知，词语 w_i 的惊异度 $\mathrm{sur}(w_i)$ 表示为，在给定语境 $\{w_1, w_2, \cdots, w_{i-1}\}$ 下词语 w_i 的条件概率的负对数函数。由建模方式可知，惊异度可以在某种程度上对词语顺序进行建模。基础概念化句嵌入模型（CSE-CBOW 模型和 CSE-SkipGram 模型）并没有考虑词语之间的顺序，而词语之间的前后关系（顺序）对句子语义表达以及词义消歧都有重要作用。例如，"Lee Sedol defeats AlphaGo" 和 "AlphaGo defeats Lee Sedol" 这两句话在语义上是不同的。惊异度能够起到使句嵌入建模过程捕获局部组合（Local Compositionality）信息[198]的作用，使得相邻词语能够在语义和句法层面组合，以增强表情达意的能力。

在实际应用中，惊异度可以通过各类语言模型来进行估计，如统计语言模型、神经语言模型等。本书假设高惊异度词语涵盖更多信息，而应该被给予更高注意力程度，所以本书直接使用惊异度作为注意力权重。在这种情况下，基于惊异度的注意力因子可以表示为

$$a_{\mathrm{SUR}}(w_i) = \frac{e^{\mathrm{sur}(w_i)} + r_i}{\sum_{-k \leqslant j \leqslant k,\, j \neq 0} e^{\mathrm{sur}(w_j)} + r_j} \qquad (8-64)$$

式中，r_i——相对位置 i 的偏置值。

除了训练 $\{\Lambda, S, C, W\}$ 之外，还需训练偏置矩阵 $\boldsymbol{R}$，训练方式同 aCSE-TYPE。本书将这种引入基于惊异度的注意力机制的概念化句嵌入模型记作 aCSE-SUR。

8.4　短文本向量化方法总结分析

为了验证短文本向量化模型的性能，本书在两个文本理解任务上进行了实验：① **直接评估**，使用文本相似度实验来直接衡量不同模型对短文本的语义表

达能力；② **间接评估**，使用文本分类任务来间接地完成对不同模型的对比。这些文本理解任务经常被用于评估短文本向量化模型的性能[11,14,90,199]。

8.4.1　实验验证

1. 实验数据集

本书使用了 4 个数据集来进行训练和评估。其中，数据集 STS 用于文本相似度实验；数据集 NewsTitle、TREC 和 Twitter 用于文本分类实验。此外，本书构建数据集 Wiki，用于训练主题模型进行对比实验。对每个数据集概述如下。

● STS：该数据集由 2012—2016 年 SemEval 的语义文本相似度（Semantic Textual Similarity，STS）评测任务中的 24 个文本相似度数据集组成，涵盖新闻、标题、视频描述、微博文本等多个领域和文本类型。

● NewsTitle：从 *Reuters*（《路透社》）和 *New York Times*（《纽约时报》）抽取 362 万篇新闻报道，根据内容分为经济、宗教、科技、交通、政治和体育等六个类别，从每个类别随机选取 30 000 篇新闻报道，仅保留其标题和首句，构成该数据集[10]。该数据集中短文本的平均长度为 9.53 字。

● TREC：该数据集是 TREC 问题分类（Question Classification）评测任务的官方数据集，被广泛用于文本分类任务。该数据集包含 5952 个句子，被分成人物、缩写、实体、描述、处所和数字等六个类别。

● Twitter：该数据集是通过手工标注 2011 年和 2012 年 TREC 微博检索评测任务的官方推特文本（以下简称"推文"）数据集[124,200]得到的，共标注 175 214 条推文，按照内容分为饮食、体育、娱乐和电子设备（IT 相关）等四个类别。该数据集中短文本的平均长度为 10.05 字。因为数据集噪声和稀疏性明显，所以该社交文本数据集对于所评估模型更加具有挑战性。

此外，本书还构建了一个维基百科数据集 Wiki。本书按照如下规则处理维基百科文章：首先，剔除少于 100 个词语或者少于 10 个链接的文章；然后，剔除所有目录页和消歧页；最终，通过采集内容重定向页面来得到 374 万篇维基百科文章，构成数据集。

2. 对比算法

本书验证和对比上述短文本向量化表示建模方法的性能。对于进行对比的算法，概述如下：

● BOW：作为一个基础对比算法，使用词袋模型对短文本进行向量化表示，所使用的特征是 TF－IDF 值。

● LDA：使用 LDA 模型[13]生成主题分布表示短文本。使用两种方式训练 LDA 模型：① 使用 Wiki 数据集和上述所有评估数据集进行训练；② 仅使用评估数据集进行训练。本书展示二者中的性能优者。

● PV：Paragraph Vector（PV）模型是最近提出的对不定长文本进行定长向

量表示的基线方法[14]，包括分布式记忆模型（PV-DM）和分布式词袋模型（PV-CBOW）两类。PV 模型在情感分类等任务中取得优异表现，但是该模型仅利用文本字面信息。

● TWE：该模型基于 Skip-Gram 模型，通过借助主题建模的优势，在一定程度上解决了单纯利用文本字面信息进行短文本向量化的歧义性，实现了主题化词嵌入和主题化句嵌入[90]。该项工作提出三种主题化句嵌入模型，本书展示三者中的性能优者。此外，对于主题模型的训练方式，TWE 同 LDA。

● SCBOW：受词嵌入研究[39,50]启发，Kenter 等[144]通过将对"词向量累加平均得到的句向量"的对比加入损失函数，直接面向"词向量累加平均得到句向量"这个最终目标来优化传统词向量的训练，提出面向短文本向量化的词向量训练模型 Siamese CBOW 模型，训练得到的词向量被累加取平均，得到句向量。

● CSE-CBOW：基于 CBOW 模型的概念化句嵌入模型。

● CSE-SkipGram：基于 Skip-Gram 模型的概念化句嵌入模型。

● aCSE-TYPE：基于注意力机制的概念化句嵌入模型，该注意力机制基于词语类型。

● aCSE-SUR：基于注意力机制的概念化句嵌入模型，该注意力机制基于惊异度。

● aCSE-ALL：基于注意力机制的概念化句嵌入模型，该注意力机制同时基于词语类型和惊异度，即模型 aCSE-ALL 是 aCSE-TYPE 和 aCSE-SUR 的融合。使用线性插值（Linear Interpolation）方法[109]对 aCSE-TYPE 和 aCSE-SUR 进行融合，这种融合体现在对词语 w_i 的注意力因子的融合：

$$a_{\mathrm{ALL}}(w_i) = \lambda \times a_{\mathrm{TYPE}}(w_i) + (1-\lambda) \times a_{\mathrm{SUR}}(w_i) \qquad (8-65)$$

式中，$a_{\mathrm{ALL}}(w_i)$——模型 aCSE-ALL 中词语 w_i 的注意力因子；

$a_{\mathrm{TYPE}}(w_i)$——模型 aCSE-TYPE 中词语 w_i 的注意力因子；

$a_{\mathrm{SUR}}(w_i)$——模型 aCSE-SUR 中词语 w_i 的注意力因子；

λ——参数，用于控制在融合过程中 $a_{\mathrm{TYPE}}(w_i)$ 和 $a_{\mathrm{SUR}}(w_i)$ 的重要程度（权重），即决定了词语类型和惊异度对最终结果的影响力程度。

3. 实验设置

所有短文本均使用 Porter 工具包进行词干提取，使用 InQuery 停用词表进行去除停用词。短文本向量、词向量、概念向量的维度设置为 500，该维度数值设置在以往研究中被证明能够很好平衡模型性能和计算开销[177]；概念分布 ϕ_C 的维度设置为 5000，所选择的 5000 个概念是知识库 Probase 中定义的 5000 个概念类簇（Concept Cluster）。使用这些概念类簇，既涵盖知识库 Probase 所有概念的基本类别，又可避免使用 Probase 所有概念而导致的较高计算开销的问题，兼顾语义完整性和计算效率。本书通过对比基于层次化 Softmax 的短文本向量化模型求解方法和基于负采样的短文本向量化模型求解方法这两种模型求解方法的实验效果，发现负采样方法对提升算法性能的帮助更大，因此选择负采样方法作为本书中的短文本向量化模型求解方法，下文所列的实验结果均基于负采样方法。同时，本书探讨不同上下文窗口规模取值（ k 的取值为从 2 到 11）对实验结果的影响，结果显示不同 k 值在不同数据集上会产生不同的实验结果，最终选择 k 值为 4 的实验结果展示在实验表格中，因为这个窗口规模能够在大部分数据集上产生最优实验结果。对于 LDA 和 TWE，在文本分类任务中将主题数量定为分类类别数量或者类别数量的两倍，取最优结果进行展示。

对于 aCSE‑TYPE 模型，本书使用 Stanford 词性标注工具包完成对文本的词性标注，该工具包所使用的词性标注集为宾州英文树库词性标注集。对于 aCSE‑SUR 模型，本书使用 SRILM 工具包计算 N‑Gram 语言模型来获得 aCSE‑SUR。与上下文片段窗口规模选择相对应，本书使用数据集 NewsTitle、Twitter 和 Wiki 训练 5 阶 N‑Gram 语言模型，并采用 Kneser‑Ney 平滑方法。

4. 短文本相似度实验

衡量短文本向量化水平的最直接方法是文本相似度实验。本书使用 2012—2016 年 SemEval 的语义文本相似度评测任务所使用的 24 个文本相似度数据集[201-205]，完成文本相似度实验。这些数据集涵盖新闻标题、微博文本等短文本类型。STS 任务旨在衡量两个句子之间的语义相关程度。在 STS 任务的官方设定中，通常使用皮尔逊相关系数（Pearson's r）来作为衡量标准：给定两个句子，算法返回一个相关性打分（相关性打分表示两个句子从"完全相关"到"完全不相关"），通过计算算法返回的相关性打分与官方人工判定的相关性打分之间的皮尔逊相关系数，来度量算法性能。假设共有 n 个句对，用 $\mathbb{X} = \{x_1, x_2, \cdots, x_n\}$ 表示算法对每个句对的相关性打分集合，x_i 表示算法第 i 个句对的相关性打分，$i = 1, 2, \cdots, n$；$\mathbb{Y} = \{y_1, y_2, \cdots, y_n\}$ 表示官方人工给出的对每个句对相关性打分集合，y_i 表示官方人工给出的第 i 个句对的相关性打分，$i = 1, 2, \cdots, n$。皮尔逊相关系数 $\rho_{\mathbb{XY}}$ 的计算方法，如下所述：

$$\rho_{\mathbb{XY}} = \frac{\sum_{i=1}^{n} (x_i - \mu_{\mathbb{X}}) \times (y_i - \mu_{\mathbb{Y}})}{\sqrt{\sum_{i=1}^{n} (x_i - \mu_{\mathbb{X}})^2} \times \sqrt{\sum_{i=1}^{n} (y_i - \mu_{\mathbb{Y}})^2}} \qquad (8-66)$$

式中，$\mu_{\mathbb{X}}, \mu_{\mathbb{Y}}$ ——集合 $\mathbb{X}$ 和集合 $\mathbb{Y}$ 元素的均值。

每届 STS 任务都包括 4～6 个不同的数据集，文本涵盖不同领域。参与上述评测的系统大多数都是有监督模型，往往利用评测所提供的训练数据或者往届评测数据集来进行训练和微调，而概念化句嵌入模型及其注意力变体是无监督的，因此更具挑战性。

文本相似度任务的结果（采用评测任务官方使用的皮尔逊相关系数作为衡量标准），如表 8−1 所示。表 8−1 还包括历届 SemEval 参赛队伍在相应数据集上的最佳成绩（记为 Best）以及中位成绩（记为 Median）。本书使用显著性检验来验证实验结果，上标†和‡分别表示针对模型 SCBOW 和 PV−DM 的显著性提升（$p^* < 0.05$）。

表 8−1　短文本相似度任务实验结果

数据集	SemEval		对比算法								
	Median	Best	PV−CBOW	PV−DM	TWE	SCBOW	CSE−CBOW	CSE−SkipGram	aCSE−SUR	aCSE−TYPE	aCSE−ALL
MSRpar	0.515	0.734	0.498	0.505	0.514	0.515‡	0.533	**0.544**	0.546	0.548	**0.550**†‡
MSRvid	0.755	0.880	0.600	0.608	0.622	0.620‡	0.642	**0.655**	0.658	0.660	**0.662**†‡
OnWN	0.608	0.727	0.665	0.674	0.685	0.687‡	0.711	**0.725**	0.729	0.731	**0.733**†‡
SMT−eur	0.444	0.567	0.520	0.527	0.534	0.537‡	0.556	**0.567**	0.570	0.571	**0.573**†‡
SMT−news	0.401	0.609	0.506	0.513	0.523	0.523‡	0.541	**0.552**	0.555	0.556	**0.558**†‡
2012AVG	0.545	0.703	0.558	0.566	0.576	0.576‡	0.597	**0.609**	0.611	0.613	**0.615**†‡
FNWN	0.327	0.582	0.366	0.371	0.375	0.378‡	0.391	**0.399**	0.401	0.402	**0.403**†‡
OnWN	0.528	0.843	0.565	0.573	0.588	0.584‡	0.604	**0.617**	0.620	0.621	**0.623**†‡
headlines	0.640	0.784	0.632	0.641	0.651	0.653‡	0.676	**0.690**	0.693	0.695	**0.697**†‡
SMT	0.318	0.404	0.321	0.325	0.330	0.331‡	0.343	**0.350**	0.351	0.352	**0.353**†‡
2013AVG	0.453	0.653	0.471	0.478	0.486	0.487‡	0.504	**0.514**	0.516	0.518	**0.519**†‡
OnWN	0.780	0.875	0.756	0.766	0.781	0.781‡	0.808	**0.825**	0.829	0.831	**0.833**†‡
deft−forum	0.366	0.531	0.395	0.400	0.400	0.408‡	0.422	**0.431**	0.433	0.434	**0.435**†‡
deft−news	0.662	0.785	0.640	0.649	0.659	0.661‡	**0.690**	0.684	0.701	0.703	**0.705**†‡
headlines	0.671	0.784	0.631	0.640	0.649	0.652‡	0.675	**0.688**	0.692	0.694	**0.696**†‡
images	0.756	0.837	0.726	0.736	0.746	0.750‡	0.776	**0.792**	0.796	0.798	**0.800**†‡
tweets−news	0.647	0.792	0.685	0.695	0.684	0.708‡	0.733	**0.747**	0.751	0.753	**0.755**†‡
2014AVG	0.647	0.767	0.639	0.648	0.653	0.660‡	0.684	**0.694**	0.700	0.702	**0.704**†‡
ans−forums	0.613	0.739	0.585	0.594	0.603	0.605‡	0.626	**0.639**	0.642	0.644	**0.646**†‡
ans−students	0.676	0.788	0.700	0.709	0.721	0.723‡	0.748	**0.763**	0.767	0.769	**0.772**†‡
belief	0.677	0.772	0.610	0.618	0.634	0.630‡	0.652	**0.665**	0.668	0.670	**0.672**†‡
headlines	0.742	0.842	0.690	0.700	0.713	0.713‡	0.738	**0.753**	0.756	0.759	**0.761**†‡
images	0.804	0.871	0.716	0.726	0.734	0.740‡	0.766	**0.781**	0.785	0.787	**0.790**†‡
2015AVG	0.702	0.802	0.660	0.669	0.681	0.682‡	0.706	**0.720**	0.724	0.726	**0.728**†‡
answer	0.481	0.692	0.385	0.391	0.397	0.398‡	0.418	**0.426**	0.428	0.430	**0.433**†‡
deadlines	0.764	0.827	0.661	0.670	0.680	0.683‡	0.717	**0.731**	0.735	0.739	**0.742**†‡
plagiarism	0.794	0.841	0.685	0.695	0.709	0.708‡	0.743	**0.758**	0.762	0.766	**0.769**†‡
postediting	0.813	0.867	0.681	0.688	0.704	0.708‡	0.743	**0.758**	0.762	0.766	**0.769**†‡
question	0.577	0.747	0.561	0.569	0.575	0.580‡	0.609	**0.621**	0.624	0.627	**0.630**†‡
2016AVG	0.686	0.795	0.596	0.604	0.613	0.615‡	0.646	**0.659**	0.662	0.666	**0.669**†‡

5. 文本分类实验

本书使用各模型所生成的短文本向量作为特征,使用线性分类器Liblinear[206]在数据集 NewsTitle、Twitter 和 TREC 上完成文本分类任务。对于概念化句嵌入模型(CSE-CBOW、CSE-SkipGram、aCSE-SUR、aCSE-TYPE 和 aCSE-ALL),本书使用基于联合排序(Co-Ranking)框架的短文本概念化算法为其生成概念分布 ϕ_C。前文已经证明,该短文本概念化算法的性能优于目前的基线短文本概念化算法。在本章节的实验中,同样希望间接地再次验证该问题。对于上述概念化句嵌入模型,使用基线短文本概念化算法 $IJCAI_{15}$ 来生成概念分布 ϕ_C,以此生成相应概念化句嵌入的变体:aCSE-ALL$_{(+CO-Rank)}$表示由基于联合排序框架的短文本概念化算法生成概念分布 ϕ_C,而 aCSE-ALL$_{(+IJCAI15)}$表示由算法 $IJCAI_{15}$ 生成概念分布 ϕ_C。若最终实验结果证明算法 aCSE-ALL$_{(+CO-Rank)}$优于算法 aCSE-ALL$_{(+IJCAI15)}$,则呼应了前文的结论,即间接证明了基于联合排序框架的短文本概念化算法的有效性。

本节使用准确率(Precision)、召回率(Recall)和 F-值(F-measure)作为评价指标。各类评价指标的计算方法,如下所述。$\mathbb{C}=\{c_1, c_2, \cdots, c_{|\mathbb{C}|}\}$表示短文本类别集合,$c_i$ 表示第 i 个短文本类别,$i=1,2,\cdots,|\mathbb{C}|\}$。对于短文本类别 c_i,TP_i表示实际属于类别 c_i 同时分类器判定属于类别 c_i 的短文本数量,FN_i 表示实际属于类别 c_i 但是分类器判定不属于类别 c_i 的短文本数量,FP_i 表示实际不属于类别 c_i 但是分类器判定属于类别 c_i 的短文本数量,TN_i 表示实际不属于类别 c_i 同时分类器判定不属于类别 c_i 的短文本数量。

类别 c_i 的准确率 P_i 是指被分类器正确分类到该类别的短文本数量与所有被分类到该类别的文本数量的比值,计算方法如下:

$$P_i = \frac{TP_i}{TP_i + FP_i} \qquad (8-67)$$

因此,通过对各类别的准确率求平均,得到整体准确率 P,计算方法如下:

$$P = \frac{1}{|\mathbb{C}|} \times \sum_{i=1}^{|\mathbb{C}|} P_i = \frac{1}{|\mathbb{C}|} \times \sum_{i=1}^{|\mathbb{C}|} \frac{TP_i}{TP_i + FP_i} \qquad (8-68)$$

类别 c_i 的召回率 R_i 是指被分类器正确分类到该类别的文本数量与实际应分类到该类别的文本数量的比值,计算方法如下:

$$R_i = \frac{TP_i}{TP_i + FN_i} \qquad (8-69)$$

因此,通过对各类别的召回率求平均,得到整体召回率 R,计算方法如下:

$$R = \frac{1}{|\mathbb{C}|} \times \sum_{i=1}^{|\mathbb{C}|} R_i = \frac{1}{|\mathbb{C}|} \times \sum_{i=1}^{|\mathbb{C}|} \frac{TP_i}{TP_i + FN_i} \qquad (8-70)$$

为了兼顾准确率和召回率，本书使用 F – 值来综合衡量模型性能。对于类别 c_i，其 F – 值的计算方法如下：

$$F_i = \frac{1}{\alpha \frac{1}{P_i} + (1-\alpha)\frac{1}{R_i}} = \frac{(\beta^2 + 1) \times P_i \times R_i}{\beta^2 \times P_i + R_i} \qquad (8-71)$$

式中，$\beta^2 = (1-\alpha)/\alpha$。通常，$\beta < 1$ 表示强调准确率，$\beta > 1$ 表示强调召回率。

默认情况下，设定准确率和召回率的权重相等，即 $\alpha = 0.5$ 或 $\beta = 1$。此时，类别 c_i 的 F – 值的计算方法如下：

$$F_i = \frac{2 \times P_i \times R_i}{P_i + R_i} \qquad (8-72)$$

因此，通过对各类别的 F – 值求平均，得到整体 F – 值，计算方法如下：

$$F = \frac{1}{|\mathbb{C}|} \times \sum_{i=1}^{|\mathbb{C}|} F_i = \frac{1}{|\mathbb{C}|} \times \sum_{i=1}^{|\mathbb{C}|} \frac{2 \times P_i \times R_i}{P_i + R_i} \qquad (8-73)$$

文本分类任务实验结果展示在表 8 – 2 中。本书使用显著性检验来验证实验结果，上标 † 和 ‡ 分别表示针对模型 SCBOW 和模型 PV – DM 的显著性提升（$p^* < 0.05$）。

表 8 – 2　短文本分类任务实验结果

模型	数据集 NewsTitle			数据集 Twitter			数据集 TREC		
	P	R	F	P	R	F	P	R	F
BOW	0.731	0.719	0.725	0.397	0.415	0.406	0.822	0.820	0.821
LDA	0.720	0.706	0.713	0.340	0.312	0.325	0.815	0.811	0.813
PV – DBOW	0.726	0.721	0.723	0.409	0.410	0.409	0.825	0.817	0.821
PV – DM	0.745	0.738	0.741	0.424	0.423	0.423	0.837	0.824	0.830
TWE	0.806	0.840	0.823	0.453	0.433	0.443	0.896	0.882	0.889
SCBOW	0.810‡	0.805‡	0.807‡	0.454‡	0.438‡	0.446‡	0.897‡	0.887‡	0.892‡
CSE – CBOW$_{(+\,IJCAI15)}$	0.815	0.809	0.812	0.461	0.449	0.455	0.896	0.890	0.893
CSE – SkipGram$_{(+\,IJCAI15)}$	0.827	0.817	0.822	0.475	0.447	0.461	0.901	0.895	0.898
CSE – CBOW$_{(+\,Co-Rank)}$	0.827	0.821	0.824	0.468	**0.456**	0.462	0.902	0.896	0.899
CSE – SkipGram$_{(+\,Co-Rank)}$	**0.837**	**0.827**	**0.832**	**0.481**	0.452	**0.466**	**0.907**	**0.901**	**0.904**
aCSE – SUR$_{(+\,IJCAI15)}$	0.835	0.829	0.832	0.472	0.459	0.465	0.905	0.899	0.902
aCSE – TYPE$_{(+\,IJCAI15)}$	0.839	0.833	0.836	0.474	0.462	0.468	0.907	0.901	0.904
aCSE – ALL$_{(+\,IJCAI15)}$	0.842	0.836	0.839	0.475	0.462	0.469	0.909	0.903	0.906
aCSE – SUR$_{(+\,Co-Rank)}$	0.848	0.842	0.845	0.479	0.466	0.472	0.911	0.905	0.908
aCSE – TYPE$_{(+\,Co-Rank)}$	0.852	0.846	0.849	0.481	0.468	0.475	0.913	0.907	0.910
aCSE – ALL$_{(+\,Co-Rank)}$	**0.855**†‡	**0.848**†‡	**0.851**†‡	**0.482**†‡	**0.469**†‡	**0.476**†‡	**0.917**†‡	**0.911**†‡	**0.914**†‡

8.4.2　对比分析

下文对于实验结果的对比分析论述中，CSE－CBOW 模型、CSE－SkipGram 模型、aCSE－TYPE 模型、aCSE－SUR 模型和 aCSE－ALL 模型，若无特殊下标标注，则默认指代 CSE－CBOW $_{(+Co-Rank)}$ 模型、CSE－SkipGram $_{(+Co-Rank)}$ 模型、aCSE－TYPE $_{(+Co-Rank)}$ 模型、aCSE－SUR $_{(+Co-Rank)}$ 模型和 aCSE－ALL $_{(+Co-Rank)}$ 模型。

1. 短文本相似度实验结果分析

从实验结果可以看出，概念化句嵌入模型（CSE－CBOW 和 CSE－SkipGram）及其注意力变体（aCSE－TYPE、aCSE－SUR 和 aCSE－ALL）的性能全面优于其他对比模型，而注意力机制的引入有效提升了基础概念化句嵌入模型对语义的甄别能力和表达能力。模型 aCSE－ALL 的性能相比最优对比模型 SCBOW 在所有 24 个数据集上平均提升 7.1%，相比模型 TWE 提升 8.6%，相比目前公认的基线模型 PV－DM 平均提升 10.4%。这种显著提升可以归因于该模型能够将深层次上下文语义信息嵌入句向量。模型 TWE 和模型 SCBOW 均是以训练高质量词向量为最终输出，然后通过词向量累加平均的方法得到句向量，其区别在于：模型 TWE 将训练词向量和得到句向量这两个过程分离，而模型 SCBOW 将二者绑定，直接以"词向量累加平均得到句向量"为目标来优化词向量训练，这种策略得到的词向量更加适合于累加平均，得到高质量句向量；模型 TWE 引用外部知识资源（即主题信息），而模型 SCBOW 没有引用外部知识资源。这两种模型在文本相似度实验上的表现基本相仿，模型 SCBOW 的性能稍微优于模型 TWE（性能差距最大出现在数据集 tweets－news 上，主要因为主题建模在社交媒体类文本上性能受限），主要因为模型 SCBOW 能够对句子进行整体语义建模，而模型 TWE 在对句子进行向量化表示的时候，各个语义信息（即词向量）是相互独立的；但是，从另一个角度，模型 TWE 的性能能够与模型 SCBOW 的性能相仿，也证明了使用外部知识来提升句向量语义表达能力的必要性。概念化句嵌入及其注意力变体则融合了这两者各自的优势，即同时实现了句子整体性语义表示建模和外部知识资源引入。

此外，通过与其他模型的结果及往届 SemEval 提交结果进行对比，充分体现了注意力机制对概念化句嵌入的作用：在大部分数据集（所有 24 个数据集中的 17 个数据集）上，引入注意力机制的概念化句嵌入模型（aCSE－ALL）的性能超过当年评测的中位成绩，证明了基于注意力机制的短文本概念化模型的竞争力；在 2012 年 SemEval 的数据集 OnWN 和数据集 SMT－eur 上，模型 aCSE－ALL 的性能优于当年评测的最优成绩，值得一提的是，基础概念化句嵌入模型（CSE－CBOW）在这两个数据集上的成绩低于当年评测的最优成绩，但在引入注意力机制之后，性能分别比当年最优成绩提升了 2.9% 和 3.2%。在大部分数据集上，模型 aCSE－ALL 无法达到当年评测的最优成绩，主要是因为这些最优成绩的取得往往是基于监督学习框架并采用了大量多种类型的训练数据集合[144,207]，而概念化句嵌入模型及其注意力变体则是无监督学习。

实验结果同样表明，基于词语类型的注意力机制（－TYPE）要优于基于惊异度的注意力机制（－SUR），说明词语类型对于构建提高文本表达能力的注意力机制来说是更合理的选择；融合了二者的注意力机制（－ALL）则达到了最佳效果，这说明词语类型和惊异度包含了不同的注意力信息和触发因素，因此二者融合能够带来更好的性能提升。此外，为了探索参数 λ 的取值对模型 aCSE－ALL 的影响，本书在 SemEval 2014 的 STS 测评任务的 6 个数据集上对参数 λ 的不同取值进行实验。图 8－12 所示的实验结果表明，在大部分数据集上，当 λ 取值为 0.6 时，模型 aCSE－ALL 的性能达到最佳。

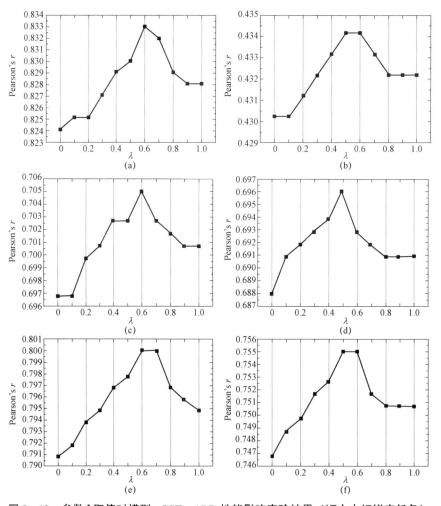

图 8－12 参数 λ 取值对模型 aCSE－ALL 性能影响实验结果（短文本相似度任务）

（a）数据集 OnWN；（b）数据集 deft－forum；（c）数据集 deft－news；

（d）数据集 headlines；（e）数据集 images；（f）数据集 tweets－news

2. 文本分类实验结果分析

由表 8-2 可知，基于注意力机制的概念化句嵌入模型的性能明显优于其他对比模型，特别是在数据集 Twitter 上的召回率：aCSE-ALL 比最优对比模型 SCBOW 提升了 7.1%，比模型 TWE 提升了 8.3%，比目前公认的基线模型 PV-DM 提升了 10.9%。这充分说明，相较于基于主题模型的句嵌入模型以及其他类型句嵌入模型，概念化句嵌入模型能够捕获更精确的语义信息。这是因为，概念信息能够显著增强句子的语义表达能力，而且受文本噪声和稀疏性的影响较小。

表 8-2 中第 7～16 行的对比实验证明，通过引入注意力机制，概念化句嵌入模型性能得到全面提升（如 aCSE-ALL 与 CSE-CBOW 的对比），足以证明注意力机制的优势。其中，aCSE-TYPE 的性能优于 aCSE-SUR，这说明相较于词语惊异度，词语类型（词性等）是构建句嵌入注意力机制更合适的选择。特别是在社交信息数据集 Twitter 上的 F-值指标，aCSE-SUR 仅将基础概念化句嵌入模型（CSE-CBOW）就提升了 2.2%，其性能与 CSE-SkipGram 相当，而基于词语类型的注意力机制（aCSE-TYPE）将基础模型提升了 2.8%。这主要是由于书写不规范，社交文本中的词语片段在大规模语料中出现的次数过少，因此基于统计的惊异度性能受限。本书同样探索了这两种注意力机制是否可以实现互补：融合词语类型和惊异度的注意力模型 aCSE-ALL 的性能优于模型 aCSE-TYPE 和模型 aCSE-SUR，这说明词语类型和惊异度是句子语义建模的不同方面，它们包含不同的语义信息，将其结合能够生成更好的注意力机制。此外，模型 aCSE-ALL$_{(+CO-Rank)}$ 在所有数据集上的性能均优于模型 aCSE-ALL$_{(+IJCAI15)}$，该现象与前文实验部分所得到的结论一致。

同样是基于词嵌入研究中的 Skip-Gram 模型，CSE-SkipGram 的性能优于 TWE，在 F-值方面，CSE-SkipGram 在数据集 Twitter 和 NewsTitle 上分别较 TWE 提升 3.6%和 2.0%。二者的不同之处在于，CSE-SkipGram 侧重于利用概念信息来增强句子表示，而 TWE 侧重于利用主题信息来增强句子表示。虽然 TWE 尝试引入主题模型力求增强语义表达能力，但由于短文本缺乏足够信号用于推理，因此无论是句法分析还是主题模型都很难奏效。此外，TWE 通过简单地将句中所有词的主题化词向量求平均来获得句向量，忽略了语素之间的语义关联，极大地限制了所产生的句向量的语义表达能力，同样的问题还存在于例如文献[159]的工作。

总的来说，几乎所有对比模型都在数据集 Twitter 上出现了性能下滑，特别是 LDA 和 TWE。这主要因为数据集 Twitter 中的数据噪声大、稀疏和歧义，给基于主题模型的模型带来很大挑战；另一个原因在于社交文本的虚词（如感叹词、连词、介词等）占比较高，有碍对句子核心语义建模，使基于词语类型的注意力机制（aCSE-TYPE）和基于惊异度的注意力机制（aCSE-SUR）的性能受限。例如，由表 8-2 可知，aCSE-ALL 在数据集 NewsTitle 上对 CSE-CBOW 的 F-值提升为 3.3%，而上述指标在数据集 Twitter 上的提升仅为 3.0%。我们当然可以在规模更大的数据集上训练 TWE（以及 LDA），可以预期能够达到更好的效果。但是，在大规模数据集上训练主题模型的时间开销非常大，即便近年来很多在探索主题建模的快速模型也如此[208-209]。

8.4.3 问题与思考

很多自然语言处理的任务都依赖于文本的定长向量化表示。其中，短文本向量化表示是很重要的。可能最常见的文本定长向量化表示方法是词袋模型或者 $N-Gram$ 词袋模型[18]。但是这类模型面临严峻的数据稀疏性和高维度挑战，并且无法对词语语义进行建模，也损失了词语的距离和顺序信息。近年来，很多研究尝试使用深度神经网络（Deep Neural Network，DNN）来学习短文本向量化表示（此类研究通常也被称为"句嵌入"），这类基于深度学习的方法达到了目前句嵌入研究的最好结果[14,90,151,158]。尽管基于深度学习的方法已取得了不错的研究进展，但目前的句嵌入模型还面临如下挑战：

（1）大多数句嵌入模型只使用文本字面信息来表示句子，导致这些模型对于普遍存在的"一词多义"现象缺乏甄别能力。

（2）有研究尝试将句法结构或者主题建模引入句嵌入，但是对于短文本，由于书写不规范、缺乏足够的信号用于统计和推导，因此无论是句法分析还是主题模型都无法在短文本上取得良好效果。

（3）大多数句嵌入模型平等地处理句子中每个词语，这种"一视同仁"的建模理念不符合人类阅读习惯和人类注意力机制。

（4）设定上下文语境窗口大小比较困难。

为了解决上述问题，相关研究认识到：必须另辟蹊径、从篇幅有限的输入句子中捕获层次更高的语义信息（例如概念信息），以提升句子向量化表达的语义表达能力和甄别能力。此外，需要为不同的上下文语境词语赋予不同的注意力权重，以增强真正对每次预测有帮助的词语的"重视"程度，这样既符合人类阅读习惯及人类注意力机制，又可以在一定程度上缓解设定语境窗口大小的困难。

综上，现有短文本向量化表示研究存在的问题和不足，概述如下。

（1）**仅利用字面信息，导致难以处理歧义**。目前大多数句嵌入模型只使用文本字面信息来表示句子[14,161,164-165,167,184]，导致这些模型对于普遍存在的一词多义现象缺乏足够的甄别能力。

（2）**句法结构分析和主题建模等在短文本上难以奏效**。很多研究尝试将句法结构分析或者主题建模引入句嵌入[173-175,182]，但是对于短文本而言：由于书写不规范等因素，句法结构分析难以奏效；由于缺乏足够的信号用于统计和推导，因此主题模型无法在短文本上取得良好效果。

（3）**输入文本中缺乏足够的语义信息用于推理**。短文本篇幅简短、语法结构不完善，可用于统计和推理的语义信息非常稀疏，导致以句法分析还是主题模型为代表的传统文本挖掘方法在短文本表示建模上的效果不理想[90,177-178,183]。因此，需要探索如何从有限的输入短文本中捕获更多的高层级语义信息来辅助对句子进行表示建模，如概念信息。

（4）**短文本向量化结果缺乏可解释性**。深度神经网络模型驱动的深度学习框架是当前短文本向量化表示学习算法的主流框架。然而，深度学习的"黑盒"性质导致短文本向量化结果虽然具备对于机器的"可计算性"，但是严重缺乏对于人类和机器的"可解释性"（Explainability）。例如，中间过程或者最终所生成的短文本向量的每一维的含义往往不可解释。因此，亟待引入额外结构化语义资源来提高短文本向量化结果的可解释性。

（5）**基于监督学习的短文本向量化表示模型过分依赖于有标注的训练数据**。很多相关研究工作都属于监督学习，往往针对特定应用场景或者应用任务（例如问答系统中的短文本匹配等）来训练和优化模型，导致这些模型领域（任务）移植能力欠缺、模型灵活性较差[156,161,164,167-170,185-210]，更重要的是，其中很多研究比较依赖标注语料。

（6）**通过词向量加权平均得到句向量的方法损失词语关联关系**。虽然通过词向量加权平均得到句向量的方法是生成句向量最直接和最简洁的方法，而且在很多任务中显示出良好的应用效果，但是这种策略损失了词语位置信息、词语顺序信息和词语之间的关联关系[90,158-161]。

（7）**无法有区别地甄别和处理文本中不同的词语**。大多数句嵌入模型平等地处理句子中每个词语，这种"一视同仁"的建模理念不符合人类阅读习惯和人类注意力机制[14,90,143,168-170,184]：人类在阅读过程中，会自动跳过某些词语或者快速扫视某些词语，而把主要注意力集中在个别重要词语上，人类这种注意力机制不仅有助于提高阅读效率，而且能够节省有限的认知资源。

（8）**设定上下文语境窗口大小比较困难**。在模型建模过程中，如果语境窗口设置得过大，不仅会加大计算开销，而且会导致大量无关词语被无效引入，进而导致模型性能衰退；如果语境窗口设置得过小，就会导致上下文片段范围过小而不足以容纳语义相关的词语[190-192]。

近年来，通过引入外部额外知识信息来增强文本向量化表示能力和可解释性的研究开始受到重视。Yu 等[11]首先从概率化词汇知识库中为短文本中的每个词语获得相关概念及共现词语，以增强短文本的语义信息，然后采用基于深度神经网络架构的自动编码器来进行语义编码。Wieting 等[158]研究如何利用 Paraphrase数据库来产生可解释的句嵌入，实验结果显示，通过引入迁移学习，词向量平均这种简易方法的性能在某些应用中的效果优于 LSTM 模型。基于上述研究，Wieting 等[210]通过在句对上训练和正则化等策略来提升LSTM模型在迁移学习和监督学习上的性能，旨在生成独立于领域的句嵌入。但是**上述研究工作大都属于**

监督学习，十分依赖训练数据。

综上，由于输入的短文本中缺乏足够信号，无论句法分析还是主题模型都很难奏效，因此需要另辟蹊径，从有限的输入中捕获更多高层级语义信息，如概念信息。近年来，概念信息的有效性已经在知识表示领域被充分证明[5,10-11]。正如前文所讨论，短文本概念化研究是近年来新兴的热门研究方向，旨在推理产生短文本中词语所属最优概念，进而有助于文本理解[10,17,72,102]。因此，越来越多的研究在探索如何利用短文本概念化算法所挖掘出的概念级别的句子内涵，以实现并增强对句子的向量化表示建模。Le 等[14]提出了 PV 模型，将任意长度的文本表示成向量，这个模型被训练用于预测文档中的词语。但是，他们的方法仅依赖文本字面信息，而忽略了诸如文本主题、文本概念等更高层级的语义信息，所以相关研究通过引入概念信息来扩展 PV 模型，提高其对短文本的深层理解能力和结果可解释性。此外，为了增强真正对每次预测有帮助的词语的重要程度，依然需要为不同的上下文词语赋予不同的注意力（Attention）。注意力模型源于认知心理学中的人脑注意力机制[211]，其在自然语言处理中的成功应用肇始于机器翻译（Machine Translation，MT）领域[212-213]，该模型能够有选择性地重点关注源数据的某些部分，近年来已被应用于提升多种自然语言处理任务性能[153,190-191,214-217]。在本书所研究的短文本向量化表示建模中，注意力机制将被用于为上下文片段中不同的语境词语赋予不同的注意力值。本书中注意力机制的设计源于人类阅读行为研究[189,218-219]。相关研究已经证明，词性、组合范畴文法、词语长度、词频等都是影响人类阅读行为的因素[219-221]，近年来很多研究已在尝试通过模拟人类阅读行为来提高自然语言处理任务的效率[218-219,221]。

概念化句嵌入模型是一个用于学习句子向量化表示的无监督框架，也引领着当前和今后短文本向量化表示建模的新思路：在创新性地引入概念信息的基础上，学习得到的概念层面的句向量被用于预测上下文片段中的目标词或者语境词。该模型受到了近年来基于深度学习的词嵌入研究的启发[14,39]；首先，获取句子的概念分布，进而生成相应的概念向量；随后，句向量、语境词词向量以及该句的概念向量被拼接或平均，以预测给定上下文片段中的目标词。所有句向量和词向量都是通过随机梯度方法和反向传播技术[96]来训练得到的。

注意力机制能够实现不同数据形态之间的自动对齐，能够有倾向性地重点关注某些对解决问题起最关键作用的数据元素，在许多自然语言处理任务中获得了较大认可[190-191,222-223]，长期以来在短文本向量化表示建模过程中扮演着不可替代的作用。不难发现，在 PV、概念化句嵌入等模型中，对于给定的上下文片段中目标词的预测则仅与窗口中的某些词有关，而并非与窗口中的所有词语有关。这与人类阅读习惯是一致的，人类注意力机制会自动增强某些词语而相对忽略另一些词语，相关研究表明，词语类型（Word Type）和惊异度（Surprisal）与人类阅读行为有直接关系[188,193]：人类注意力更倾向于停留在开放性词类（以实词为主，如名词、形容词、动词等），非封闭性词类（以功能词和结构词为主，如连词、介词、感叹词等）则被投入很少注意力，甚至被忽略；具有越高惊异度值的词语，包含和传递的信息越丰富，对其的处理时间和阅读时间就会越长，应该被赋予越高的注意力。因此，基于对人类阅读行为的研究，近年来的研究在不断深入研究如何使用注意力机制来扩展概念化句嵌入模型，使模型能够在预测目标词的时候，根据词语类型和惊异度来有区别地对待上下文语境词。例如，基于注意力机制的概念化句嵌入模型，提出了基于词语类型的注意力机制、基于惊异度的注意力机制，还尝试将基于词语类型的注意力机制和基于惊异度的注意力机制相结合，以探索这两种注意力机制能否实现互相补益。此外，近年来在自然语言处理领域取得突出应用效果的自注意力机制和各类 Transformer 架构，均可以成为进一步提升短文本向量化表示建模能力的有益组件。

综上，概念化句嵌入的核心思想是：在引入以概念信息为代表的外部知识信息和注意力机制后，概念层面（相较于"字面层面"语义层级更深和更抽象的语义层面）的句嵌入模型允许每个词语在不同概念下拥有不同的意义、拥有不同的嵌入形式。例如，对于词语"apple"，在概念 FOOD 下可能指一种水果，而在概念 Information Company 下可能指一家 IT 公司。所以，概念信息会有效提升句向量的语义甄别能力和表达能力。该模型以及基于主题模型的主体化句嵌入算法等的一个重要优势在于可以在无标注数据上完成自动训练，而且，相较于现有神经网络句嵌入模型，其训练成本大幅降低，这将是未来相关研究的一个重要发展方向；另一大优势是该模型摆脱了现有句嵌入模型对特定应用任务的约束和限制[156,161,210]，因此更具通用性和灵活性。在短文本相似度任务和短文本分类任务上的实验结果，充分证明了这种更高语义层面（如概念层面、主题层面）句子向量化表示模型的性能。

8.5　本 章 小 结

通过引入概念信息，概念化句嵌入模型不但能够保持和增强句向量的语义表达能力和甄别能力，而且能强化短文本向量化表示建模的可解释性。在此基础上，为了模拟人类阅读行为，近年来相关研究有针对性地引入基于词语类型的注意力机制和基于惊异度的注意力机制，以扩展上述概念化句嵌入模型，允许模型有选择性地处理上下文窗口中的语境词语，为对句子语义建模有帮助的语境词语赋予更高注意力值和重视程度，从而进一步增强句向量的表达能力。对比实验结果证明，基于注意力机制的概念化句嵌入模型的性能优于其他模型，而且在短文本上具有良好的抗数据噪声和稀疏性的能力。

本章所研究的短文本向量化表示学习算法，依托第 7 章所研究的短文本概念化表示学习算法：将短文本概念化算法所生成的对当前给定短文本的概念分布作为概念化句嵌入模型的输入，经过概念映射矩阵映射成概念向量，与句向量以及上下文语境词向量进行拼接或平均，用于预测目标词。第 7 章的概念化结果（即概念分布 ϕ_c）在本章所重点研究的概念化句嵌入模型中扮演着重要角色。这是因为，该分布中的每一维度都对应一个可解释性概念，而每一维度的数值都表示这个句子对应这个概念的概率；换言之，概念分布是一个对当前给定短文本而言比较可靠且可解释的语义表达。

进一步，本章重点研究的短文本向量化表示建模算法与第 7 章重点研究的短文本概念化表示建模算法将共同支撑第 9 章要介绍的面向微博检索查询扩展的短文本检索任务。其中，短文本向量化表示建模模型主要应用于查询（短文本形式）与推文（短文本形式）"粗粒度"语义匹配过程，在为查询和推文分别生成句嵌入后，通过计算二者之间的余弦距离来生成概念相关反馈推文；短文本概念化表示建模算法主要应用于查询与推文"细粒度"语义匹配过程，其将外部知识库先验知识引入反馈模型，以实现对篇幅简短、稀疏性明显的查询和推文的语义信息扩充，同时实现对微博环境噪声的过滤。

第 9 章

概念化和向量化
在短文本检索问题中的应用

9.1 引　　言

随着信息技术的发展，特别是互联网的不断普及和应用，网络空间中的信息呈爆发式增长，形成了体量巨大的信息和知识资源。如何从海量信息中快速有效地提取出所需的信息，已成为迫切需要解决的问题。为了解决这个问题，信息检索（Information Retrieval）技术应运而生。当前，随着信息检索技术的用户群由专业人士扩大到非专业网民，以及谷歌、百度等商业化搜索引擎取得巨大成功，信息检索领域进入全新的蓬勃发展时期。

社交媒体（Social Media）每天都发布海量信息，已经成为信息资源交换和集散的重要平台。据统计，推特（Twitter）平台上每天有 3.13 亿用户发布超过 35 种语言的 5 亿条微博。微博文本的特点可以概括为时间敏感性、篇幅短、短语非结构化和信息丰富性等，这都与传统文本有很大区别[224]。微博检索（Microblog Retrieval）作为非常出名和流行的微博应用，已经成为广大微博用户日常网络生活的重要组成部分，网民们已经习惯通过微博检索功能来获取所感兴趣的事件（或人物）的最新资讯。微博检索任务于 2011 年成为文本检索会议（Text REtrieval Conference，TREC）的评测任务。微博短文本篇幅短小，非正式语言导致其容易淹没在海量微博文本中，且因其缺少必要的上下文信息而难以被理解。所以，微博检索是一项非常有挑战性的研究课题。微博检索模型深受"词表不匹配"（Vocabulary Mismatch）问题影响，这导致其性能无法满足用户要求。"词表不匹配"通常是指，提出查询的用户和文档的作者使用不同的词语来表述相同的主题或者概念[225]。

用户在社交媒体上所提交的查询[226]的长度往往非常短，会导致检索结果难以与查询关键词高度相关。微博检索面临的这种"不匹配"问题的主要根源在于微博环境中普遍存在的上下位语义关系（Hyponymy）、同义词（Synonymy）和一词多义（Polysemy）等现象[227]。如果不考虑微博数据的固有特性，就很难将传统信息检索方法直接应用于微博检索任务。为此，长期以来很多研究致力于解决微博检索中的词表不匹配问题，相关工作主要围绕基于伪相关反馈策略的查询扩展[226, 228-231]而展开。

9.2　问　题　描　述

9.2.1　定义及分类

信息检索（Information Retrieval）的定义分为广义定义和狭义定义两种。信息检索的广义定义又称"情报检索"，是指将信息按照一定方式组织和存储，并根据信息用户的需求找出有关信息的过程，故全称为"信息的存储与检索"。信息检索的狭义定义是指从信息集合中找出所需信息的过程，相当于人们常说的"信息查寻"（Information Search）。信息检索的实质是将描述特定用户所需信息的提问特征与信息存储的检索标识进行异同比较，从中找出与提问特征一致或者基本一致的信息。从上述定义可知，信息检索涉及信息索引和信息存储两个重要过程。其中，信息索引是指对大量无序的信息特征进行著录、组织，使之有序化；信息存储是指对有关信息按照科学的方法组成检索工具和检索文档，建立信息数据库。

信息检索按照内容主要分为三类，分别是文献检索、数据检索、事实检索。文献检索是以文献为检索对象，从已存储的文献数据库中查找特定文献的过程，可分为书目检索和全文检索，其检索结果往往是一些可供研究课题使用的参考文献的线索或全文。数据检索是以数据为检索对象，从已收藏数据资料中查找特定数据的过程，这是一种确定性检索，信息用户检索到的各种数据是经过专家测试、评价、筛选过的，可直接用于进行定量分析。事实检索是通过对存储的文献中已有的基本事实进行检索，或对数据进行处理得出新的事实的过程，其检索对象既包括事实、概念、思想、知识等非数值信息，也包括一些数值信息，但需要针对查询要求，由检索系统进行分析和推理后输出最终结果。

信息检索还有其他分类方式，如按照检索方式分类、按照数据格式分类、按照用户使用目的的分类等。按照检索方式分类，信息检索可以分为脱机检索、联机检索、国际联机检索、光盘检索和网络检索等类型；按照数据格式分类，信息检索可以分为文本信息检索、多媒体信息检索和超媒体/超文本信息检索等类型。

9.2.2　基本处理流程

信息检索的关键在于，如何有效地将用户空间需求信息的描述与文档空间已知信息的描述进行匹配。信息检索的基本流程（图 9-1）主要包括：① 信息检索系统从网络空间海量信息中采集信息资源，通过相应的文本处理手段，对信息资源以适当的方式进行索引和存储；② 用户提交用于查询的关键词，系统对查询主题进行解析和表达；③ 经过相应的信息检索模型以及基于链接分析的文档排序方法，系统返回检索后的文档排序集合；④ 针对不同类型的检索任务，选取适当的性能评价指标和方法，对信息检索结果进行评估。其中，信息检索模型是该流程的核心，包括许多经典的检索模型，如布尔模型、向量空间模型、概率模型、统计语言模型、相关反馈模型、潜语义分析模型等，主流链接分析方法则包括 PageRank 方法和 HITS 方法等。

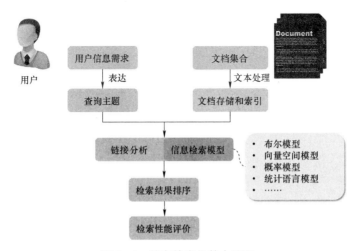

图 9-1　信息检索的基本流程

9.2.3　索引结构

常用信息检索系统的功能主要是针对全文进行检索，即给定一个字符串或字符串的关系表达式，对文档集合进行检索，找出与给定表达式相匹配的文档。建立索引（Index）结构是信息检索流程中的关键步骤。

索引负责对资源进行存储和定位。信息检索系统为了能够快速响应查询请求，通常会为它所存储的信息建立索引结构。索引建立起信息内容与内容存储的位置信息——一种映射关系。通过索引，响应查询请求时，系统能够很快找到用户所需的信息。随着网络数据和用户规模的不断增长，索引结构的设计面临前所未有的海量化和实时性挑战。通常，文档的索引结构分为正排索引和倒排索引。其中，正排索引是从文档到词语的映射，倒排索引是从词语到文档的映射。

1. 正排索引

在正排索引（Forward Index）中，将文档编号作为关键字，将文档中出现的每个字（或词语）作为记录。每个记录项记录文档中每个字（或词语）出现的词频、每次出现的位置等信息。查找时，按照文档的编号依次扫描每个文档中词语的信息，输出所有该查询关键字出现过的文档。正排索引的组织方式比较简单，建立索引的过程也比较简洁，且易于维护。这是因为，索引是基于文档建立的，若有新的文档加入，则直接为该文档创建一个新的索引块，挂接在原来索引文件的后面；若有文档删除，则直接找到该文档对应的索引信息，将其删除。但是在查询时，需对所有的文档进行扫描，以确保没有遗漏，这就导致检索时间大大延长，检索效率低下。尽管正排索引的工作原理非常简单，但其检索效率太低，除非在特定情况下，否则其实用性不大。

本质上，正排索引以文档编号为视角看待索引词语，也就是通过文档编号去检索词语。任给一个文档编号，都能够知道它涉及了哪些索引词、这些索引词分别出现的次数，以及索引词出现的位置。然而，全文索引实质上是通过关键词来检索，而不是通过文档编号来检索，因此正排索引满足不了全文检索的要求。虽然正排索引满足不了全文检索的需要，但正排索引为创建倒排索引创造了有利条件，是构建倒排索引所不可缺少的一环。

2. 倒排索引

在信息检索系统中，倒排索引被证明是最合适并广泛使用的索引结构。倒排索引（Inverted Index）是一种面向词语的索引机制。在倒排索引里，每个索引项通常由词语和其出现的位置信息两部分组成。对于每个词语，都有一个位置列表来记录该词语在所有文档中出现的信息。这些信息由该词语出现的文档编号、在文档中出现的位置及频率等组成。查询时，可以一次得到查询包含该词语所对应的所有文档，所以其检索效率高于正排索引。但是，每个词语出现的文档会经常发生变化，倒排索引的建立和维护相较于正排索引就比较复杂。虽然在全文检索中检索响应时间是最为关键的性能之一，但倒排索引的构建是在后台进行，所以不会影响信息检索系统的检索效率。

1）倒排列表构建

倒排索引主要由词典（Lexicon）和倒排链（Posting List）两部分组成。其中，词典记录整个文档集中出现的词语、短语或 N 元组及相应的倒排链指针。对于一个查询中出现的每个词语，首先查找其是否在词典中出现，以及该词语对应的倒排链所在的磁盘位置。词典通常利用哈希表或者树状结构实现，以满足快速索引构建和词语查找的需求；出现在词典中的每个词语对应一个倒排链，倒排链利用一个文档命中记录的数据结构（Doc_ID, TF, $\langle p_1, p_2, \cdots, p_n \rangle$）来记录词语在某个文档中的命中信息，其中，Doc_ID 表示文档编号，TF 表示词语在此文档中的出现次数，p_i 表示词语每次出现在此文档中的位置偏移信息。表示词语在不同文档中的命中信息的倒排链通常有序地排列，倒排索引结构如图 9-2 所示。对于某个词语，其所有倒排链有序排列，构成这个词语的倒排列表；所有词语的倒排列表往往顺序地存储在磁盘的某个文件里，这个文件称为倒排文件，即倒排文件是存储倒排索引的物理文件。

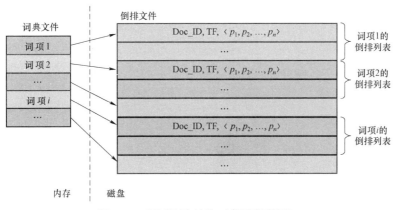

图 9 - 2　倒排列表结构（书后附彩插）

在当前数据和知识资源爆发式增长的环境下，随着索引规模的不断增长，信息检索系统通常使用索引压缩（Index Compression）技术来降低对磁盘和存储器的需求。此外，索引压缩技术还可以使数据的存储更加紧密，从而缩短磁盘寻道时间；更重要的是，压缩使得更多索引可以进入内存，可有效提高处理器的查询处理性能[232-233]。经常采用的索引压缩技术是使用文档编号差值（D-Gap）取代倒排列表中的文档编号。其中，文档编号差值是指倒排列表中相邻的两个倒排链中的文档在文档集合中编号的差值。在倒排索引构建过程中，通常可以保证同一个倒排列表中后出现的文档编号比之前出现过的所有文档编号大，所以文档编号差值都是大于 0 的较小整数。然而，原始文档编号一般都是大整数，所以使用差值就能有效地将大数值转换为小数值，进而有效减少倒排表的大小。索引压缩技术主要考虑的指标有压缩率、解压速度等，对压缩速度的要求并不严格。如今，应对当前网络空间大数据环境海量规模的信息检索需求，采用 Hadoop 中的 Map-Reduce 编程模型可以很方便地以并行与分布式的方式建立索引。

2）倒排列表更新

倒排索引文件通常使用延迟合并策略、原地更新策略、整体重构策略以及混合更新策略等策略来完成对其内容的更新。

（1）延迟合并策略。信息检索系统从网络空间采集到新的文档后，首先分析文档；接着，更新内存中的临时索引，对于文档中出现的每个词语，在其倒排列表末尾追加倒排链；当索引将所有可用内存消耗完时，进行索引合并操作。如果倒排文件中的倒排列表按照词典顺序由低到高排序，则直接顺序扫描合并索引即可。但是，这种方式需要生成新的倒排索引文件，对于已有的索引中的很多词语，即使其在倒排列表上并未发生任何改变，也必须将其取出与新的索引合并后一起写入索引，这样会增加磁盘的消耗。

（2）原地更新策略。这种策略是对延迟合并策略的改进。在原地合并倒排列表需要提前分配一定的空间，以备未来的插入操作。如果提前分配的空间不够，则需要进行迁移。实际应用中证明，使用这种策略，索引更新的效率比延迟合并策略要低。

（3）整体重构策略。当信息检索系统中新增文档数量达到一定阈值后，就把新增文档和原有文档合并，再利用静态索引创建的方法对整合后的文档重建索引，最后用重建的索引代替原有的索引。这种策略的代价比较高，因此当信息检索系统只有少量新增文档时，不进行更新操作。

（4）混合更新策略。这种策略结合上述几种索引更新策略的长处，结合不同索引更新策略的特点，形成一种更好的索引更新方法。

9.2.4　查询扩展

在目前的信息检索（包括微博检索）研究领域，基于伪相关反馈（Pseudo-Relevance Feedback，PRF）策略[98,234-236]的查询扩展（Query Expansion，QE）研究一直占据着主导地位，被广泛用于提高检索性能，并在多种类型的信息检索任务中得到了有效验证。

查询扩展的目标在于，使用不同的而且与用户检索意图一致的词语来扩展最初的、并不成功的查询，或者产生一个最有可能检索到更加显著相关文档的相关查询[237]。当用户提交的原始查询简短而且歧义性大、亟需主题相关词语辅助时，查询扩展机制将对改善检索性能起到显著作用，这也正符合微博检索所面临的困难情景。查询扩展的主要思想是在信息检索的过程中通过与用户交互来提高最终的检索效果，其基本流程概述如下：① 用户提交原始查询，系统对查询主题进行解析和表达；② 经过相应的信息检索模型或算法，系统返回初始检索后的文档排序集合（通常称为"伪相关文档"）；③ 用户参与对初始检索得到的结果进行相关性判断，显式地将它们标注为相关或者不相关（即显式反馈信息），或者信息检索系统通过收集数据和自动分析、估计来预测用户对部分结果的满意度（即隐式反馈信息）等；④ 系统基于上述显式（或隐式）反馈信息，针对不同的检索模型（或算法）扩展原始查询，形成新的查询；⑤ 系统利用新查询进行重新检索，生成新的检索结果排序，并进行检索性能评价。

通常，查询扩展技术主要包括基于全局分析的查询扩展、基于显式相关反馈（Explicit Relevance Feedback）的查询扩展、基于隐式相关反馈（Implicit Relevance Feedback）的查询扩展、基于伪相关反馈的查询扩展等[52]。

（1）基于全局分析的查询扩展是一种早期较常采用的查询扩展技术，其基本思想是对文档全集中的词语（或短语）进行相关性分析（如共现分析等），计算每对词语（或短语）之间的相关度，构造叙词表，并从中选取与查询关键词关联程度最大的词语作为扩展词语，加入原始查询来实现查询扩展。全局分析方法主要包括基于词聚类的方法、基于潜语义索引的方法、基于相似词典的方法等。

（2）显式相关反馈技术要求信息检索系统为用户提供一个明确的接口，用于接收用户的反馈信息，用户按照自己的检索目的对系统给出的初始检索结果做出相关与否的标记，重复上述过程，直到系统提供令用户满意的检索结果为止。但在实际应用中，大多数用户希望简化操作、享受更短的检索响应时间，因此带有用户显式反馈功能的检索系统加重了用户负担、实用性较差，很难得到推广。

（3）在隐式相关反馈方法中，用户不直接参与反馈，系统通过分析包括"审查""保留""引用"等在内的用户行为（User Behavior）来发现用户的兴趣和爱好[238]。例如，通过收集用户查询日志等信息来间接地分析用户的偏好，通过文档的局部或者全局点击率来分析文档的重要性等[239-242]。然后，系统结合用户的检索需求进行检索优化。

（4）伪相关反馈是目前查询扩展技术中最常用的一种方法。这种方法既不需要用户对初始检索结果进行人工评价，系统也不必捕捉用户的点击与浏览行为，而直接从初始检索结果本身入手获得反馈信息，通常将初始检索结果中排序靠前的前 M 个文档认定为"相关文档"，对前 M 个文档进行分析，以扩展用户的原始查询[54,243-246]。以往研究常将基于伪相关反馈的查询扩展称为局部查询扩展（Local Query Expansion）[247]。

经过查询扩展，扩展后得到的新查询可以提供更多有利于判断文档相关性的信息，减少在获取用户查询信息需求（Information Need）过程中不稳定因素对信息检索系统造成的负面影响，从而改善信息检索性能，提高系统感知用户检索需求的准确性[109,246,248]。从微博检索的实际应用需求出发，无须用户交互的伪相关反馈方法无疑是查询扩展技术应用于微博检索的首选，因此**本书重点讨论基于伪相关反馈策略的查询扩展**。

伪相关反馈策略的基本假设：通过初始检索得到的"伪相关文档"中的绝大部分高频词语对于扩展原始查询是有用的[234,246,249-250]。通常，伪相关反馈策略包括两个阶段：在第一个阶段，通过一个简练的初始检索（Initial Retrieval）来获得伪相关文档（Pseudo-Relevance Documents，PRD）；在第二个阶段，基于所设计的查询扩展策略来扩展原始查询。

9.2.5　性能评价方法

信息检索评价是指对信息检索系统的性能（即满足用户信息需求的能力）进行评估的活动。通过评估，可以评价不同信息检索技术的优劣以及不同因素对信息检索系统的影响，从而促进信息检索领域研究水平的不断提高。信息检索系统的目标是在较少消耗情况下尽快、全面地返回准确结果，通常以此为依据来设计信息检索评价指标。信息检索评价指标的制定，通常从以下三个方面来考虑：效率（Efficiency），对此可以采用常见的评价方法，如时间开销、空间开销等；效果（Effectiveness），如返回的文档中有多少相关文档、所有相关文档中返回了多少、返回的文档是否靠前等；其他指标，如覆盖率、访问量、数据更新速度等。

对信息检索的主要评价指标概述如下。

1. 准确率和召回率

准确率和召回率是信息检索最基本的评价指标。这两个指标针对无序检索结果，其最早定义基于以下简单情况：对于给定查询，信息检索系统返回一系列文档集合，不考虑文档之间的先后顺序。对于信息检索系统的检索结果，存在四种关系，即真正相关的文档、真正不相关的文档、系统判定相关的文档、系统判定不相关的文档等，四种关系的矩阵表示如图 9-3 所示。其中，"R" 表示相关，"N" 表示不相关。

	真正相关的文档 （RR+NR）	真正不相关的文档 （RN+NN）
系统判定相关的文档 （RR+RN）	RR	RN
系统判定不相关的文档 （NR+NN）	NR	NN

图 9-3　四种关系的矩阵表示

准确率（Precision）又称"查准率"，表示返回的结果中真正相关文档的比率，计算公式如下：

$$P = \frac{RR}{RR + RN} \tag{9-1}$$

召回率（Recall）又称"查全率"，表示返回的相关文档数占实际相关文档总数的比率，计算公式如下：

$$R = \frac{RR}{RR + NR} \tag{9-2}$$

需要注意的是，准确率和召回率是互相影响的。理想情况下，希望二者都高。但是一般情况下，如果准确率高，那么召回率就会低；如果召回率高，那么准确率就会低。准确率和召回率这两个指标分别度量信息检索效果的某个方面，忽略任何一个方面都会有失偏颇。所以，如果评测需要兼顾准确率和召回率，可以使用 F-值（F-measure）来综合衡量信息检索系统性能。F-值是正确率和召回率的调和平均值，公式如下：

$$F = \frac{1}{\alpha \dfrac{1}{P} + (1-\alpha)\dfrac{1}{R}} = \frac{(\beta^2+1) \cdot P \cdot R}{\beta^2 \cdot P + R} \tag{9-3}$$

式中，$\beta = (1-\alpha)/\alpha$。通常，$\beta < 1$ 表示强调正确率，$\beta > 1$ 表示强调召回率。

默认情况下，平衡 F-值（Balanced F-measure）中正确率和召回率的权重相等，即 $\alpha = 0.5$ 或 $\beta = 1$。此时，F-值的公式如下：

$$F = \frac{2 \cdot P \cdot R}{P + R} \qquad (9-4)$$

2. AP 和 MAP

准确率、召回率和 F-值存在单点值局限性，为了解决该问题，平均精度（Mean Average Precision，MAP）应运而生。MAP 是对所有查询的平均正确率（Average Precision，AP）求宏平均。AP 的计算方式如下：

$$AP = \frac{1}{R} \sum_{j=1}^{n} I_j \cdot \frac{R_j}{j} \qquad (9-5)$$

式中，R——测试集所有相关的文档数量；

n——测试集中文档的总数量。

如果第 j 个文档是相关的，那么 $I_j = 1$；否则，$I_j = 0$。R_j 表示前 j 个文档中相关的文档的数量。假设查询集合用 $\mathbb{Q}$ 表示，查询 $Q_i \in \mathbb{Q}$ 对应的相关文档数量用 R_i 表示，R_{ij} 表示前 j 个文档中相关的文档的数量，则 MAP 的计算方式如下：

$$MAP = \frac{1}{|\mathbb{Q}|} \sum_{i=1}^{|\mathbb{Q}|} \frac{1}{R_i} \sum_{j=1}^{n} I_j \cdot \frac{R_{ij}}{j} \qquad (9-6)$$

系统检索出来的相关文档越靠前，MAP 就可能越高。如果系统没有返回相关文档，则准确率默认为 0。MAP 不仅能够反映全局性能的指标，而且考虑了检索结果的排名信息，已经成为目前评价信息检索技术和系统的最常用性能指标，被证明有非常好的区别性和稳定性。

3. Precision@N

Precision@N 简称 P@N，是指对特定的查询，其考虑位置因素，检测前 N 条结果的准确率。通常会使用一个查询集合，包含若干条不同的查询词，在实际使用 P@N 进行评估时，通常使用所有查询的 P@N 数据来计算算术平均值，用于评判该信息检索系统的整体搜索结果质量。

对用户来说，通常只关注搜索结果的前若干条结果，因此通常搜索引擎的效果评估只关注前 5 条或者前 3 条结果，所以常使用 P@3 或 P@5 等。但是对一些特定类型的查询应用，如寻址类查询（Navigational Search），由于目标结果极为明确，因此在评估时，会将 N 取值为 1（即使用 P@1）。

4. Bpref

二元偏好（Binary preference，Bpref）于 2005 年首次引入 TREC 的 Terabyte 任务。其基本思想是：在相关性判断（Relevance Judgement）不完全的情况下，计算在进行了相关性判断的文档集合中，在判断到相关文档前所需判断的不相关文档的数量。Bpref 的定义如下：

$$Bpref = \frac{1}{R} \sum_{r} \left(1 - \frac{n}{R} \right) \qquad (9-7)$$

式中，R——相关文档总数量；

$\quad\quad r$——第 r 项相关文档；

$\quad\quad n$——排在第 r 项相关文档之前有 n 个不相关的结果。

通常，在相关性判断完全的情况下，利用 Bpref 和 MAP 进行评价的结果是很一致的，但是在相关性判断不完全的情况下，Bpref 的判断效果更好。

5. GMAP

GMAP（Geometric MAP）于 2004 年首次引入 TREC 任务。GMAP 被定义为 AP 的几何平均值，定义如下：

$$\text{GMAP} = \sqrt[n]{\prod_{i=1}^{n} \text{AP}_i} = \exp\left(\frac{1}{n}\left(\sum_{i=1}^{n} \ln \text{AP}_i\right)\right) \quad\quad (9-8)$$

通常，GMAP 和 MAP 各有利弊，可以配合使用。对于比较难的查询，GMAP 更能体现细微差别。

6. MRR

对于某些信息检索系统（如问答系统等），通常只关心第一个标准答案返回的位置，越靠前越好，这个位置的倒数称为 Reciprocal Rank（RR），对查询集合求平均，则得到 MRR（Mean Reciprocal Rank）。MRR 的基本假设：返回的结果集的优劣与第一个正确答案出现的位置有关，第一个正确答案越靠前，结果就越好。MRR 的计算方式如下：

$$\text{MRR} = \frac{1}{|\mathbb{Q}|}\sum_{i=1}^{|\mathbb{Q}|} \frac{1}{\text{rank}_i} \quad\quad (9-9)$$

式中，$\mathbb{Q}$——样本查询集合；

$\quad\quad |\mathbb{Q}|$——查询集合中查询的个数；

$\quad\quad \text{rank}_i$——在第 i 个查询中，第一个正确答案的排名。

7. nDCG

每个文档并非只有相关和不相关两种情况，而是有相关度级别，如 0、1、2、3。可以假设，对于返回结果：相关度级别越高的结果越多，相关度级别越高的结果越靠前越好。

Cumulative Gain（CG）并不考虑在检索结果页面中结果的位置信息，而是在这个检索结果列表里面所有结果的等级对应的得分的总和。假设一个检索结果列表有 P 个检索结果，则将 CG 定义为如下形式：

$$\text{CG}_P = \sum_{i=1}^{P} \text{rel}_i \quad\quad (9-10)$$

式中，rel_i——排序第 i 位的检索结果的相关度得分。

由 CG 的定义可知，CG 的统计并不影响搜索结果的排序。CG 得分高只能说明这个结果页面总体的质量比较高，并不能说明这个算法做的排序好或差。然而，一个真正好的排序结果，需要把相关度级别高的检索结果排在前面。

DCG（Discounted Cumulative Gain，折扣累积获得）的思想是：如果相关度级别比较高的结果排得比较后，那么在统计分数时，就应该对这个结果的得分有所打折。一个有 P 个检索结果的检索结果列表的 DCG 定义为如下形式：

$$\text{DCG}_P = \text{rel}_1 + \sum_{i=2}^{P} \frac{\text{rel}_i}{\log_2 i} \qquad (9-11)$$

由于不同信息检索模型给出的检索结果有多有少，所以无法直接使用 DCG 值来做对比，因此定义 nDCG（normalized DCG，归一化折扣累积获得）的形式如下：

$$\text{nDCG}_P = \frac{\text{DCG}_P}{\text{IDCG}_P} \qquad (9-12)$$

式中，IDCG（Ideal DCG）就是理想的 DCG，其计算方式如下：人工对检索结果进行排序，排到最好的状态后，算出这个排列下的 DCG，就得到 IDCG。由于 nDCG 是一个相对比值，因此不同的信息检索结果之间就可以通过比较 nDCG 来决定哪种排序比较好。

9.2.6　短文本信息检索与传统信息检索的区别分析

微博是社交媒体中存在的一种常见的短文本。本书对于短文本信息检索的研究，聚焦于微博检索。从应用角度出发，微博的特点之一便是微博往往是在某个突发事件发生时，人们大量发布的内容，这使得微博成为探究"某时某事"的重要线索。

以典型的短文本信息检索应用——推特（Twitter）检索为例。推特的查询的特点可以概述为简短、频繁。与传统 Web 查询相比，推特的查询不太可能作为会话的一部分发展，即推特用户会重复使用同一个查询来"监控"时态变化；而在传统信息检索中，往往会变换和改正查询，以得到想要"学习"的内容。推文检索结果通常包含很多社交花絮或者社交事件，而传统信息检索结果一般是基础事实（Basic Fact）。

除了使用推特"共享"信息外，用户经常使用推特来"查找"信息。例如，有时用户更新的推文就是对其社交圈的直接发问。由于很多推文是公开的，因此用户也会在全网的推文中查找关于某个特定主体的相关推文或者报道。例如，推特提供了搜索接口，Bing 搜索引擎和 Google 搜索引擎也曾经提供对于推特的在线搜索功能。近年来，越来越多的研究开始重视研究用户使用微博检索的动机，以及与传统 Web 信息检索行为的区别。微博信息的很多属性不同于传统 Web 内容；推文简短、发布频率高、更新之后不更新，而 Web 文本内容丰富、发布频率低、发布之后经常更新。这些区别导致了研究短文本信息检索所必须回答的三个问题：用户进行微博检索的目的是什么？微博检索的内容与传统 Web 信息检索的内容有什么不同？微博检索的结果与传统 Web 信息检索的结果有什么不同？

通过对比提交给推特的查询和提交给 Web 搜索引擎（如 Bing 搜索引擎和 Google 搜索引擎等）的查询，并考察相同用户对相同内容在不同媒介（推特、传统 Web 搜索引擎）的不同信息检索行为，可以对上述问题做出回答：用户使用微博检索是为了寻找时间相关信息（Temporally Relevant Information，例如正在发生的事件或者特定事件的当下趋势与最新进展等）、实时信息（Real-Time Information，例如天气、交通等区域性信息或者在线服务等）、社交信息（Social Information，例如与人相关的信息等）等，因此姓名（如推特用户姓名、名人姓名等）是微博检索的常见查询，有时是为了搜索有特定兴趣的用户（例如志同道合的朋友等），有时是为了搜索特定人群或者意见领袖针对某个主题的言论（例如总结性质的观点）；微博检索的目的往往是“监控”一个事件，而传统 Web 信息检索的目的是“学习”一个主题，相较于传统 Web 信息检索，出现在推特上的查询更加简单、经常重复、很少改动；微博检索的结果更倾向于社交内容和事件信息，传统 Web 信息检索的结果倾向于基本事实（Basic Fact）和导航内容（Navigational Content）等，此外，微博检索结果所使用的语言风格和 Web 检索所使用的语言风格存在显著不同。

9.3　信息检索基础方法

信息检索理论及相关模型最早出现于 19 世纪 70 年代的图书馆领域。随着计算机的诞生和发展，在 20 世纪 50 年代，一些学者提出如何在计算机里存储和查询文本信息的基本理论和想法，以布尔模型为代表。1960 年，Maron 等[251]提出了概率模型，把文档的相关性理解为一种概率事件，通过查询词在相关文档和不相关文档的百分比进行排序。1975 年，Salton 等[21]在 SMART 检索系统中首次使用向量空间模型，将查询和文档用向量的形式进行表示，通过计算二者的向量相似性进行排序。1998 年，Ponte 等[31]将语言模型用于信息检索，其主要思想是分别为每篇文档估计一个概率分布（即文档的语言模型），然后对每篇文档对应语言模型下生成查询的可能性进行排序，从而得到文档在检索结果中的排序。

9.3.1　经典信息检索模型

经典信息检索的目的是根据用户的查询（即关键词）从大量文档中找到满足用户要求的相关文档，其核心问题是判别相关文档和无关文档。相关检索理论及模型就是判断文档是否与查询相关和对相关文档进行排序的数学模型。根据相关度判别方法的不同，已发展出了多种类型的信息检索模型，比较有代表性的模型有布尔检索模型、向量空间模型等。

1. 布尔检索模型

布尔（Boolean）检索模型[1]是最典型的一种集合模型，是信息检索系统提供的基本功能，在传统的信息检索中有着广泛应用。它将文档表示成布尔表达式，然后将其通过与用户的查询表达式进行逻辑比较来检索相关文档。

标准布尔逻辑模型是二元逻辑。在布尔模型中，首先要针对文档定义一系列二元特征项，这些特征项一般是从文档中提取的文档索引关键词，有时也包括一些更为复杂的特征项，如数据、短语、私人签名和手工加入的描述词等。其次，使用这些特征项的集合来表示文档 $d_i = (w_{i1}, w_{i2}, \cdots, w_{in})$，其中，$n$ 是特征项的个数；$w_{ik}(k=1,2,\cdots,n)$ 的值为 True 或 False，如果特征项 w_{ik} 在文档 d_i 中出现，就赋予 True 值，反之置为 False。

在布尔检索模型中，用户可以根据查询关键词在文档中的布尔逻辑关系，用 $\wedge$（AND）、$\vee$（OR）、$\neg$（NOT）等逻辑运算符将多个关键词连接成一个逻辑表达来提交查询。匹配函数由布尔逻辑的基本法则确定，通过对文档表达式与用户查询表达式的逻辑比较进行检索，所检索出的文档要么与查询相关，要么与查询无关。

布尔检索模型相对比较简单，在早期被广泛应用于文献数据库的检索中，现仍然应用于某些著名的文献数据库，如 PubMed。但是布尔检索模型有一些明显的缺陷和不足：首先，布尔检索模型基于布尔表达式的真假对文档进行检索，每个文档要么与查询相关，要么与查询无关，无法量化表示文档和查询之间的相关程度，因此无法按照相关性对返回的文档进行排序；其次，在布尔检索模型中，要想进行高效率的检索，用户就需要非常了解自己所要检索的主题并具备一定的专业知识，并且能够把自己的信息需求准确地转化为布尔表达式，但这对于非专业的用户来说是很难做到的。布尔检索模型的这些缺陷决定了它不适合应用于现在主流的互联网搜索中。

2. 向量空间模型

向量空间模型（Vector Space Model，VSM）已成为现代信息检索系统中最常用的模型，基于向量空间模型开发的 SMART 信息检索系统也成为后来信息检索实验系统的样板[1,243]。向量空间模型克服了使用布尔检索模型中二元权值的缺点，采用非二元权值来表示特征项在文档和用户查询中的权重，提出了允许部分匹配的模型结构。在向量空间模型中，文档使用特征项构成的加权向量来表示：$D_i = \left(w_1, \text{weight}(w_1, D_i); w_2, \text{weight}(w_2, D_i); \cdots; w_n, \text{weight}(w_n, D_i) \right)$。其中，$n$ 是特征项的个数；特征项 w_k 与布尔模型中的特征项类似；$\text{weight}(w_k, D_i)$ 为特征项 w_k 在文档 i 中的权重。

通常有两种方法来确定权值 $\text{weight}(w_k, D_i)$。一种方法是由专家（或用户）根据自己的经验与所掌握的领域知识进行人为地赋予权值，但是这种方法随意性很大、效率很低，很难适用于大规模文档集的处理。另一种方法是运用统计学的知识，也就是用文档的统计信息（如词频、词语之间的共现频率等）来计算项的权重，大部分统计方法都基于香农信息论原理：如果某特征项在所有文档中出现的频率越高，那么它所包含的信息熵也就越少；如果某特征项只在少量文档中有较高的出现频率，那么该特征项就会拥有较高的信息熵。

目前被广泛采用的权值计算公式是词频–逆文档频率（Term Frequency-Inverse Document Frequency，TF-IDF），公式如下：

$$\text{weight}(w_k, D_i) = \text{TF}(w_k, D_i) \cdot \text{IDF}(w_k, D_i) \qquad (9-13)$$

式中，$\text{TF}(w_k, D_i)$ ——词频，表示特征项 w_k 在文档 D_i 中的频率；

$\quad\quad$ $\text{IDF}(w_k, D_i)$ ——逆文档频率，表示特征项 w_k 反比文档频率。

文档之间或者文档与用户查询之间的（内容）相关程度（Degree of Relevance）通常用它们之间的相似度 $\text{sim}(D_i, D_j)$ 来度量。当文档和查询均被表示为向量空间模型时，可以借助于向量之间的某种距离来表示二者之间的相似度，常用向量之间的内积进行计算，即

$$\text{sim}(D_i, D_j) = \sum_{k=1}^{n} \text{weight}(w_k, D_i) \cdot \text{weight}(w_k, D_j) \qquad (9-14)$$

相似度 $\text{sim}(D_i, D_j)$ 越大，说明两个文档（或文档和用户）查询之间的相关度越大。因此，可以根据相似度进行排序。向量空间模型、词频和逆文档频率几乎构成了现代信息检索的基础，它们简单、易于实现和量化，并在实际的系统中取得了较好的效果，现有的绝大多数商业或实验信息检索系统都基于向量空间模型。向量空间模型的一个缺点是它假设词语与词语之间是独立的，但这个假设与实际的应用场景并不完全相符。

9.3.2　概率检索模型

概率模型（Probabilistic Model）是为了解决检索中存在的一些不确定性而发展起来的，是以数学理论中的概率论为原理的一种检索模型[53]。在此模型中，文档和用户查询的表示与布尔模型相同。同时，根据用户反馈，将文档分成相关的和无关的两类，然后根据每个特征项（词语）在相关文档集合和无关文档集合的分布情况来计算它们的相关概率，并将它表示成概率：$O(R) = \mathcal{P}(R) / (1 - \mathcal{P}(R))$（$R$ 表示"文档是相关的"，$\neg R$ 表示是"文档是无关的"）。假设特征项是相互独立的，那么文档 D 和查询 Q 之间的相关概率可按如下公式计算：

$$O(R \mid D, Q) = \sum_{d_k \in \text{匹配的特征项}} \log \frac{\mathcal{P}(d_k \mid R, Q)(1 - \mathcal{P}(d_k \mid R, Q))}{\mathcal{P}(d_k \mid \neg R, Q)(1 - \mathcal{P}(d_k \mid \neg R, Q))} \qquad (9-15)$$

式中，d_k ——查询 Q 和文档 D 匹配的特征项；

$\quad\quad$ $\mathcal{P}(d_k \mid R, Q)$ ——该特征项在相关文档集中出现的概率；

$\quad\quad$ $\mathcal{P}(d_k \mid \neg R, Q)$ ——该特征项在无关文档集中出现的概率。

概率模型的优势在于采用严格的数学理论为依据，能够按照相关度概率来对检索结果进行排序，其检索效率要明显优于布尔检索模型。目前，很多实用信息检索系统采用的相关性排序策略都基于概率检索模型。例如，二元独立检索模型是经典的概率模型[53]，非常著名的 BM25 模型和 BM25F 模型也是以概率检索模型为基础[252]，其他主要概率模型有基于贝叶斯网络的推理网络模型、信任网络模型[253]等。

1. BM25 模型

BM25 模型是一种比较成熟的概率检索模型，在 TREC 评测中的 Okapi 信息检索系统中被最早提出并实现，因此又称作 Okapi BM25 模型。BM25 模型的整体思路基于上述概率检索模型，其通过一个评分函数对每个查询和文档对进行评分，然后按照得分来降序排列候选文档。BM25 模型基于词袋（Bag-of-Words，BOW）假设，即索引词项之间的概率相互独立。对于查询 Q，有 $Q = \{q_1, q_2, \cdots, q_n\}$，$q_i$ 为查询 Q 的中的词语。D 为候选文档，候选文档和查询对的得分 $\mathrm{score}(D, Q)$ 按照下式计算：

$$\mathrm{score}(D, Q) = \sum_{i=1}^{n} \mathrm{IDF}(q_i) \cdot \frac{\mathrm{TF}(q_i, D) \cdot (k_1 + 1)}{\mathrm{TF}(q_i, D) + k_1 \cdot \left(1 - b + b \cdot \dfrac{|D|}{\mathrm{avgdl}}\right)} \qquad （9-16）$$

式中，$\mathrm{TF}(q_i, D)$——查询词语 q_i 在候选文档 D 中的词频（Term Frequency）；

　　　$|D|$——文档 D 的词语总数；

　　　avgdl——文档集的平均文档长度；

　　　k_1, b——自由参数；

　　　$\mathrm{IDF}(q_i, D)$——查询 Q 中词语 q_i 的逆文档频率（IDF）：

$$\mathrm{IDF}(q_i, D) = \ln \frac{|\Delta| - n(q_i, D) + 0.5}{n(q_i, D) + 0.5} \qquad （9-17）$$

式中，$|\Delta|$——文档集中的文档总数量；

　　　$n(q_i, D)$——含有查询词语 q_i 的文档 D 的数量。

BM25 模型通过加入文档权值和查询词语权值来拓展二元独立模型的得分函数，在 TREC 检索实验上有着非常好的表现，而且对包括网络搜索引擎在内的商业搜索引擎中的排序算法的影响很大。总的来说，BM25 模型是从将信息检索视为分类问题的模型中演化出来的一种有效的排序算法，重点关注于主题相关，并且显式地假设相关性是二元的。

2. 基于贝叶斯网络的推理网络模型

贝叶斯网络（Bayesian Network）是一种用于区分一组事件和事件之间依赖关系的概率模型。这种网络是有向无环图（Directed Acyclic Graph，DAG），图中的节点表示带有一组可能输出的事件，连边表示事件之间的依存概率。特定事件输出的概率（或者置信度）可以通过给定父节点事件的概率确定。用于检索模型时，基于贝叶斯网络的推理网络模型主要借助于构建一个检索贝叶斯网络来描述查询和文档之间的概率关系。其中，节点表示事件，例如观察到的一个特定文档、一个特定证据（Evidence）片段或一些证据片段的组合，这些事件都是二元的，可能的输出值只有真（True）或者假（False）。

图 9-4 展示了一个推理网络，该网络主要由文档网络（Document Network）和查询网络（Query Network）两部分组成，其中被融合的证据包括文档的标题（Title）、正文（Body）和子标题（Head）等。文档网络根据文档集中的所有文档进行构建，对于同一个文档集仅构建一次。D 是文档节点，对应于观察到的一个文档的事件；r_i 表示文档特征，特征相关的概率都基于使用参数 μ 估计得到的语言模型 θ，每种文档结构（标题、正文、子标题等）都对应一个语言模型。查询网络根据查询来构建，对应一个特定查询，代表一种用户需求描述。当用户的查询不断加入查询网络时，查询网络会根据用户的需求对查询网络进行调整。文档网络和查询网络通过中间层的文档特征节点 r_i 和查询概念节点 c_i 连接。贝叶斯网络中各种概率参数的计算过程称为推理（Inference）过程，其主要依据是根据贝叶斯公式和已知的观测变量来计算出的各随机变量的概率分布。在检索过程中，先将查询加入查询网络，然后根据贝叶斯网络已知的观测变量计算各文档生成查询的概率，从而得到查询和文档之间的关系。通常使用多元伯努利模型完成文档表示建模：

$$\mathcal{P}(r_i|D,\mu) = \frac{\text{TF}(r_i,D) + \mu \cdot \mathcal{P}(r_i|\Delta)}{|D| + \mu} \qquad (9-18)$$

式中，$\text{TF}(r_i,D)$——特征在文档中的出现次数；

$\mathcal{P}(r_i|\Delta)$——特征的数据集概率（Δ 表示数据集全集）；

μ——狄利克雷平滑参数。

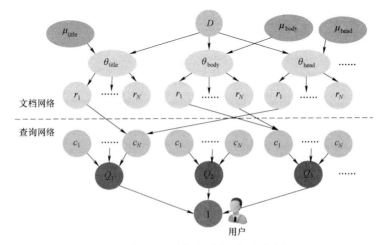

图 9-4　推理网络模型示例（书后附彩插）

9.3.3　基于排序学习的检索模型

上述传统信息检索模型的构造方法通常比较简单（如以 BM25 为代表的概率模型、统计语言模型等只需调整少数几个参数），但得到的模型较粗糙，在实际应用中很难获得令用户满意的检索结果[254]。因此，人们希望加入更多更复杂的特征项来构造更符合用户要求的检索模型，然而随着特征数量不断增加，上述模型往往显得力不从心。为此，近年来很多学者开始尝试把一种新的学习方法——排序学习（Learning to Rank），应用到检索模型的构造上[255]。在信息检索任务中，当检索系统返回用户查询相关的文档时，这些相关文档往往比较多，如果不对相关文档集进行优化排序，用户使用信息检索系统的体验就会大打折扣。有研究表明，在浏览搜索引擎返回的众多结果中，大部分用户只会选择性地浏览前几页的某些内容。因此，将用户最可能感兴趣的检索结果排在前面，可以显著提高信息检索系统的用户体验。而排序学习方法能够优化检索相关文档集的呈现顺序，以方便用户方便、快捷地找到自己感兴趣的文档，进而提高系统的用户体验。排序学习方法是一种检索后对结果处理的方法，其与信息检索系统的关系如图 9-5 所示。

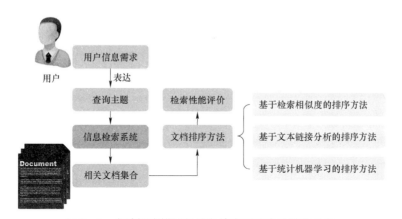

图 9-5　文档排序模型与信息检索系统中的结构关系

排序学习是指通过使用机器学习技术和有标签的数据来自动产生一个文档排序模型。排序学习被认为是一种介于分类和回归之间的新的学习方式，故称为"排序学习"，其本质是类别标号的表示。依照不同的调序模式，基于排序学习的文档排序方法主要分为基于 Pointwise 的文档排序方法、基于 Pairwise 的文档排序方法、基于 Listwise 的文档排序方法。

基于 Pointwise 的文档排序方法的排序过程是：将文档排序任务建模成一个基本的分类/回归问题，然后使用诸如支持向量机和逻辑回归等方法来求解上述分类/回归问题。其基本思想是将训练集中的每个查询-文档对（Query-Document

Pair）作为一个训练数据，采用某种合适的分类或回归的方法来学习一个排序模型。因每个文档都被看作一个单独训练数据，故被称为 Pointwise 文档排序方法。基于不同的机器学习策略，Pointwise 文档排序方法分为基于回归的排序算法、基于分类的排序算法、基于序数回归的排序算法等三种子类型。由于 Pointwise 文档排序方法的输入空间为单一文档，缺乏对文档间关系的考虑，而对于排序问题，文档间的有序关系更为重要，因此在实际排序学习应用中，这类方法只作为次优的解决方法。常见的基于 Pointwise 的文档排序算法有 OAP-BPM、Ranking with Large Margin Principles 以及 Constraint Ordinal Regression 等。

基于 Pointwise 的文档排序方法只考虑文档自身的特征，忽视了文档间的关系。对此，基于 Pairwise 的文档排序方法应运而生，这种排序方法主要考虑两个文档的相对位置关系来对文档进行排序，每个输入数据为一对具有偏序关系（Preference Relation）的文档对 $\langle D_i, D_j \rangle$，通过对这些数据对的有监督学习来训练一个排序模型，其学习目标是使得结果列表中错误的偏序对越少越好，如果学习后得到的文档对和真实文档对的偏序关系完全一致，则结果完全正确。所以，基于 Pairwise 的文档排序方法又称为偏序关系学习（Preference Learning），其将排序问题归约为有序对（Ordered Pair）的分类问题，即判断文档对中的哪一个文档对给定查询是相关的。对于解决排序问题，基于 Pairwise 的文档排序方法考虑了文档对间的有序关系，比基于 Pointwise 的文档排序方法更近了一步，但是其仍存在很多缺点，如文档与文档间的偏序程度信息有了损失；此外，大多数基于 Pairwise 的文档排序学习算法只考虑文档对之间的位置关系，而没有考虑文档在最后排序结果列表的位置关系。基于 Pairwise 的排序方法非常适合建模解决机器学习理论中的分类问题，包括 Ranking SVM、RankBoost、GBRank、IRSVM、MPRank 等。

基于 Pairwise 的文档排序方法仅考虑了文档两两之间的顺序，然而对于排序问题，我们更倾向于得到一个完整的排序列表。因此，基于 Listwise 的文档排序方法逐渐进入人们的视野，这种排序方法的输入是整个待排序文档集合，模型对待排序文档列表直接优化。相较于前两种文档排序方法，基于 Listwise 的文档排序方法是端到端（End-to-End）地来解决排序问题。根据不同的优化损失函数，Listwise 排序方法主要分为两类：基于概率模型的列表级排序算法；基于直接优化评估标准的排序算法。基于 Listwise 的文档排序方法在损失函数中考虑了文档排序的位置因素，这是前两种方法所不具备的，因此一般情况下也比前两种方法具有更好的性能。然而，这种文档排序方法的缺点也很明显：由于需要对结果列表直接优化，因此训练模型的复杂度非常高，对于一些实时性要求较强的应用场景并不太适合。常见的基于 Listwise 的文档排序学习算法包括 AdaRank、ListNet、ListMLE 等。

9.3.4　基于语言模型的检索模型

语言模型（Language Model）在语音识别和机器翻译等自然语言处理任务中被用于表示文本。如果将文档看作词语的序列，那么语言模型的概率就是预测序列中下一个词语的概率。最简单的语言模型是一元语言模型，即语言中词语的概率分布。在语音识别、机器翻译等任务中，N 元语言模型通常使用更长序列来预测词语，在预测时考虑前 $N-1$ 个词语。最常见的 N 元语言模型是二元语言模型（即使用前一个词语来预测）和三元语言模型（即使用前两个词语来预测）。Ponte 等[31]于 1998 年首次将语言模型引入信息检索研究，采用查询项似然模型，其主要思路是：给定文档 D 和查询 Q，首先为 D 建立一个语言模型 θ_D，即文档中词语的概率分布，这样查询 Q 就可以看作 θ_D 的一个随机取样，因此计算过程改为估算概率 $P(Q|\theta_D)$。但是根据人们理解，文档 D 的得分不应该仅由与查询 Q 的相关性决定。例如，很多包含垃圾信息的网页，即使与查询 Q 相关性很高也不应该排在前面，因为这种文档本身没有什么质量。因此，出现了 PageRank 这种度量网页重要程度的算法，而且在关于语言模型方法的后续研究中，对这种仅考虑文档 D 和查询 Q 之间相关性的模型进行了扩展，加入了表示文档自身权重的先验 $P(\theta_D)$，它的计算与查询独立。因为可以认为：在基本的语言模型中，文档 D 的打分是给定查询 Q 后生成此文档 D 的概率 $P(D|\theta_Q)$。统计语言模型以一个全新的视角看待检索问题，为相关性排序算法的设计开辟了一个新的方向；此外，语言模型框架简洁，结合对多种检索应用的描述能力以及相关排序算法的有效性，使得这种方法对于基于主题的相关性检索任务是一个很好的选择。

虽然二元语言模型在信息检索中常用来表示两个词语构成的短语，但是信息检索领域重点讨论的是一元语言模型，因为其更加简单，而且被证明作为排序算法的基础非常有效。表示文档的语言模型可以用来通过根据概率分布随机采样的词语来"生成"新的文档。事实上，由于只用了一元模型，生成的文本将会因为没有任何句法结构而非常糟糕，但是与文档主题相关的重要词汇经常出现。直觉上，使用语言模型可以很好地近似作者在撰写文档时构思的主题。文档可以表示成语言模型，查询也可以表示成语言模型，这就导致了三种重要的基于语言模型的检索概率值：基于从文档语言模型生成查询文本的概率；基于由查询产生的语言模型生成文档文本的概率；基于比对上述两种语言模型的结果。

1. 查询似然排序

在查询似然检索模型中，根据文档语言模型生成查询 Q 的概率来对文档进行排序。由于查询的生成概率是指文档在同样主题上与查询的接近程度，因此查询似然检索模型可以被认为是一个主题相关模型。通常，给定查询 Q，可以根据贝叶斯法则通过计算概率 $P(D|Q)$ 来对文档排序，即

$$\mathcal{P}(Q \mid D) = \frac{P(Q \mid D)P(D)}{P(Q)} \propto \mathcal{P}(Q \mid D)\mathcal{P}(D) \qquad (9-19)$$

式中，$\mathcal{P}(D)$——文档 D 的先验概率，用于度量文档 D 与查询 Q 相关性的先验概率，表示文档自身权重（重要程度）；

$P(Q)$——归一化因子，是查询 Q 的先验概率，对所有文档都是相同的，因此在用于排序打分时可以忽略；

$\mathcal{P}(D \mid Q)$——给定文档 D 后查询 Q 的似然函数。

根据是否与查询独立，$\mathcal{P}(D)$ 的计算分为两种：查询独立（Query-Independent）的时间语言模型；查询相关（Query-Dependent）的时间语言模型。

在绝大多数情况下，$\mathcal{P}(D)$ 都被假设是始终如一的。在这种假设下，概率 $\mathcal{P}(Q \mid D)$ 可以采用文档 D 的一元语言模型来计算，即

$$\mathcal{P}(Q \mid D) = \prod_{i=1}^{|Q|} \mathcal{P}(q_i \mid D) \qquad (9-20)$$

式中，$|Q|$——查询 Q 中词语的个数；

q_i——查询 Q 中的词语；

$\mathcal{P}(q_i \mid D)$——在文档 D 的词语分布（Word Distribution）下，词语 q_i 的概率。

为了计算上述概率，就需要估计语言模型概率值。因此，如何估计 $\mathcal{P}(q_i \mid D)$ 是基于语言模型的信息检索的关键。一个直观的计算方式是 $\mathcal{P}(q_i \mid D) = \mathrm{TF}(q_i, D) / |D|$。其中，$\mathrm{TF}(q_i, D)$ 表示词语 q_i 在文档 D 中的出现次数，$|D|$ 表示文档 D 中的词语数量。对于多项式分布，这是一个极大似然估计，即最大化 $\mathrm{TF}(q_i, D)$。这个估计方式的主要问题在于，如果查询 Q 中任意一个词语都没有出现在文档 D 中，那么 $\mathcal{P}(Q \mid D)$ 的值为 0。此外，**在短文本的情况下估计语言模型很困难**，这是因为，文档的长度 $|D|$ 很小，$\mathrm{TF}(q_i, D)$ 不会很大而且通常为 1，这直接导致重要的词语很少有机会通过反复使用来脱颖而出。通常采用平滑（Smoothing）技术来避免这种问题以及解决常见的数据稀疏问题。平滑技术降低（或打折）文档中出现的词语的估计概率，并对文档中的未出现词语赋予估计的"剩余"概率。未出现词语的概率通常基于整个文档数据集中词语的出现频率（又称"背景概率"）进行估计：如果 $\mathcal{P}(w \mid \Delta)$ 表示文档数据集 Δ 的数据集语言模型中词语 w 的出现概率，那么在上述公式中，文档中未出现词语 q_i 的估计概率为 $\alpha_D \mathcal{P}(q_i \mid \Delta)$，其中，$\alpha_D$ 是控制未出现词语概率的参数。为了保证概率值的和为 1，使用 $(1 - \alpha_D)\mathcal{P}(q_i \mid D) + \alpha_D \mathcal{P}(q_i \mid \Delta)$ 来代替式（9-20）中的 $\mathcal{P}(q_i \mid D)$。

α_D 的不用赋值方式会产生不同的平滑方式。对 α_D 最简单的选择是将其设为常数，即 $\alpha_D = \lambda$。此时，$\mathcal{P}(q_i \mid D) = (1 - \lambda)(\mathrm{TF}(q_i, D) / |D|) + \lambda(\mathrm{TF}(q_i, \Delta) / |\Delta|)$，其中，$\mathrm{TF}(q_i, \Delta)$ 表示词语 q_i 在文档数据集 Δ 中出现的次数，$|\Delta|$ 表示文档数据集中所有词语出现次数总和。这种平滑方式称为 Jelinek-Mercer 平滑方法。另一种常见的

平滑方式是狄利克雷平滑，使用依赖于文档长度的 $\alpha_D = \mu/(|D|+\mu)$，其中 μ 是一个参数，通常根据经验设定 μ 的值。此时，

$$\mathcal{P}(q_i|D) = \frac{\text{TF}(q_i, D) + \mu \dfrac{\text{TF}(q_i, \Delta)}{|\Delta|}}{|D| + \mu} \qquad (9-21)$$

总体而言，查询似然排序直接融合了词语频率，使词语权重的有效性问题更容易理解。通常，基本的查询似然检索模型结合狄利克雷平滑之后，能够达到与 BM25 模型类似的性能；如果采用基于主题模型的更加复杂的平滑方式，那么查询似然会超过 BM25 模型。

2. 相关性模型

从查询 Q 中进行估计而产生的语言模型通常称为相关性模型（Relevance Model），用 θ_R 表示，因为其表示相关文档覆盖的主题。在这种情况下，查询可以看成相关性模型生成的文本篇幅非常小的样本，相关文档可以看成同一个模型生成的文本篇幅较大的样本。给定关于查询的一些相关样例文档，能够估计相关性模型中的概率，然后使用这个模型来预测新文档的相关性 $\mathcal{P}(D|\theta_R)$，这个模型也被称为文档似然模型。实际上，$\mathcal{P}(D|\theta_R)$ 是很难计算的，在获取相关文档的样例方面也存在困难。但是，如果能够从一个查询中估计一个相关性模型，那么就能将这个语言模型和文档语言模型直接进行对比，进而根据文档语言模型和相关性模型的相似程度对文档进行排序。

如果一篇文档的语言模型和相关性模型非常类似，那么这篇文档可能与查询是关于同一个主题的（即内容上是很相近的）。通常，使用信息论和概率论中著名的 Kullback-Leibler 散度（简称"KL 散度"）来衡量这两个语言模型的差异。由于 KL 散度是非对称的，结果取决于选择哪个语言模型作为"真实分布"。假设真实分布是查询生成的相关性模型 θ_R，近似分布为文档语言模型 θ_D，则负数的 KL 散度可以表示为

$$\text{KL} = \sum_{w \in \mathbb{V}} \mathcal{P}(w|\theta_R) \log \mathcal{P}(w|\theta_D) - \sum_{w \in \mathbb{V}} \mathcal{P}(w|\theta_R) \log \mathcal{P}(w|\theta_R) \qquad (9-22)$$

式中，求和公式是对整个词表 $\mathbb{V}$ 中的所有词语进行的；由于公式右边第二项不依赖于文档，所以在排序中可将其忽略。

给定一个简单的极大似然估计 $\mathcal{P}(w|\theta_D)$，基于查询 Q 中词语频率（$\text{TF}(w, Q)$）和查询 Q 的词语数量 $|Q|$，文档得分计算方式如下：

$$\sum_{w \in \mathbb{V}} \frac{\text{TF}(w, Q)}{|Q|} \log \mathcal{P}(w|\theta_D) \qquad (9-23)$$

虽然求和公式能够覆盖词表 $\mathbb{V}$ 中的所有词语，但查询中未出现的词语的极大似然估计值为 0，而且不会对得分有任何贡献。此外，具有频率 p 的查询词对文

档得分的贡献为 $p \cdot \log \mathcal{P}(w \mid \theta_D)$ ，这意味着这个分数和式（9－23）是等价的。换言之，查询似然是检索模型的一种特殊情况，通过比较基于查询的相关性模型和文档语言模型来实现。

相关性模型的优点在于没有限制使用查询词频率来估计模型参数。如果将查询词看作相关性模型的一种采样，那么基于见过的查询词的新采样概率，就看起来是合理的。给定已经观察到的查询词 $\{q_1, q_2, \cdots, q_n\}$ ，观察词语 w 的条件概率，近似估计为 $\mathcal{P}(w \mid \theta_R) \approx \mathcal{P}(w \mid q_1, q_2, \cdots, q_n)$ 。可以根据观察到的词语 w 和查询词的联合概率来表示条件概率： $\mathcal{P}(w \mid \theta_R) \approx \mathcal{P}(w, q_1, q_2, \cdots, q_n) / \mathcal{P}(q_1, q_2, \cdots, q_n)$ 。给定一组表示为如下概率的文档集合 $\varDelta$ ： $\mathcal{P}(w, q_1, q_2, \cdots, q_n) = \sum_{D \in \varDelta} \mathcal{P}(D) \mathcal{P}(w, q_1, q_2, \cdots, q_n \mid D)$ 。同时，

假设 $\mathcal{P}(w, q_1, q_2, \cdots, q_n \mid D) = \mathcal{P}(w \mid D) \prod_{i=1}^{n} \mathcal{P}(q_i \mid D)$ 。最终可以得到对联合概率的估计如下：

$$\mathcal{P}(w, q_1, q_2, \cdots, q_n) = \sum_{D \in \varDelta} \mathcal{P}(D) \mathcal{P}(w \mid D) \prod_{i=1}^{n} \mathcal{P}(q_i \mid D) \qquad (9-24)$$

式中， $\prod_{i=1}^{n} \mathcal{P}(q_i \mid D)$ ——文档 D 的查询似然得分。

基于相关性模型的排序，实际上需要两轮操作：第一轮，利用查询似然来排序，进而得到相关性模型估计中所需的权值；第二轮，使用 KL 散度，通过对比相关性模型和文档语言模型来对文档进行排序。

9.4　短文本检索应用方法

9.4.1　基于时域信息重排策略的短文本检索应用方法

短文本检索应用非常重视对时域信息的利用。在相关研究中，时域信息被融入查询扩展方法，以增强近年来频繁被用于描述与给定原始查询相关的概念的词语的重要程度。以往很多研究已经证明，时域信息可以被融入信息检索研究，而且时域信息在很多信息检索应用中体现出很大价值和应用必要性[191,256-257]。用户使用传统搜索引擎的信息需求往往是搜索经过长期固化的知识性信息（例如"牛顿第二定律的具体描述"等）。与用户在传统搜索的信息需求显著不同，微博用户通常希望通过微博检索来跟踪爆炸性新闻或者关于某个事件（或者人物）的当前活动（或者信息）等，例如跟踪苹果公司最新发布的手机产品的动态等。因此，微博检索对时间信息是敏感的，比较注重即时性（Recency）[191,258]；从用户"为何"以及"如何"进行微博信息检索角度出发，用户使用微博检索功能来获取时间相关的信息，如突发新闻、实时动态、流行趋势。

短文本检索研究中，对时域信息进行建模的研究思路一般分为两类。第一类重视即时性，认为"最新即最好"，这成为目前做推文检索工作的主要思路，这种研究思路基本不考虑峰值和"多峰"等情况。第二类重视时域变化（Temporal Variation），比第一类的建模过程更加复杂，很多时域信息检索工作利用这个属性。但是，相关研究的重点往往不是做短文本信息检索，而偏重于传统信息检索。这些工作的主要思想是：构建查询相关的事件的时间线（Temporal Profile），由于时间线中不同时间间隔（Temporal Interval）有不同权重，从而据此给落在不同时间间隔上的文档不同权重，进而实现对文档的排序。这类工作能够考虑峰值并对峰值进行有效建模。从应用角度出发，微博的特点之一便是往往在某个突发事件发生时，人们在微博大量发布内容，这使得微博成为探究"某时某事"的重要线索。很显然，如果能够判断出某特定主题被热议的时间段，就能很容易地识别出该主题相关的文档和词语。

Efron 等[259]提出了一个基于融合词语反馈和时域反馈的伪相关反馈框架，提出推文扩展策略，该研究发现使用基于时域信息的查询扩展能够有效提升微博检索结果的相关性。

Liang 等[258]提出了一种实时排序模型（Real Time Ranking Model），使用一个两阶段伪相关反馈查询扩展架构来估计生成新的查询语言模型，并使用推文中超链接来扩展推文的内容。Miyanishi 等[231]提出了一种以手工选择推文为辅助的反馈方案，基于给定查询和排序靠前的推文的时间剖面（Temporal Profile）相似性，使用一个两阶段伪相关反馈策略来提高检索性能。但是，这个方法受限于需要人工介入的设定，并且推文的内容冗余性（Redundancy）经常导致检索结果受影响，因为推文通常包含大量没有意义的词语。

Efron 等[260]依托语言模型框架，提出了一种利用时间特性的检索方法，在讲究实时检索需求的应用环境下展现出了良好的效能。该模型从初始检索结果中选择排序靠前的文档，从中提取时域信息来估计查询似然的比率参数，并使用伪相关反馈策略来估计得到扩展的查询。Choi 等[261]融合来自伪相关文档中的时域信息到一个相关性模型（Relevance Model），以增强查询扩展，该模型基于用户行为（如转发行为）选择一个时间区间来抽取相关推文，这些相关推文被用于扩展原始查询。Miyanishi 等[231]假设相似的时域模型共享相似的时域特征，据此提出了一个查询–推文相关的时域相关性模型（Temporal Relevance Model）。Albakour 等[262]引入一个时域衰减因子（Decay Factor），以平衡对给定查询所对应主题的短期（Short-Term）检索兴趣和长期（Long-Term）检索兴趣。Han 等[263]基于时间剖面估计查询模型、文档模型和排序函数等，提出了一个基于时域信息的微博检索系统。针对微博检索任务面临的词表不匹配问题和相关推文时域分布不均的问题，Wang 等[225]基于词语扩展和时域扩展，提出了一个反馈语言模型和查询扩展模型，以提升微博检索性能。

Lin 等[191]将一个与文档即时性相关的先验分布引入语言模型框架，用于检索。该模型属于查询独立（Query-Independent）的时间语言模型，假设在短文本检索应用环境中新文档比旧文档拥有更高概率，考虑到**新近性**（Recency），该模型引入基于时间的指数先验分布用于替换原公式中的 $P(D)$，即

$$\mathcal{P}(D) = P(D \mid t_D) = r \cdot \mathrm{e}^{-r \cdot |t_Q - t_D|} \qquad (9-25)$$

式中，t_Q——查询被提出的时间；

t_D——文档 D 的时间戳；

r——指数分布参数，r 的选择可以服从如下约束形式：$h = r \times \ln 2$ [264]。其中，h 是文档的半衰期（经过时间 h 后，文档的生命值/重要性减少为其创建时的一半），这种建模方式符合具有实时性的文档的特性。

综上，通过重新定义文档先验概率，将新近性引入相关性模型，得到基于新近性的相关性模型（Recency-based Relevance Model）：

$$\mathcal{P}(w \mid Q) \propto \sum_{D_i \in R} \mathcal{P}(D \mid t_D) \mathcal{P}(w \mid D_i) \prod_{j}^{|Q|} P(w_j \mid D_i) \qquad (9-26)$$

该模型虽然能够处理最新的查询，但无法适用于任何时域变化（Temporal Variation）。而在短文本检索应用（如微博等）中，主题的时域动态变化是不同的，所以基于新近性的方法不能捕获时域变化比较特殊（例如，峰值距离提交查询的时间比较远或者多峰情况等）的主题相关的词语。此外，该模型的文档先验 $\mathcal{P}(D)$ 仅与文档 D 的创建时间 t_D 有关，并不考虑是否和查询 Q 相关。Efron 等[265]对此进行了改进，将文档先验 $\mathcal{P}(D)$ 的建模过程与特定查询 Q 相关联才合理，并提出了查询相关（Query-Dependent）的时间语言模型：从查询 Q 初始检索得到文档集合 $\Delta = \{D_1, D_2, \cdots, D_k\}$，对应的文档创建时间为 $T = \{t_1, t_2, \cdots, t_k\}$，用 r_Q 代替式（9-25）中的 r：

$$r_Q = \frac{1}{\overline{T}} \qquad (9-27)$$

式中，$\overline{T}$——文档集合 Δ 中文档创建时间的平均值。

指数分布衰减参数 r_Q 仅取决于初始检索返回的文档数目 k。在此基础上，Liang 等[258]提出了一个时域信息重排序（Re-Ranking）模块，用于评估文档的时间特征，进而扩展原始查询。该模型主要包括两部分：首先，使用推文所包含的超链接对推文进行扩展；然后，使用时域特征对文档进行重排序。

Li 等[266]假设任何主题都与特定时间有关，而且与这些主题相关的词语在这段时间频繁适用。因此，识别这些与主题相关的时间，并且将时域特性加入语言模型框架：

$$\mathcal{P}(w \mid Q) = \sum_{t} \mathcal{P}(w \mid t, Q) \mathcal{P}(t \mid Q) \qquad (9-28)$$

式中，$\mathcal{P}(w|t,Q)$——时间 t 上针对查询 Q 的词语分布。

由 Choi 等[261]提出的面向微博应用环境的时域模型（Temporal Model）定义：

$$\mathcal{P}(w|t,Q) = \sum_{D_i \in R_t} \mathcal{P}(w|D_i) \prod_j^{|Q|} \mathcal{P}(w_j|D_i) \qquad (9-29)$$

式中，R_t——在时间 t 发布的前 M 篇文档。

如果使用时间 t 时的文档，并且不将 $P(D)$ 置为统一的，则在这种情况下式（9−29）与基于新近性的相关性模型式（9−26）相同，所以它们的模型可以考虑时间 t 的词语概率信息。因此，式（9−29）可以被解释为：通过时域模型 $P(t|Q)$ 对 $\mathcal{P}(w|t,Q)$ 的加权求和。

针对给定查询 Q 的时域模型 $\mathcal{P}(t|Q)$ 被定义为

$$\mathcal{P}(t|Q) = \frac{1}{\Omega} \sum_{D \in R} \mathcal{P}(t|D)\mathcal{P}(Q|D) \qquad (9-30)$$

式中，$\mathcal{P}(t|D)$ 为指示函数，表示文档 D 的时间信息。文档 D 的时间戳恰好为时间 t 时，$\mathcal{P}(t|D)=1$；否则，$\mathcal{P}(t|D)=0$。$\mathcal{P}(Q|D)$ 表示对于查询 Q 的文档 D 的查询似然（Query Likelihood）。Ω 表示归一化参数（Normalization Factor）：$\Omega = \sum_{D \in R} \mathcal{P}(Q|D)$。

这种建模方式与 Jones 等[267]定义的时间线（Temporal Profile）概念相似：通过初始检索得到前 k 个文档作为伪相关文档集合 R，然后利用 R 中文档的时间属性来描述查询 Q 的时间属性，并用文档的相关性得分 $\mathcal{P}(Q|D)$ 作为权重加权。

此外，引入背景时间概率模型 $\mathcal{P}(t|\varDelta)$，对 $P(t|D)$ 进行平滑，旨在防止小样本文档集的不规则分布所带来的噪声和防止出现零概率：

$$\mathcal{P}(t|\varDelta) = \frac{1}{|\varDelta|} \sum_{D \in \varDelta} \mathcal{P}(t|D) \qquad (9-31)$$

式中，$\varDelta$——待检索文档的集合；

　　　$|\varDelta|$——该文档集合中的文档数目。

引入参数 λ 来控制两个模型 $\mathcal{P}(t|Q)$ 和 $\mathcal{P}(t|\varDelta)$ 的比例，最终得到估计查询时间属性 $\mathcal{P}'(t|D)$：

$$\mathcal{P}'(t|D) = \lambda \cdot \mathcal{P}(t|Q) + (1-\lambda)\mathcal{P}(t|\varDelta) \qquad (9-32)$$

式中，λ 可以取值 0.9[267]。

这个模型能够使用文档的时间戳和检索得到的文档的检索得分（Search Score）来度量主题相关的时间（即假设先验概率 $\mathcal{P}(D)$ 统一的查询似然）。这个相似性模型能够通过这个时间属性对词语分布赋予权重，所以能够捕获任何主题的时域变化。

但是，上述伪相关反馈算法都存在一个假设：初始检索的结果的文档是相关文档的概率很大，所以初始检索篇排序靠前的文档包括了用于进行查询扩展的高质量词语。但是，如果初始检索将无关文档排在比较靠前的位置，那么这个假设就不成立而且会导致伪相关反馈算法失败[268]。此外，研究显示，伪相关反馈算法所推荐的用于查询扩展的词语中，既有有用的，也存在没用的甚至有害的[245]，而且当伪相关反馈算法对某些主题的性能很好时，对其他主题的性能可能会比较差。

9.4.2　基于潜概念扩展模型的短文本检索应用方法

近年来，在信息检索领域的很多研究都认为给定查询中的词语互相之间是有关联的[269]，很多工作意在挖掘给定查询中两个及两个以上词语之间准确的依存（Dependency）关系。Metzler 等[270]的调研显示，相较于基线词袋（Bag-of-Words）模型，很多以往信息检索领域的词语依存建模方法无法体现鲁棒而显著的性能提升，只有极少数的模型（如依存语言模型（Dependence Language Models）和马尔可夫随机场（Markov Random Fields，MRF）模型[271]等）能够实现性能的显著提升。基于词语依存关系的微博检索工作的典型代表是基于马尔可夫随机场模型的潜概念扩展（Latent Concept Expansion，LCE）模型[272-274]。基于潜概念扩展（Latent Concept Expansion）模型[270]，文献[272]提出了一种应用于微博检索任务的算法变体，该算法采用一个时域相关性模型来对微博中概念的时域变化进行建模。该算法中的"概念"是指从文本中挖掘出的词语组合。在不同数据集上，该模型能够相较于传统相关性模型（Relevance Model）[275]显著提升指标平均准确率（Mean Average Precision，MAP）的值，但是对指标 P@5、P@10 和 P@20 的值提高有限，该算法被认为是目前基于概念的最优基线算法。

在短文本检索过程中，真正起作用的是用户的信息需求（Information Need）。然而，在信息需求转化成查询的过程中，丢失了很多内容。因此，查询扩展对于检索是很有必要的。以往关于查询扩展的研究通常忽略对词语依存的建模，基于马尔可夫随机场的潜概念扩展研究（Latent Concept Expansion，LCE）解决了上述问题。近年来相关研究已经证明：马尔可夫随机场（Markov Random Field，MRF）模型性能优于基于 BM25 模型或者语言模型（Language Model）中的简单的词袋假设，因为马尔可夫随机场模型能够建模一元依存（Unigram Dependence）、二元依存（Bigram Dependence）。

马尔可夫随机场模型能够为联合分布（Joint Distribution）建模提供一个紧凑的而且鲁棒的方法。使用马尔可夫随机场模型对如下信息的联合分布进行建模：① 一个查询 Q，$Q = \{q_1, q_2, \cdots, q_n\}$；② 一个文档 D。本书假设：文档–查询对（用〈文档，查询〉表示）的潜在分布是一个相关性分布（Relevance Distribution），即从这个分布中采样，可以得到很多〈文档，查询〉，而且得到的文档和查询是相关的。此外，在短文本检索应用中，马尔可夫随机场模型由以下要素定义：① 图

G，其中的节点表示随机变量，边是关于分布的独立语义（Independence Semantics）；② 图 G 中团（Clique）上的一组非负势函数 Ψ、参数 Λ。

马尔可夫随机场模型满足马尔可夫随机场特性（Markov Property），即对于一个节点，在给定其邻居的观察值后，该节点与其所有非邻居节点均独立。所以给定图 G 以及一组势函数 Ψ 和参数 Λ，查询 Q 和文档 D 的联合分布表示为

$$\mathcal{P}_{G,\Lambda}(Q,D) = \frac{1}{\Omega_{\Lambda}} \prod_{c \in C(G)} \psi(c;\Lambda) \qquad (9-33)$$

式中，Ω 是归一化常数。$\psi_i(c;\Lambda) = \exp(\lambda_i f_i(c))$，$f_i(c)$ 是一个实质特征函数（Feature Function），λ_i 是 $f_i(c)$ 的权重。

1. 构建图 G

给定一个查询 Q，图 G 可以由多种方式构造。通常考虑以下三种变体：

（1）完全独立（Full Independence）：给定一个文档，查询中的查询词（Query Term）之间互相独立，这种假设在很多检索模型中都存在。

（2）顺序依存（Sequential Dependence）：相邻的查询词之间存在依存、互相影响，这种假设能够模拟二元语言模型（Bigram Language Model）。

（3）完全依存（Full Dependence）：所有查询词之间均存在一定程度的相互依存，没有独立假设。

2. 参数化

马尔可夫随机场模型通常基于极大团（Maximal Clique）来进行参数化，但是这种参数化方法对于短文本检索问题来说太粗糙。我们所需的参数化方法应能够更好地将特征函数与团相关联，使得特征数量和参数数量更加合理。因此，在此允许团能够基于"团集合"（Clique Set）来分享特征函数和参数，即同一个团集合中的所有团与相同的特征函数有关，并且共享一个参数。这种参数化方法的优点在于，能够使不同团集合的特征的参数紧密联系，有效降低参数数量，并且仍然能够在团级别提供一个微调策略。

对于短文本检索任务，本书提供 3 组（共 7 种）团集合。

第 1 组团集合：其中的团包含一个（或多个）查询词和文档节点，这种团上的特征能衡量团配置（Clique Configuration）中的词项（Term）能否有效描述文档。所包含的 3 种团集合：① T_D，其中的团包括文档节点和 1 个查询词；② O_D，其中的团包括文档节点和 2 个（或多个）在查询中顺序出现的查询词；③ U_D，其中的团包括文档节点和 2 个（或多个）在查询中任意顺序出现的查询词。其中，U_D 是 O_D 的超集。通过在每个团集合中的团上尝试参数，我们就可以控制每种团集合所能得到的影响力，从而就不需要考虑"评估团集合中每个团的权重"。

第 2 组团集合：其中的团只包含查询词。所包含的 3 种团集合：① T_Q，其中的团只包括 1 个查询词；② O_Q，其中的团包括 2 个（或多个）在查询中顺序

出现的查询词；③ U_Q：其中的团包括 2 个（或多个）在查询中任意顺序出现的查询词。这些团集合的定义方式与第 1 组类似，只是不包括文档节点。这些团上的特征函数可以捕获查询词之间的复杂度。

第 3 组团集合：只包含文档节点，该节点上的特征可作为文档先验。这一组只包括 1 个团集合，即 D，其只包含单一节点 D。

在把所有团上的参数整合到一起并且使用指数形式的势函数之后，得到关于联合分布的简化形式如下：

$$\ln \mathcal{P}_{G,\Lambda}(Q,D) = \lambda_{T_D} \sum_{c \in T_D} f_{T_D}(c) + \lambda_{O_D} \sum_{c \in O_D} f_{O_D}(c) + \lambda_{U_D} \sum_{c \in U_D} f_{U_D}(c) +$$

$$\lambda_{T_Q} \sum_{c \in T_Q} f_{T_Q}(c) + \lambda_{O_Q} \sum_{c \in O_Q} f_{O_Q}(c) + \lambda_{U_Q} \sum_{c \in U_Q} f_{U_Q}(c) + \lambda_D f_D(D) - \ln \Omega_\Lambda$$

$$(9-34)$$

为了便于书写，令

$$F_{DQ}(D,Q) = \lambda_{T_D} \sum_{c \in T_D} f_{T_D}(c) + \lambda_{O_D} \sum_{c \in O_D} f_{O_D}(c) + \lambda_{U_D} \sum_{c \in U_D} f_{U_D}(c) \qquad (9-35)$$

$$F_Q(Q) = \lambda_{T_Q} \sum_{c \in T_Q} f_{T_Q}(c) + \lambda_{O_Q} \sum_{c \in O_Q} f_{O_Q}(c) + \lambda_{U_Q} \sum_{c \in U_Q} f_{U_Q}(c) \qquad (9-36)$$

$$F_D(D) = \lambda_D f_D(D) \qquad (9-37)$$

则 $\ln \mathcal{P}_{G,\Lambda}(Q,D) = F_{DQ}(D,Q) + F_Q(Q) + F_D(D) - \ln \Omega_\Lambda$。

3. 特征选择

任何关于团配置的特征函数都可以应用于该基于马尔可夫随机场模型的短文本检索模型。对于特征的选择，很大程度上依赖于检索任务和评价标准，即针对不同应用而选择不同特征，因此基本上不存在简单的、通用的特征组合。通常可行的特征组合包括：① 查询词依赖特征，如词频、逆文档频率、命名实体、词语距离等；② 文档依赖特征，如文档长度、PageRank 值、可读性、文档体裁等。

4. 排序

在短文本检索任务中，给定一个查询 Q，我们希望根据 $\mathcal{P}_{G,\Lambda}(Q,D)$ 来降序排列短文本文档。在从 $\ln \mathcal{P}_{G,\Lambda}(Q,D)$ 中去掉文档独立表述（即 $F_Q(Q)$ 和 $-\ln \Omega_\Lambda$）之后，可以得到排序函数如下：

$$\ln \mathcal{P}_{G,\Lambda}(Q,D) = F_{DQ}(D,Q) + F_D(D) \qquad (9-38)$$

式（9-38）是一个对特征函数的简单的线性加权，可以高效计算。

5. 参数估计

至此，模型已经完整定义，最后的步骤是估计模型参数。虽然马尔可夫随机场模型是一个产生式模型，但是马尔可夫随机场模型不适合使用传统的基于似然（Likelihood）的方法来训练。因此，通常训练模型来直接最大化评价指标。由于参数空间很小，因此通常使用简单的爬山法来解决。

6. 潜概念扩展（Latent Concept Expansion）

用户在书写查询时，在心中有一组"概念"（Concept），但是只能在所书写的查询中表达出其中的某几个。通常，将在用户心中有但没有表达在查询中的概念称为潜概念（Latent Concept）。潜概念可以是如下形式：① 单一词语；② 多个词语；③ 前两者的组合。基于上述定义，下一步的目标是根据原始查询去挖掘这些潜概念。

在该模型的框架下，这个目标可以按照以下方式完成：在原始图 G 的基础上，加入想要生成的概念，由此将原始图 G 扩展成图 H。在扩展图 H 的基础上，计算 $\mathcal{P}_{H,\Lambda}(E \mid Q)$：

$$\mathcal{P}_{H,\Lambda}(E \mid Q) = \frac{\sum_{D \in \Delta} \mathcal{P}_{H,\Lambda}(Q,E,D)}{\sum_{D \in \Delta} \sum_E \mathcal{P}_{H,\Lambda}(Q,E,D)} \qquad (9-39)$$

式中，Δ——所有可能的文档的集合；

E——某个由一个（或多个）词组成的潜概念。

式（9-39）实际上无法计算，只能求近似：$\mathcal{P}_{H,\Lambda}(Q,E,D)$ 可理解为在与查询 Q 高度相关的文档 D 的峰值附近。因此，本书将 $\mathcal{P}_{H,\Lambda}(Q,E,D)$ 近似计算为，查询 Q 的相关（或者伪相关）的一组文档的加和。这种近似转换后，公式如下：

$$\mathcal{P}_{H,\Lambda}(E \mid Q) \approx \frac{\sum_{D \in \Delta_Q} \mathcal{P}_{H,\Lambda}(Q,E,D)}{\sum_{D \in \mathcal{R}_Q} \sum_E \mathcal{P}_{H,\Lambda}(Q,E,D)} \propto$$
$$\sum_{D \in \mathcal{R}_Q} \exp(F_{QD}(Q,D) + F_D(D) + F_{QD}(E,D) + F_Q(E)) \qquad (9-40)$$

式中，Δ_Q——查询 Q 的相关或者伪相关文档的集合。

所有团集合都使用扩展图 H 构建。通过观察可以发现，对 Δ_Q 中每个文档的似然分布是以下几项的综合：原始查询对文档的打分，$\mathcal{P}_{G,\Lambda}(D \mid Q) = F_{DQ}(D,Q) + F_D(D)$；潜概念 E 对文档的得分；潜概念 E 的文档独立得分。为了追求鲁棒性，本书对 $F_{QD}(Q,D)$ 和 $F_{QD}(E,D)$ 使用一组不同的参数。这样，本书就可以针对原始查询和扩展概念，有区别地对词语、有序窗口特征和无序窗口特征赋予权重。根据上述公式，选择似然最高的 k 个潜概念。使用这 k 个潜概念（$\{E_1, E_2, \cdots, E_k\}$）对原始图 G 进行扩展，得到新图 G'，再按照 $P_{G',\Lambda}(D \mid Q, E_1, E_2, \cdots, E_k)$ 对文档进行排序，完成最终查询扩展。

尽管潜概念扩展模型已经取得不错的检索效果提升，但其存在的重要问题：该算法所使用的"概念"来源于基于统计的语料库词语组合，而非专业知识库，这导致概念定义不规范；此外，该算法在将新概念中的词语加入用户所提出的原始查询时，仅基于词语统计，而忽略了被扩展概念的语义和句法信息。

9.4.3 基于判别式扩展策略的短文本检索应用方法

微博文本通常并不包含充足的信号用于统计推理。主题信息和句法信息也被尝试引入并应用到微博检索查询扩展[276-279]，不过此类研究受限于微博文本的稀疏性和不规则性，主题建模和句法分析效果不理想。Albishre 等[227]认为有效利用查询中的关键词能够提高被检索到的推文的相关性，并基于判别式扩展（Discriminative Expansion）和主题建模提出了一个伪相关反馈模型，该模型能够融合从伪相关文档中获取到的与原始查询相关的词语信息和主题信息。

微博检索面临的一大挑战是词表不匹配（Vocabulary Mismatching），这通常发生在用户的查询意图并未充分表达相关文档的情境中。该研究[227]认为，选择判别式扩展特征（Expansion Feature）有助于检索得到相关的文档，从而满足用户的查询需求，进而缓解词表不匹配问题。因此，该研究利用两阶段伪相关反馈技术来提高查询扩展质量；同时，为了解决传统伪相关反馈策略的限制，提出一个融入 LDA 模型的伪相关反馈模型。

使用查询似然模型（Query Likelihood Model）从数据集 Δ 中检索得到相关文档 d，公式如下：

$$\mathcal{P}(d \mid q) \propto \mathcal{P}(q \mid d)\mathcal{P}(d) \tag{9-41}$$

式中，$\mathcal{P}(d)$ ——文档 d 与所有查询相关的先验概率；

$\mathcal{P}(q \mid d)$ ——给定文档 d 的查询似然（Query Likelihood）。

多项式形式的查询似然 $\mathcal{P}(q \mid d)$ 表示为

$$\mathcal{P}(q \mid d) = \prod_{i=1}^{|q|} \mathcal{P}(w_i \mid d) \tag{9-42}$$

式中，$|q|$ ——查询特征的数量；

$\mathcal{P}(w_i \mid d)$ ——相关性模型（Relevance Model）概率，表示在文档 d 中词语 w_i 的分布。

基于 Dirichlet 先验的贝叶斯平滑计算得到相关性模型概率 $\mathcal{P}(w_i \mid d)$ 表示为

$$\mathcal{P}(w_i \mid d) = \frac{|d|}{\mu + |d|} \cdot \frac{n(w,d)}{|d|} + \frac{\mu}{\mu + |d|} \cdot \mathcal{P}(w \mid \Delta), \ \mu \in [0, +\infty) \tag{9-43}$$

式中，μ ——平滑参数；

$n(w,d)$ ——文档 d 中词语 w 的出现次数；

$\mathcal{P}(w \mid \Delta)$ ——全集语言模型（Collection Language Model），表示词语 w 在数据集 Δ 中的概率分布。

使用 Dirichlet 平滑方法计算得到查询似然 $\mathcal{P}(q \mid d)$：

$$\mathcal{P}(q|d) = \sum_{w \in q,d} n(w,q)\log\left(1 + \frac{n(w,d)}{\mu \cdot \mathcal{P}(w|\Delta)}\right) + |q|\ln\frac{\mu}{\mu + |d|} \qquad (9-44)$$

式中，$n(w,q)$——给定查询 q 中词语 w 的出现次数；

$|d|$，$|q|$——文档 d、查询 q 的长度。

面向微博检索任务的语言模型所面临的最大挑战是文本长度过于短小导致主要特征出现的次数非常少，因此诸如推文此类短文本无法提供充足的统计信息。

沿用伪相关反馈的常用假设，即初始检索得到的排序靠前的文档是相关的。使用 RM1 模型[280]生成伪相关反馈文档集合 Δ_{PRF}，对于给定查询 $q = \{q_1, q_2, \cdots, q_{|q|}\}$，计算相关性模型（Relevance Model）概率 $P(w|q)$：

$$\mathcal{P}_{\mathrm{lex}}(w|q) \propto \sum_{d \in \Delta_{\mathrm{PRF}}} \mathcal{P}(w|d)\mathcal{P}(d)\prod_{i=1}^{|q|}\mathcal{P}(q_i|d) \qquad (9-45)$$

使用 LDA 模型生成伪相关反馈文档的主题。LDA 模型的输出结果包括一组潜主题，每个主题被表示为词语上的多项式分布。例如，第 j 个主题表示为 $\Phi_j = (\varphi_{i,1}, \varphi_{i,2}, \cdots)$，其中 $\varphi_{i,k}$ 是词语 w_k 的概率，Φ_j 是数据集上关于第 j 个主题的主题分布表示。此外，数据集中的每个文档被表示为主题上的多项式分布 $\Theta_i = (\vartheta_{i,1}, \vartheta_{i,2}, \cdots)$，其中，$\vartheta_{i,j}$ 是文档 d_i 中主题 j 的占比，Θ_i 是文档 d_i 的主题分布表示。对于词语 w，将查询 q 的主题概率与词语 w 在伪相关反馈文档 Δ_{PRF} 每个主题上的分布乘积累加，作为对于每个主题 $z \in Z$ 的词语分布 $P(w|z)$。

使用线性插值策略，融合伪相关反馈文档上的相关性模型 $\mathcal{P}_{\mathrm{lex}}(w|q)$ 和主题 z 上的词语概率 $P(w|z)$，得到新的相关反馈模型（Relevance Feedback Model）$\mathcal{P}_{\mathrm{exp}}(w|q)$：

$$\mathcal{P}_{\mathrm{exp}}(w|q) = (1-\lambda) \cdot \mathcal{P}_{\mathrm{lex}}(w|q) + \lambda \cdot \mathcal{P}(w|z) \qquad (9-46)$$

式中，λ——平滑参数，$\lambda \in [0,1]$。

同理，使用线性差值策略，基于原始查询模型 $\mathcal{P}(w|q)$ 和相关性模型 $\mathcal{P}_{\mathrm{exp}}(w|q)$，生成新的查询扩展词语：

$$\mathcal{P}'(w|q) = \gamma \cdot \mathcal{P}_{\mathrm{exp}}(w|q) + (1-\gamma) \cdot \mathcal{P}(w|q) \qquad (9-47)$$

$$\mathcal{P}(w|q) = \frac{n(w,q)}{|q|} \qquad (9-48)$$

式中，γ——控制和平衡伪相关反馈程度的平滑参数，$\gamma \in [0,1]$。

最终，使用新的查询在数据集全集上再次进行检索，得到最终的检索结果。

9.4.4　基于排序学习模型的短文本检索应用方法

Severyn 等[281]基于句法结构对查询–推文对进行结构化表示，将关系句法特征融入排序学习（Learning to Rank）框架，以提升基于排序学习的微博检索性能。

该研究是较早尝试将句法模式引入微博检索任务的工作。该研究首先将推文编码成句法结构树，然后使用浅层句法树核来实现自动化的特征工程和学习。

排序学习已被证明能有效提高信息检索效能，近年来应用于面向社交媒体的短文本信息检索中。但是，排序学习面临一个严峻挑战：对于不同应用，需要不同的训练数据。

训练数据的体量依赖于所要处理的具体任务以及被使用的文本表示的质量，例如，相较于搜索引擎得分，词汇特征已经不那么重要。因此，要想设计出快速而有效的排序学习系统，就必须挖掘兼具灵活性和普适性的特征。以往研究已经证明，两个目标之间的结构化关系（Structural Relation）能够衍生出普适性较强的特征，如文本中的句法关系。然而，在句法关系生成时往往容易产生错误，特别是在短文本环境下，受噪声和书写不规范等多重因素影响，句法关系的准确率更难以保障；此外，尚不清楚哪一部分结构化关系可用于设计高效的特征。

该研究[281]提出使用关系型浅层句法结构来表示查询–推文对，但没有尝试从句法结构中显式地直接编码显著特征，而是选择了一种结构核学习框架。在这种框架中，学习算法在由表达性树核（Tree Kernel）函数自动生成的树片段的丰富特征空间中运行。树核隐式地生成所有可能的树片段，因此它们都被学习算法用作特征，能解决了特定任务下的特征工程问题，而这些特征被认为是对传统排序学习模型所使用的特征的有效补充。此外，该研究专门使用为社交媒体开发的浅层句法解析器，因为此类句法解析器能够在很大程度上保障在社交媒体环境中句法分析结果的鲁棒性。该排序学习框架包括两部分：面向推文解析的句法分析模型，用于将给定推文编码成浅层句法树，以实现特征抽取；树核学习模型，用于计算查询–推文对之间的相似度。此外，该研究提出一个浅层树核来提高核计算效率。

1. 面向推文解析的句法模型

该研究引入结构化句法模型（记为 STURCT）来将每条推文编码成浅层句法树，后者作为树核函数的输入来生成结构化特征。

该浅层树结构[282-284]是一个两层的句法层次化结构，第一层次（底层）是词语构成的叶子节点，第二层次（顶层）是词性标注（Part-of-Speech）标签，纵向以组块（Chunk）范畴聚类。由于微博环境噪声较大，所以传统句法解析器和分析模型的性能均会在处理推文时出现明显下降。因此，该研究对于浅层句法结构的选择依赖于更简洁但鲁棒性更强的组块——词性标注器和组块分析器，其选用在推文上训练的 CMU 词性标注器，将 OpenNLP 作为组块分析器。

图 9–6 提供了一个候选查询–推文对的例子，其中查询（"Facebook privacy"）和推文（"Facebook Must Explain Privacy Practices to Congress http://sns.ly/2Qbry7"）分别被编码成一个浅层句法结构。对于查询和推文所共有的词语（如示例中的词语"facebook"、词语"privacy"），使用特殊标签"REL"予以标注，这有助于生

成句法模式，句法模式能够挖掘在查询和推文之间共享相同（或相似）词语的附加语义。

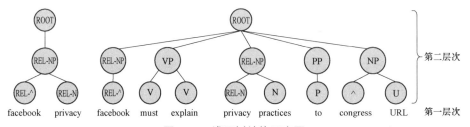

图 9-6　浅层树结构示意图

2. 树核学习模型

基于排序学习思想，树核学习模型使用 Pointwise 方法实现重排序，训练一个二分类器来判别查询–推文对是否相关。分类的预测得分被用于对候选推文进行重排序。该研究[281]提出了一个全新的树核函数——浅层句法树核（Shallow Syntacitc Tree Kernel，SHTK），用于处理 STRUCT 模型所生成的结构化表达上的特征工程问题；使用线性核（Linear Kernel）作为特征向量（Feature Vector）。

典型的核学习使用如下预测函数对一个待测试的输入进行分类：

$$h(x) = \sum_i \alpha_i y_i \mathcal{K}(x, x_i) \qquad (9-49)$$

式中，α_i——模型参数（基于训练集进行学习得到）；

　　y_i——目标变量；

　　x_i——支持向量；

　　$\mathcal{K}(\cdot, \cdot)$——用于计算两个输入目标相似度的核函数。

基于此，该研究将每个查询–推文对表示成一个三元组，包括三部分：查询树 $\mathcal{T}_q$、推文树 $\mathcal{T}_d$、传统特征向量 v，即 $x = (\mathcal{T}_q, \mathcal{T}_d, v)$。

给定两个查询–推文对（x_1 和 x_2），定义如下相似度核：

$$\mathcal{K}(\boldsymbol{x}^1, \boldsymbol{x}^2) = \mathcal{K}_{\mathrm{TK}}(\mathcal{T}_q^1, \mathcal{T}_q^2) + \mathcal{K}_{\mathrm{TK}}(\mathcal{T}_q^1, \mathcal{T}_d^2) + \mathcal{K}_{\mathrm{TK}}(\mathcal{T}_d^1, \mathcal{T}_d^2)\mathcal{K}_{\mathrm{TK}}(\mathcal{T}_d^1, \mathcal{T}_q^2) + \mathcal{K}_v(\boldsymbol{v}^1, \boldsymbol{v}^1)$$

$$(9-50)$$

式中，$\mathcal{K}_{\mathrm{TK}}(\cdot, \cdot)$——用于计算句法树之间的树核相似度；

　　$\mathcal{K}_v(\cdot, \cdot)$——特征向量上的核。

上述相似度核能够计算两个查询–推文对之间的全量树核相似度。

基于卷积核框架，该研究进一步更新上述相似度核，提出浅层句法树核 SHTK。SHTK 能够有效建模句法树 $\mathcal{T}_1$ 和句法树 $\mathcal{T}_2$ 的相同子树结构，而不显式地考虑整个子树空间。典型卷积树核通常表示为

$$\mathcal{K}_{\mathrm{TK}}(\mathcal{T}_1, \mathcal{T}_2) = \sum_{\mathrm{node}_1 \in \mathcal{N}(\mathcal{T}_1)} \sum_{\mathrm{node}_2 \in \mathcal{N}(\mathcal{T}_2)} \varphi(\mathrm{node}_1, \mathrm{node}_2)$$

式中，$\mathcal{N}(\mathcal{T}_1)$，$\mathcal{N}(\mathcal{T}_2)$——句法树 $\mathcal{T}_1$、句法树 $\mathcal{T}_2$ 的节点的集合；

$\varphi(\text{node}_1, \text{node}_2)$——句法树 $\mathcal{T}_1$ 和句法树 $\mathcal{T}_2$ 中分别以 node_1 和 node_2 为根节点，且子树的数量相同。

为了加速 $\mathcal{K}_{\text{TK}}(\cdot, \cdot)$ 的计算，只考虑位于相同树层次的节点对 $(\text{node}_1, \text{node}_2)$。因此，给定结构化句法模型 STRUCT 所生成的树的高度 H，每个层次 h 包含相同类型的节点（即组块、词性标注标签、词语），定义浅层句法树核 SHTK 如下：

$$\mathcal{K}_{\text{SHTK}}(\mathcal{T}_1, \mathcal{T}_2) = \sum_{h=1}^{H} \sum_{\text{node}_1 \in \mathcal{N}^h(\mathcal{T}_1)} \sum_{\text{node}_2 \in \mathcal{N}^h(\mathcal{T}_2)} \varphi(\text{node}_1, \text{node}_2) \qquad (9-51)$$

式中，$\mathcal{N}^h(\mathcal{T}_1)$，$\mathcal{N}^h(\mathcal{T}_2)$——句法树 $\mathcal{T}_1$ 和句法树 $\mathcal{T}_2$ 的层次 h 的节点的集合。

上述公式具备可扩展性，可根据对树中原子树的不同定义使用任何形式 $\varphi(\cdot, \cdot)$ 函数。例如，为了拥有更加具有通用性和表达能力的核，该研究使用局部树核（Partial Tree Kernel，PTK）的 $\varphi(\cdot, \cdot)$ 函数，该函数使用子序列核，因此能够为两个节点生成子代子集合，同时允许间隙，这使得句法模式的匹配摆脱了"硬对齐"。整体而言，该研究所提出的浅层句法树核 SHTK 是局部树核 PTK 的一个特例，可以认为是结构化句法模型 STRUCT 与局部树核 PTK 的结合：使用结构化句法模型 STRUCT 所生成的句法树，浅层句法树核 SHTK 计算与局部树核 PTK 相同的特征空间。但是，浅层句法树核 SHTK 的平均速度更快。这是因为，局部树核 PTK 考虑了所有节点对之间的关联，而浅层句法树核 SHTK 施加了仅考虑同一层次的节点对的约束，能确保被匹配映射的节点拥有相同的类型（不同层次的节点拥有不同类型），如组块、词性标注标签、词语。因此，在浅层句法树核 SHTK 中，被考虑进行匹配映射的节点对的规模相对较小，从而促成更快的核计算。

最终，浅层句法树核 SHTK 能够捕获有益的依存信息，生成嵌套形式的子树结构如下：

子树 1：[ROOT[REL-NP[REL-^ facebook]][VP V][REL-NP[REL-N privacy]]]

子树 2：[ROOT[REL-NP[REL-^]][VP V][REL-NP[REL-N]]]

子树 3：[ROOT[REL-NP][VP][REL-NP]]

子树 4：[ROOT[VP[V explain]][NP[N privacy]]]

不难发现，子树 3 泛化了子树 2，子树 2 泛化了子树 1。通过匹配映射给定查询与推文的子树结构，可以衡量推文与当前查询的相关性。例如，给定一个查询模式[REL-NP[REL-^][REL-N]]，表示一个专有名词后面跟随一个名词。如果推文中包含上述子树 2，即一个专有名词（与给定查询中的专有名词匹配）后面跟随一个动词短语（VP）和普通名词（同样与给定查询中的普通名词匹配），那么该推文的相关性得分就会比较高。

9.4.5　基于概念化和向量化的短文本检索应用方法

观察到用户在进行微博检索时倾向于在写查询时使用实体（Entity）来表达内心特定检索需求，Fan 等[29]和 Lv 等[285]提出了一类两阶段反馈实体模型。但是，这类方法很容易受到预处理环节（例如命名实体识别等）的误差传递影响，且整个推理过程几乎都是在词语层面（Word-Level）上的分析。此外，文献[29]仅为给定查询中包含的每个实体分别产生独立的实体模型，丢失了查询中不同实体之间的语义联系和催化作用，因此无法有效生成针对给定查询整体的全局语义表达。Wang 等[109]使用知识库 Probase 作为外部知识资源来为每个查询和推文推理产生更多概念层面相关的上下文信息，进一步提出了一个概念反馈模型（Concept Feedback Model）来完成查询扩展。这个模型的最终目的是生成一个最优的概念语言模型（Concept Language Model），以扩展原始查询语言模型（Query Language Model）。

本章首先使用第 7 章所提出的短文本概念化算法对用户给出的查询以及推文数据集全集中的推文进行概念化处理，得到查询及每条推文所对应的概念集合。基于这些识别出来的概念，使用第 8 章所提到的短文本向量化模型分别生成查询所对应的向量和推文所对应的向量，基于余弦距离衡量查询向量和推文向量的相似程度，获得离查询发布时间最近的"概念相关反馈推文"，这些反馈推文被用于预测生成想要最终得到的概念语言模型。在预测过程中，假设这些概念相关反馈推文由一个混合模型（Mixture Model）生成，该混合模型由概念语言模型、全集语言模型和语境概念语言模型构成。总的来说，基于概念的查询扩展模型的基本思想是：通过有效地识别和利用给定查询和推文数据全集中推文的概念，能够潜在地允许微博检索由低语义层次的词语层面（Word-Level）提升至更高语义层次的概念层面（Concept-Level），进而缓解微博检索任务所面临的词表不匹配问题以及输入信号不足的问题。

此外，为了充分利用社交媒体环境中的时域信息，效仿以往研究工作[191]，将一个关于推文即时性（Recency）的先验分布引入所提出的概念反馈模型。具体而言，为每一篇排序较高的概念相关反馈推文赋予一个时间先验，使得在新近推文中出现频率较高的词语被赋予较高的概率。

本节将详细介绍基于概念反馈模型的微博检索查询扩展框架。本质上，这个概念反馈模型基于距离查询发布时间最近的概念相关反馈推文（即伪相关反馈策略中的"伪相关文档"），并依托一个混合模型。以往研究已经证明，混合模型[17,235]在目前基于伪相关反馈策略的基线查询扩展算法中能取得相对较好的检索性能[29,280]。

1. 概念反馈模型架构

总体而言，为了解决微博检索任务，在此采用语言模型（Language Model）

理论[286]。在信息检索（Information Retrieval）领域，语言模型理论假设：当用户给出一个查询（Query）后，一个文档（Document）生成该查询的可能性（概率）越大，那么该文档的内容与用户潜在的信息需求（Information Need）越相关。因此，通常选用文档能够生成给定查询的概率作为排序函数[31]。假设查询 q 由一个查询语言模型（Query Language Model）θ_q 生成，而文档（即推文）d 由一个文档语言模型（Document Language Model）θ_d 生成。通常在利用文献[286]方法估计得到 θ_q 和 θ_d 之后，文档 d 之于查询 q 的相关性得分（Relevance Score）可以使用如下 KL 散度公式的形式来计算：

$$S(q,d) = -\mathrm{KL}(\theta_q \| \theta_d) \propto \sum_{w \in \mathbb{V}} \mathcal{P}(w|\theta_q) \times \log \mathcal{P}(w|\theta_d) \qquad (9-52)$$

式中，$\mathbb{V}$——词表；

w——词表 $\mathbb{V}$ 中的词语。

本书主要关注如何通过概念信息来生成 θ_q。为了达到这个目的，在此提出一个面向微博检索查询扩展的概念反馈模型，该模型架构如图 9-7 所示。此外，该模型旨在使用最少的监督信息来解决微博检索问题。虽然目前微博环境中的手工标注数据比较匮乏，但随着近年来高质量语言知识库资源（如 Probase、Freebase 和 DBpedia 等）不断涌现和完善，现在已经积累了很多有价值的结构化语义信息的先验知识。使用词汇语义知识库 Probase[7]，将其中所包含的概念知识引入所提出的模型。

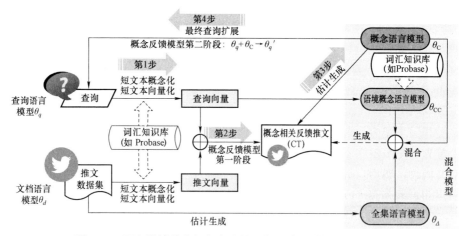

图 9-7 面向微博检索任务查询扩展的概念反馈模型架构示意

本书所提出概念反馈模型基于伪相关反馈策略，其包括离线部分（Offline Part）和在线部分（Online Part）。

（1）**离线部分**。首先，使用知识库 Probase 来构建表示词语及其相关概念的语义网络；然后，使用短文本概念化算法对推文数据集全集中的推文进行概念化处理，获得每条推文的相关概念（第 7 章）及向量化表示（第 8 章）。

（2）**在线部分**。当用户提交一个查询后，使用短文本概念化算法对该给定查询进行概念化处理，得到其相关概念，并使用短文本向量化算法得到其向量表示。然后，执行一个两阶段伪相关反馈。在伪相关反馈的第一阶段，通过计算查询向量和推文向量的余弦距离来完成概念层面的初始检索，获得概念相关反馈推文（Concept-Associated Feedback Tweets，CT），这些推文在伪相关反馈研究中通常被称为"伪相关文档"；在伪相关反馈的第二阶段，使用上述概念相关反馈推文来估计生成概念语言模型，并最终使用这个概念语言模型来扩展原始查询语言模型。在上述第二阶段，假设概念相关反馈推文由一个混合模型所生成，这个混合模型由三个语言模型共同构成，分别是概念语言模型、语境概念语言模型（Contextual-Concept Language Model）和全集语言模型（Collection Language Model）等。基于该混合模型，使用最大似然估计方法，在概念相关反馈推文上估计生成概念语言模型。此外，为了满足微博环境中用户对信息的实时（Real-Time）需求[124]，将时域信息引入所提出的模型。

2. 概念反馈模型第一阶段：构建概念相关反馈推文

概念反馈模型基于伪相关反馈策略。伪相关反馈策略的第一阶段的目的通常是构建"伪相关文档"，这称为"概念相关反馈推文"（Concept-Associated Feedback Tweets，CT），进而用于伪相关反馈策略第二阶段——估计生成概念语言模型。为了解决伪相关文档的构建问题，需要同时利用概念相关性信息和时域信息（Temporal Information）。

在该阶段，使用基于短文本向量余弦距离匹配的方式获得上述概念相关反馈推文。近年来，不少研究尝试将词向量和短文本向量引入信息检索应用[151,287-289]。其中，词向量在信息检索研究中的应用主要集中在探索利用富含语义信息的词向量进行查询扩展[236,288-291]；短文本向量在信息检索研究中的应用主要集中在将查询和文档都映射到一个统一的语义向量空间，然后使用余弦距离来衡量查询和文档之间的相关程度[11,14,151,292-293]。

首先，使用短文本概念化算法，分别获取给定查询和推文数据集中所有推文的相关概念；然后，基于查询和推文的相关概念，使用短文本向量化模型分别产生相应的查询向量（Query Vector）和推文向量（Tweet Vector）。其中，为了提升效率，对查询的概念化和向量化处理是在线完成的，而对推文数据集中推文的概念化和向量化处理是离线完成的。随后，通过计算查询向量和推文向量的余弦距离来度量查询与推文的语义相似度，按照语义相似度降序排列推文，得到候选推文集合。考虑到微博检索对时效性的要求[124]，在概念反馈模型的第一阶段采用如下方式来保障所构建的伪相关文档的时间临近特性：从构建得到的候选推文集合中选择距离给定查询的发布时间 T_q 最近的 M 条推文，构成最终的概念相关反馈推文（CT）。因此，查询扩展方案能够在相关性和时效性上做出灵活的平衡。

3. 概念反馈模型第二阶段：生成概念语言模型

总的来说，正如图 9-7 所示，我们的目标是为查询 q 中所识别出的概念生成概念语言模型 θ_C，然后使用该概念语言模型来扩展原始查询语言模型 θ_q，进而完成微博检索中的查询扩展任务。形式上，这个概念语言模型是一个词语的概率分布 $\{\mathcal{P}(w|\theta_C)\}_{w \in \mathbb{V}}$，表示给定查询 q 所包含概念的语义类别信息。此外，显然 $\sum_{w \in \mathbb{V}} \mathcal{P}(w|\theta_C) = 1$。值得注意的是，本书引入知识库 Probase 作为外部知识资源来生成这个概念语言模型，下文会详细介绍如何生成这个模型。

当生成概念语言模型 θ_C 后，就可以使用它来扩展原始查询语言模型 θ_q，即 $\theta_q + \theta_C \rightarrow \theta_{q'}$，进而完成查询扩展任务，这是该模型的最终目标。为了实现上述查询扩展，本书利用线性插值的方法来融合原始查询语言模型 θ_q 和刚刚生成的概念语言模型 θ_C，公式如下：

$$\mathcal{P}(w|\theta_{q'}) = (1-\alpha) \times \mathcal{P}(w|\theta_q) + \alpha \times \mathcal{P}(w|\theta_C) \qquad (9-53)$$

式中，α——控制概念语言模型权重的参数，$\alpha \in [0,1]$。

α 决定了概念层面的反馈信息对原始查询的影响力大小（即概念语言模型对扩展的影响程度），α 的值越大，表明查询扩展方法越重视所反馈的概念信息。如果 $\alpha=0$，则相当于只使用原始查询语言模型 θ_q，即不进行任何查询扩展；如果 $\alpha=1$，则是另一个极端情况，相当于使用概念语言模型 θ_C 取代原始查询语言模型 θ_q，来作为新的查询语言模型 $\theta_{q'}$。在实际应用中，这两种极端情况都不会出现。关于参数 α 的值的设定，在后续实验章节会做进一步讨论和分析。

综上，在生成概念语言模型 θ_C 之后，便可以水到渠成地完成概念层面的查询扩展，那么所要面临的下一个棘手挑战便是：如何根据概念相关反馈推文 CT，来准确地估计生成概念语言模型 θ_C？为了解决这个问题，一个比较直观的思路是：假设这些概念相关反馈推文 CT 是由一个概率语言模型生成的，即 $\mathcal{P}(\text{CT}|\Lambda) = \prod_{d_i} \prod_{w \in \mathbb{V}} \mathcal{P}(w|\Lambda)^{n(w,d_i)}$。其中，$\Lambda$ 表示所有参数的集合，$n(w,d_i)$ 表示词语 w 在推文 d_i 中的出现频率。然而实际上，特别是在复杂而稀疏的微博文本环境中，这个假设在很多情况下是过于理想化的。如果概念相关反馈推文 CT 只包含与原始查询 q 所蕴含概念相关的信息，那么这个假设是合理的。但是，这些反馈推文的内容通常具有高度多样性（Diversity）和冗余性（Redundancy）[98]，因为这些反馈推文往往包含丰富的背景噪声和不相关的概念信息。另一方面，由于伪相关反馈策略十分依赖伪相关文档中的信息[280]，因此需要保证能够从这些伪相关文档中获取到高质量的信息。

因此，为了更加高效地利用这些反馈推文、使这些反馈推文在查询扩展过程中发挥更大的作用，首先需要实现对概念相关反馈推文 CT 中的噪声进行过滤，从而净化这些推文。为了解决这个问题，本书基于最大似然估计方法，提出一个混合模型来估计生成概念语言模型 θ_C。假设：概念反馈模型第一阶段所获得的概念相关反馈推文 CT 是由一个混合模型得到的，这个混合模型融合了三个语言模型：不仅包括最终需要得到的概念语言模型 θ_C，还包括语境概念语言模型 θ_{CC} 和全集语言模型 θ_Δ。对这三个语言模型，介绍如下：

（1）**概念语言模型 θ_C**：$\{\mathcal{P}(w|\theta_C)\}_{w\in\mathbb{V}}$。概念语言模型是所要估计生成的目标，并最终被用于扩展原始查询语言模型 θ_q。不同于文献[29]先为查询 q 所包含的每个实体都生成一个实体语言模型，再通过加权平均的方式得到针对查询整体的实体语言模型，直接从给定查询 q 的整体出发，估计生成能够对查询 q 整体进行语义建模的概念语言模型 θ_C。因此，该模型的概念语言模型 θ_C 更具有整体性，能够更加准确地对查询 q 进行语义建模，而不会像文献[29]那样丢失词语之间的语义关联和查询 q 的整体性宏观信息。

（2）**全集语言模型 θ_Δ**：$\{\mathcal{P}(w|\theta_\Delta)\}_{w\in\mathbb{V}}$。全集语言模型是一个词语的概率分布，是基于推文数据集全集估计生成的，用于过滤全局背景噪声（Global Background Noise）。作为一个通用的过滤算法，该语言模型被广泛应用于以往信息检索以及微博检索任务。此外，$\sum_{w\in\mathbb{V}}\mathcal{P}(w|\theta_\Delta)=1$。

（3）**语境概念语言模型 θ_{CC}**：$\{\mathcal{P}(w|\theta_{CC})\}_{w\in\mathbb{V}}$。语境概念语言模型是一个词语的概率分布，对给定查询 q 所包含的特定概念的先验知识（来自知识库 Probase）进行建模。换言之，语境概念语言模型起着桥梁作用，将知识库中的先验知识引入概念反馈模型。假设原始查询 q 在通过短文本概念化处理后，得到 k 个与原始查询 q 相关的概念：$\{c_1, c_2, \cdots, c_k\}$。那么，可以将语境概念语言模型表示成如下形式：$\theta_{CC}=\{\theta_{c_1}, \theta_{c_2}, \cdots, \theta_{c_k}\}$。其中，每个概念 c_k 所对应的 θ_{c_k} 也是一个词语的概率分布，是通过知识库 Probase 中特定概念 c_k 的相关信息来估计生成的。语境概念语言模型 θ_{CC} 被用于过滤给定查询 q 所包含的特定概念的局部背景噪声（Local Background Noise）。此外，$\sum_{w\in\mathbb{V}}\mathcal{P}(w|\theta_{CC})=1$。

当使用上述混合模型来估计生成概念语言模型 θ_C 时，概念相关反馈推文 CT 的对数似然（Log-Likelihood）可以表示为如下形式：

$$\ln\mathcal{P}(\text{CT}|\Lambda)=\sum_{d_i\in\text{CT}}\sum_{w\in\mathbb{V}}n(w, d_i)\times\ln\Big((1-\lambda_{CC})\times((1-\lambda_\Delta)\times\mathcal{P}(w|\theta_C)+$$

$$\lambda_\Delta\times\mathcal{P}(w|\theta_\Delta))+\lambda_{CC}\times\sum_{j=1}^{k}\mu_j\times\mathcal{P}(w|\theta_{c_j})\Big)$$

$$(9-54)$$

式中，d_i——概念相关反馈推文 CT 中的推文；

k——短文本概念化算法识别出的、给定查询 q 所包含的相关概念的数量；

$n(w, d_i)$——词语 w 在推文 d_i 中的出现频率；

μ_j——语境概念语言模型的权重；

λ_Δ，λ_{CC}——参数，分别控制全局背景噪声和针对特定概念的局部背景噪声。

综上，参数集合 Λ 包括如下参数：概念语言模型 θ_C；全集语言模型 θ_Δ；语境概念语言模型 $\theta_{CC} = \{\theta_{c_1}, \theta_{c_2}, \cdots, \theta_{c_k}\}$；语境概念语言模型的权重 $\{\mu_1, \mu_2, \cdots, \mu_k\}$；参数 λ_Δ 和 λ_{CC}。对于全集语言模型 θ_Δ，可以在推文数据全集上很容易地进行统计获得；对于语境概念语言模型 $\theta_{CC} = \{\theta_{c_1}, \theta_{c_2}, \cdots, \theta_{c_k}\}$，则需要从外部知识库中引入相关先验概念知识来构建。最终，使用最大期望（Expectation Maximization，EM）方法解决这个最大似然估计问题[36,83,294]，估计生成的概念语言模型 θ_C 用于最终完成查询扩展。

4. 先验知识引入：构建语境概念语言模型

由上文讨论可知，用于查询扩展的概念反馈模型中，由概念语言模型 θ_C、全集语言模型 θ_Δ 和语境概念语言模型 θ_{CC} 融合而成的混合模型扮演着至关重要的角色。其中，概念语言模型 θ_C 是所要估计求解的模型；全集语言模型 θ_Δ 是在推文数据集全集上统计产生的词语概率分布，很容易获得；而语境概念语言模型 θ_{CC} 的构建过程相对特殊，而且在混合模型中扮演着重要角色，实现了将来自知识库 Probase 中的先验概念知识引入概念反馈模型的作用。接下来，重点介绍如何构建语境概念语言模型 θ_{CC}。

知识库 Probase 中的先验概念知识被用于估计产生语境概念语言模型 $\theta_{CC} = \{\theta_{c_1}, \theta_{c_2}, \cdots, \theta_{c_k}\}$。该模型的目标是：基于知识库 Probase 中的信息，为每个从查询 q 中识别出来的概念 c_k 构建一个语言模型 $\theta_{c_k} = \{\mathcal{P}(w|\theta_{c_k})\}_{w \in \mathbb{V}}$。对于概念 c_k，首先基于知识库 Probase 中与概念 c_k 相关的信息，构建其概念文档（Concept-Document，D_{c_k}）：在知识库 Probase 中，搜集与概念 c_k 相关的所有文本（包括概念 c_k 的实例及其属性等信息），融合上述信息，构成概念 c_k 的概念文档 D_{c_k}。随后，为每个概念 c_k 生成一个语言模型：$\mathcal{P}(w|\theta_{c_k}) = \mathrm{TF}(w, D_{c_k}) \Big/ \sum_{w' \in \mathbb{V}} \mathrm{TF}(w', D_{c_k})$。

其中，$\mathrm{TF}(w, D_{c_k})$ 表示词语 w 在概念文档 D_{c_k} 中出现的频率。

5. 时域信息引入：平衡概念相关性和即时检索需求

总的来说，在微博检索任务的查询扩展研究中，一个好的扩展词语往往需要满足以下要求[285]。

要求1：该扩展词语需要与给定查询 q 所包含的概念语义相关。

要求2：该扩展词语需要在推文数据集全集范围内被广泛用于描述给定查询 q 所包含的概念。

要求3：由于用户的检索兴趣会随着时间发生变化，与给定查询 q 对应的"主题"相关事件也会随着时间发生变化，因此查询扩展算法中所使用的排序函数需要给予在新近发布的推文中频繁使用的短期（Short-Term）词语更高权重和重视程度。

显然，基于前述章节所论述的方法、基于知识库 Probase 中知识资源抽取得到的候选扩展词语在一定程度上都能够满足要求 1。

为了满足要求 2，本书基于这 M 条概念相关反馈推文 CT，对这些候选扩展词语进行重新打分，公式如下：

$$\delta(w) = \sum_{d_i \in \text{CT}} \mathcal{P}(d_i) \times \mathcal{P}(w|d_i) \times \prod_{q_j \in q} \mathcal{P}(q_j|d_i) \qquad (9-55)$$

式中，d_i——概念相关反馈推文 CT 中的推文；

$\mathcal{P}(d_i)$——推文 d_i 的文档先验（Document Prior），在以往研究中通常被假设服从均匀分布（Uniform Distribution）[280]；

$\prod_{q_j \in q} \mathcal{P}(q_j|d_i)$——针对给定推文 d_i 的查询似然，q_j 表示给定查询 q 中的词语。

为了满足要求 3，本书效仿文献[191]，为文档先验 $\mathcal{P}(d_i)$ 引入时域信息，公式如下：

$$\mathcal{P}(d_i|T_{d_i}) = r \times \mathrm{e}^{-r \times (T_q - T_{d_i})} \qquad (9-56)$$

式中，r——控制时域信息权重的参数；

T_q——给定查询 q 的发布时间；

T_{d_i}——推文 d_i 的发布时间。

注意：T_{d_i} 不能晚于 T_q，因为我们无法对用户提出查询 q 之前未发布的推文进行检索。

9.5　短文本检索应用方法总结分析

本节在两个微博数据集上尝试从不同角度来验证上述短文本检索应用方法的性能。首先，对比不同类型查询扩展模型的整体性能；然后，针对模型中的各类参数，构建相应的分析实验，探讨不同参数设置对模型实验效果的影响。

9.5.1　实验验证

1. 实验数据集

本节所用于评测的数据集是 TREC 微博检索任务（Microblog Track）的官方推文数据集（Tweet Collection），分别是 2011 年和 2012 年评测使用的数据集 Tweet11（所使用的查询集合分别是 TMB2011 和 TMB2012），以及 2013 年评测使用的数据集 Tweet13（所使用的查询集合是 TMB2013）[124,200,295]。其中，数据集 Tweet11 包含 1600 万条推文，以及两个查询集合；查询集合 TMB2011 包含 49 个带时间戳（Timestamp）的查询；查询集合 TMB2012 包含 60 个带时间戳的查询；数据集 Tweet13 包含 2.39 亿条推文，以及一个包含 60 个带时间戳查询的查询集合 TMB2013。

数据预处理对于增强模型的相关性预测能力以及提升检索性能，发挥着重要作用[296]。对上述原始推文数据集中的推文数据做如下预处理。首先，由于非英文推文通常会加重数据噪声，因此使用 ldig 语种识别工具删除非英文推文、删除转发推文（推文开始位置以"RT@"为标识）、规范化延长式书写（例如，把"sooo"改写成规范化的"so"等）、规范化 URL 链接和用户 ID。此外，每条推文都使用 Porter 工具[126]进行词干化（Stemming）处理，并删除停用词。由于 TREC 微博检索任务是一个时域检索任务，因此查询集合中的每个查询都带有一个时间戳 T_q，只有发布在时间 T_q 之前的推文才会被检索出来，在该时间戳之后发布的推文则不应该被检索出来。本书使用 Lemur 工具对推文数据集中的所有推文进行索引。

作为额外数据集，Wikipedia 文章被用于执行实验所采用的基线算法。本书按照如下方式对 Wikipedia 文章进行预处理：首先，去掉篇幅低于 100 个词语的文章以及链接数量低于 10 个的文章；然后，去掉目录页和消歧页，并将需要重定向的页面进行重定向；最终，得到 374 万篇 Wikipedia 文章，并同样使用 Lemur 工具对这些 Wikipedia 文章进行索引。这些 Wikipedia 文章被用于训练对比算法中基于 Wikipedia 的算法和基于主题的算法。

2. 对比算法

本书通过微博检索任务，验证和对比上述短文本检索应用算法的性能，包括目前基于概念语义的最优基线算法、目前基于实体语义的最优基线算法、目前基于时域信息的最优基线算法等。此外，也与以往 TREC 任务的最优系统的结果进行对比。对于进行对比的算法，概述如下：

● LM：使用最简单的语言模型[31]作为基础基线算法。使用 KL 散度来估计查询语言模型 θ_q 和文档语言模型 θ_d。与其他对比算法不同，该算法不执行查询扩展操作，因此该基础基线算法同时可以证明查询扩展对于信息检索（包括微博检索）的重要性。

● WikiQE：文献[57]所提出的基于 Wikipedia 的查询扩展算法，利用 Wikipedia 作为外部数据资源来实现对查询 q 的理解，以增强检索性能。

● RTRM：文献[258]所提出的实时排序模型（Real-Time Ranking Model）利用一个两阶段伪相关反馈查询扩展策略来估计查询语言模型，在此基础上融入一个基于时间信息的重排序模块来从时域角度对推文进行筛选。该算法被认为是基于时域信息的最优基线算法。

● EntityQE：作为基于实体语义信息的最优基线算法，文献[29]提出一个反馈实体模型，并将其应用在一个两阶段自适应语言模型框架。

● LCE：基于潜概念扩展（Latent Concept Expansion）模型[270]，文献[272]

提出一种应用于微博检索任务的算法变体，该算法采用一个时域相关性模型来对微博中概念的时域变化进行建模。该算法中的"概念"是指从文本中挖掘出的词语组合。该算法被认为是目前基于概念的最优基线算法。

● ConceptQE：面向微博检索查询扩展的概念反馈模型，是一种基于短文本概念化和短文本向量化的短文本检索应用方法，该模型融入了短文本概念化产生的概念信息以及时域信息。

● TopicQE：是 ConceptQE 的一个主题化变体，即将算法 ConceptQE 中的概念语义信息替换为主题语义信息，其他算法流程和设置不变。该算法使用基于潜在狄利克雷分布（Latent Dirichlet Allocation，LDA）算法[13]获得给定查询以及推文数据全集中每条推文的主题分布，而非算法 ConceptQE 获得的概念分布。显然，该算法是一个基于主题的反馈方法。

3. 实验设置

对于算法 WikiQE，维基百科文章被按照 KL 散度排序，本书从排序前 5、10、20、100 篇维基百科文章中，选择 TF-IDF 值最高的前 2、3、5、7 个词语，这些被选择出来的词语被插值进入原始查询，完成查询扩展。对于算法 ConceptQE，将控制语境概念语言模型权重的参数 λ_{CC} 和控制全集语言模型权重的参数 λ_{Δ} 分别设为 0.8 和 0.5，将控制概念语言模型对查询扩展影响程度的参数 α 设为 0.6；当引入时域信息以满足微博检索的实时性需求时，将时域先验的指数参数 r 设置为 0.1。维基百科文章被用于为算法 WikiQE 提供扩展词语，以及训练算法 TopicQE。

正如前文讨论，分别准确估计查询语言模型 θ_q 和文档语言模型 θ_d，这对于查询扩展研究是至关重要的，但是本书主要关注如何估计生成查询语言模型 θ_q，而且上述对比算法均围绕"如何查询语言模型 θ_q"展开研究。因此，与文献[231]相似，上述所有短文本检索应用算法都使用算法 LM 来估计生成文档语言模型 θ_d。对于所有算法，在构建伪相关文档的时候，对于每个查询 q，只考察离该查询发布时间最近的 100 条推文（即 $M=100$）。

在 TREC 微博检索任务中，使用三分分段（Three-Point Scale）验证机制来给检索得到的推文打分：① 不相关（Irrelevant），标记为 0；② 最低程度相关（Minimally Relevant），标记为 1；③ 高度相关（Highly Relevant），标记为 2。通常将"最低程度相关"和"高度相关"合二为一，称为"相关"（Allrel），即如果一条推文被判定是最低程度相关或者高度相关，就都可以成为"相关"[123,294]。微博检索任务官方度量指标主要包括前 1000 条最终检索得到的推文的平均准确率（Mean Average Precision，MAP）和前 N 条最终检索得到的推文的准确率（Precision at N，P@N），这些指标同样在传统信息检索领域被广泛认可和应用。各类评价指标的计算方法，如下所述。$\mathbb{Q}=\{q_1, q_2, \cdots, q_{|\mathbb{Q}|}\}$ 表示查询集合，q_i 表示第 i 个查询，n_i 表示查询 q_i 对应的测试集合中所有文档的总数量，查询 q_i 对应的

相关文档数量用 R_i 表示，R_{ij} 表示查询 q_i 所对应的前 j 个文档中检索算法认为相关的文档的数量，如果第 j 个文档是相关的，则指示变量 $\mathbb{I}_j = 1$，否则 $\mathbb{I}_j = 0$。通过度量每个相关文档的准确率，然后将所有查询对应的准确率进行平均，MAP 能够有效地综合准确率、相关性排序和宏观表现来衡量信息检索模型的性能[1,297]，计算方法如下：

$$\mathrm{MAP} = \frac{1}{|\mathbb{Q}|} \times \sum_{i=1}^{|\mathbb{Q}|} \left\{ \frac{1}{R_i} \times \sum_{j=1}^{n_i} \left(\mathbb{I}_j \times \frac{R_{ij}}{j} \right) \right\} \qquad (9-57)$$

综上，本书使用"相关"（Allrel）推文的 MAP 和 P@30 指标作为本书实验的度量指标。同时，本书使用显著性检测来判别相关算法在 MAP 和 P@30 上的提升是否统计上显著。

4. 微博检索实验

各短文本检索应用算法在 2012 年和 2013 年 TREC 微博检索任务上的实验结果如表 9-1 所示。其中，2012 年微博检索任务所使用的数据集是 Tweet11，所使用的查询集合是 TMB2012（包含 60 个带时间戳的查询）；2013 年微博检索任务所使用的数据集是 Tweet13，所使用的查询集合是 TMB2013（包含 60 个带时间戳的查询）。

表 9-1　Tweet11 数据集和 Tweet13 数据集的微博检索结果

算法	查询集合 TMB2012		查询集合 TMB2013	
	MAP	P@30	MAP	P@30
LM	0.271	0.407	0.307	0.493
WikiQE	0.291	0.424	0.317	0.508
TopicQE	0.314	0.442	0.308	0.504
RTRM	0.324	0.446	0.351	0.520
EntityQE	0.318†	0.459†	0.322†	0.506†
LCE	0.365†δ	0.454†	0.344†δ	0.511†δ
ConceptQE	0.407†‡δ	0.498†‡	0.410†‡δ	0.557†‡δ

注：†、‡ 和 δ 分别用于表示相关算法相较于算法 LM、算法 LCE 和算法 EntityQE 是否有性能的显著提升（$p^* < 0.05$）。

9.5.2　对比分析

1. 微博检索实验结果分析

实验结果显示，概念反馈模型 ConceptQE 的性能在大部分情况下都能超过目前最优基线算法。此外，ConceptQE 在各项指标上也明显超出以往参加 TREC 微博检索任务的最优系统：对于 2012 年微博检索任务（查询集合 TMB2012），

ConceptQE 在指标 MAP 和指标 P@30 上分别超过当届参赛的最优算法 50.7% 和 68.5%；对于 2013 年微博检索任务①（查询集合 TMB2013），ConceptQE 在指标 MAP 上超过当届参赛的最优算法 16.4%。

需要注意的是，因为本书的研究重点是如何对查询语言模型 θ_q 进行有效扩展，所以不重点研究文档语言模型 θ_d 的生成问题，因此所有算法统一使用算法 LM 来估计生成文档语言模型 θ_d。通过表 9-1 可以发现，所有查询扩展算法的性能在指标 MAP 和指标 P@30 上都明显优于没有进行查询扩展的基础基线算法 LM，由此证明查询扩展对于微博检索（以及信息检索）的良好效能。

基于维基百科作为外部资源的查询扩展算法 WikiQE 性能优于 LM，这说明了外部资源的引入的重要性以及对于提升检索性能的正向促进。而算法 ConceptQE 在指标 MAP 和指标 P@30 上均显著优于算法 WikiQE。这两种算法的性能差异不仅体现在算法设计上，还体现在所使用外部资源的差异：算法 WikiQE 所使用的是维基百科文章，而算法 ConceptQE 所使用的是知识库 Probase，由此对比可以看出结构化词汇知识资源的优势。与基于概念语义信息的算法（LCE 和 ConceptQE）和基于实体语义信息的算法 EntityQE 相比，基于主题信息的算法 TopicQE 的检索效果较差，再次证明短文本对于主题模型方法来说很有挑战性：由于社交媒体短文本篇幅短小且噪声大，主题模型方法很难为给定的查询和推文产生可解释强的主题分布，而短文本概念化算法则能够避免此类严重依赖统计的方法在短文本上的不足，针对短小的文本产生有效的概念集合。此外，算法 ConceptQE 也优于基于时域信息的基线算法 RTRM，说明在微博检索任务中，虽然用户看重检索结果的即时性，但也需要对内容语义相关性和即时性做出有效平衡，才能产生令人满意的检索结果。"即时性"和"语义相关性"的平衡，是当前相关研究的共识。

在查询集合 TMB2013 上，算法 ConceptQE 在指标 MAP 上比算法 EntityQE 提升 19.18%；在查询集合 2012 上，该指标提升为 11.54%。基于实体信息的算法 EntityQE 为给定查询中每个被识别出来的实体分别估计生成独立的实体模型，然后将逆文档频率（Inverse Document Frequency，IDF）作为权重对这些独立的实体模型进行加权平均，得到针对给定查询整体的实体模型，用于扩展原始查询语言模型。然而，仅对各独立的实体模型进行简单的加权平均，无法对给定查询整体进行有效的实体建模。因为对于给定查询，其中的实体之间并非独立存在，而是通过某种语义关系被关联在一起，共同构成给定查询的真正语义[269]，因此算法 EntityQE 丢失了实体之间的语义关联关系。此外，算法 EntityQE 还存在一些弊端，直接影响其检索效果，而算法 ConceptQE 有效规避了这些弊端：算法 EntityQE

---

① 2013 年 TREC 微博检索任务仅公布各参赛算法在指标 MAP 上的评测结果，未公布在指标 P@N 上的评测结果。

过度依赖命名实体识别（Named Entity Recognition）工具的识别准确率，作为预处理环节的命名实体识别的识别误差会直接传递到后续查询扩展过程，进而累计在最终的检索误差中；算法 EntityQE 的计算开销要远高于概念反馈模型 ConceptQE，因为算法 EntityQE 要为给定查询中的每个实体都计算一次实体模型，而算法 ConceptQE 只需要为给定查询整体计算一次概念语言模型；算法 EntityQE 使用 IDF 值作为权值来生成针对给定查询整体的实体模型，但由于短文本篇幅简短和稀疏性较强，计算短文本上的 IDF 值的可靠性难以保证。算法 LCE 被认为是目前基于概念信息的最优基线算法，从表 9-1 中的结果可以看出，算法 ConceptQE 的性能优于算法 LCE，说明了从外部知识库中引入知识（例如先验概念信息）的重要性。此外，相较于算法 LCE，算法 ConceptQE 所需的伪相关文档数量更少，因此在实际应用中也更有效率。

2. 参数设置对模型性能的影响及分析

接下来，重点分析短文本检索应用算法中几个会对最终微博检索有直接影响的重要参数的设置及鲁棒性，包括：① 查询与推文"粗粒度"语义匹配阶段（如概念反馈模型第一阶段等）所构建的概念相关反馈推文 CT 的数量 M；② 用于控制全集语言模型 θ_Δ 权重的全局背景噪声参数 λ_Δ，用于控制语境概念语言模型 θ_{CC} 权重的局部背景噪声参数 λ_{CC}；③ 用于控制概念语言模型 θ_C 权重的插值参数 α。

正如前文讨论的那样，概念相关反馈推文 CT 的数量 M 是一个比较难以确定的值：如果反馈推文数量过大，就有可能导致算法性能退化，也会导致在估计概念语言模型过程中产生过多计算开销，因为会引入很多无关的词语；如果反馈推文数量过小，就会导致反馈的信息不能够充分地包含与原始查询语义相关的词语。图 9-8 展示了算法 LM、算法 LCE、算法 EntityQE 以及算法 ConceptQE 在不同反馈推文数量 M 情况下的检索性能变化。实验结果证明，同样是基于伪相关反馈策略，算法 ConceptQE 所需的反馈文档数量更少，即在较少反馈文档的情况下就能够达到良好的检索性能，体现了概念反馈模型的实际应用价值。

参数 λ_Δ 和参数 λ_{CC} 分别控制全局背景噪声的权重和给定查询 q 所包含的相关特定概念的局部背景噪声的权重。当探讨参数 λ_Δ 和参数 λ_{CC} 的变化对算法 ConceptQE 性能的影响时，固定插值参数 α 的值为 0.6。如图 9-9 所示：① 固定参数 λ_{CC} 为 0.8，算法 ConceptQE 性能随参数 λ_Δ 变化的曲线；② 固定参数 λ_Δ 为 0.5，算法 ConceptQE 性能随参数 λ_C 变化的曲线。一个值比较大的参数 λ_{CC}，会在估计生成概念语言模型时过滤更多给定查询所包含的特定概念相关的背景噪声，这也指示了从外部知识库中引入先验概念信息的重要程度。由图 9-9 可见，当将参数 λ_{CC} 固定为 0.8 时，算法 ConceptQE 性能随另一个参数 λ_Δ 变化而变化的幅度比较小。此外，当插值参数 α 设定约为 0.6 时，算法 ConceptQE 能够在指标 P@30 达到最优值；当插值参数 α 再取更大值的时候，会导致性能衰退，

这是因为参数 α 的更大取值可能导致原始查询中的信息丢失。

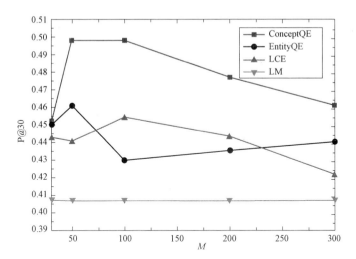

图 9-8　概念相关反馈推文的数量 M 的不同取值对模型性能的影响
（查询集合 TMB2012）（书后附彩插）

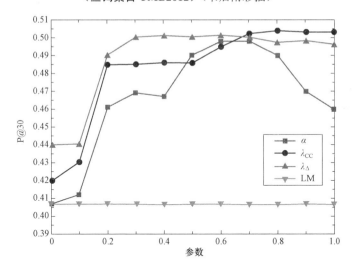

图 9-9　相关参数 λ_Δ、λ_{CC} 和 α 变化对算法 ConceptQE 性能的影响
（查询集合 TMB2012）（书后附彩插）

3. 时域信息对模型性能的影响及分析

以往研究认为[258,260]，将时域先验引入信息检索时，指数分布的参数 r 取值的选择对信息检索结果有重要影响。在上述实验中，将指数参数 r 设为 0.1。接下来，将详细讨论时域信息对查询扩展方法的影响。

在算法 ConceptQE 中，时域先验影响抽取自知识库 Probase 中的词语。一个取值比较大的参数 r，会增加在新近伪相关文档中被频繁使用的词语的权重。为了更好地进行比较，我们在原始算法 ConceptQE 基础上去掉时域信息，创建一个新的算法 ConceptQENT。图 9-10 展示了在不同指数参数 r 取值下算法 ConceptQE 的 P@N 值以及算法 ConceptQENT 的 P@N 值。本书对指数参数 r 的多种取值均进行了实验，但受限于篇幅，仅在图 9-10 中展示指数参数 r 的 4 个取值的结果。通过实验结果可以看出，相较于不考虑时域信息的算法 ConceptQENT，恰当的指数参数 r 的取值能够使检索性能得到有效提升。此外，取值比较大的指数参数 r 能够显著提高排序靠前的被检索推文的准确率。例如，相较于其他设定，算法 ConceptQE（$r=0.5$）达到最高的 P@1 值和 P@5 值；但是当指标 P@N 所考察的被检索推文范围扩大，即 $N=10,15,20,30$，这种性能优势就不复存在，实际上，算法 ConceptQE（$r=0.5$）在指标 MAP 的值同样低于取值较小 r 所对应的 MAP 值。指数参数 r 取值越大，就越多新近频繁被使用的短期词语被重视，更多具有高度相关性的推文会被更加容易地检索出来，因此排序前五的推文的准确率会被加强；但是同时，这些短期词语因实时性而被过度强调，导致排序前 30 的推文中会混入更多不相关的推文。

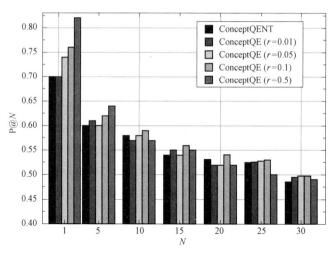

图 9-10　指数参数 r 的变化对短文本检索应用算法性能的影响
（查询集合 TMB2012）（书后附彩插）

9.5.3　问题与思考

微博数据资源智能处理极具困难性和挑战性，但也为微博检索（Microblog Retrieval）这类典型的短文本检索应用提供了很好的机遇和研究空间。微博检索需要克服严重的"词表不匹配"（Vocabulary Mismatch）问题，即如何检索得到那些并不显式包含（全部或者部分）查询词但是与查询却语义相关的推文。与长文本不同，两个语义相似的短文本可以不包含相同词语[11]。例如，推文"Win an Amazon Kindle 3G Wireless from @FreeLunched Quick and easy registration at http://bit.ly/9fBuw4"和推文"Conker, Live and Reloaded XBox game #xbox"在字面上没有任何重合词语，但是所表达的语义内涵一致；又如，短文本"upcoming apple products"和短文本"new iphone and ipad"，虽字面不重合但表达相似意思。词表不匹配问题虽然也是传统网页检索所面临的重要挑战，但在传统网页检索中，文档的篇幅相对较长，且文档作者通常习惯于在文档中重复使用某些关键词来论述主旨思想，所以传统检索模型（如查询似然模型等）通常十分依赖词频（Term Frequency，TF）等统计信息来缓解词表不匹配问题；然而，一条微博所包含的词语要少得多（通常不超过 140 个字符），大部分词语（特别是关键词）在一条微博中只出现一次，导致传统统计方法性能大打折扣，所以相较于传统网页检索，微博检索面临更为严重的词表不匹配问题。基于伪相关反馈框架的查询扩展（Query Expansion, QE）算法[235,258,280]被广泛应用于微博检索任务，以缓解词表不匹配问题。但是此类算法严重依赖一个假设：初始检索得到的排序靠前的文档是与原始查询内容相关的，而且包含可用于扩展原始查询的有价值的词语。但在实际情况中，这个假设在微博环境中并不总是成立[231,298]。可以考虑以下这种情况：如果查询本身就包含比较难以理解的专有名词，则上述假设很难成立。此外，即使初始检索得到的排序靠前的文档与当前"主题"（即用户所提交的查询）高度相关，但受微博文本的用语随意性和书写不正式性影响，这些文档依然很有可能包含大量与主题无关的词语[231]，在这种情况下，上述假设很难成立。此外，对于短文本，无论句法分析还是主题建模都难奏效，因为短文本输入中缺乏足够的信号用于推理和统计分析[5]。

综上，现有微博检索相关研究成果存在的问题和不足，概述如下。

（1）伪相关文档质量过低。在微博检索任务中所能利用的信息仅是来自推文中非常稀疏的相关性信号。目前微博检索研究常用的策略是伪相关反馈技术，依赖初始检索产生的初始检索结果的前 M 个文档对原始查询进行扩展。但是这前 M 个文档通常包含大量噪声（在微博环境下，噪声会尤为明显），所以其中与原始查询相关的推文和词语会比较少，即相关语义信息会比较少[234,246,249~250,258~259]。为了进一步提高查询扩展的性能，可从以下两方面操作：一方面，引入外部知识库资源，以增加可用于推理的相关性信号；另一方面，尝试缓解伪相关文档中的噪声，以更高质量地利用这些伪相关文档。

（2）对外部知识资源利用不足。由于短文本篇幅简短、语法结构不完善，可用于统计和推理的语义信息非常稀疏，因此无论句法分析还是主题模型都很难奏效[89,101,281,299~302]。所以需要探索如何从有限的输入中捕获更多、更高层级语义信息（如作为词汇知识代表的概念信息），这已在短文本理解和知识表示[29,70,231]等研究领域证明了有效性。目前的研究工作正在将词汇语义知识库引入微博检索研究，探索借力于词汇语义知识库来实现微博检索研究中的深层推理。

（3）语义信息难以充分融合。以往研究通常只针对查询中的词语（或实体）

分别进行独立的语义建模，丢失了查询中不同词语（或实体）之间的语义关联联系和催化作用[29,227,285]，因此无法有效生成针对给定查询整体的全局语义表达。虽然目前已有很多研究在尝试使用层次更高的语义信息来增强微博检索的性能[227,303-304]，但是其中大多数算法未能对信号进行充分融合。

为了解决上述问题，微博检索任务所面临的严峻挑战可以归纳为两个方面：一方面，如何结合外部知识库，从有限的短文本输入中挖掘更多语义信息；另一方面，如何设计一种全新框架使这些语义信息充分融合，以实现对社交媒体短文本的消歧和理解。针对这两方面挑战，以提高微博检索的语义相关性为目的，当前研究所广泛认可的应对策略如下：首先，从篇幅有限的短文本中挖掘隐含其中的语义层级更深的语义信息（如概念语义信息、实体语义信息等），例如尝试将短文本概念化和短文本向量化的结果引入微博检索任务；其次，将获得的相关更高层级语义信息融合进一个能够使多元语义信号充分融合的伪相关反馈框架，以提高微博检索的语义相关性。还有部分工作在尝试从不同的角度探索将词语层面检索的相关性得分和概念层面检索的相关性得分相结合[305-306]。相关研究表明，用户还会在多次尝试之后，不断改写查询来观察检索出的结果，直至得到满意的微博检索结果[307]。

9.6 本章小结

微博检索被公认为是一个很有挑战性的短文本检索应用任务。为了获取更多有价值的有意义信号用于推理，近年来相关研究独辟蹊径，借力于短文本概念化表示建模算法所得到的概念信息和短文本向量化表示建模算法所得到的句嵌入。利用从大规模词汇知识库 Probase 中抽取到的概念知识，微博环境中的查询可以变得更加可理解，进而检索得到更加相关的文档；同时，通过一种混合模型来实现对所有信号的充分融合和交互。基于此，用于实现概念层面微博检索查询扩展的概念反馈模型包括两个阶段：第一阶段，基于短文本向量化结果，构建概念相关反馈推文集合；第二阶段，基于短文本概念化结果，利用混合模型估计生成概念语言模型，用于扩展原始查询语言模型。此外，众多研究已经证明将时域信息融入查询扩展能够有效迎合真实社交媒体环境中的即时性特征，使得概念反馈模型能够提高新近发布的微博中的高频词的权重，进而满足用户在实际微博检索时的实时性信息需求。通过实验结果分析，此类融合短文本概念化表示建模能力和短文本向量化表示建模能力的模型能够有效过滤伪相关文档中的噪声、提升扩展词语的质量，从而缓解微博检索任务中的"词表不匹配"问题和输入信号不足问题。

本章所重点研究的短文本检索应用方法，依托于第 7 章所重点研究的短文本概念化表示建模算法和第 8 章所重点研究的短文本向量化表示建模算法；其中，后者主要应用于概念反馈模型的第一阶段（对应于短文本形式的查询与推文"粗粒度"语义匹配过程），在为查询和推文分别生成概念化句嵌入后，通过计算二者之间的余弦距离来生成概念相关反馈推文；前者主要应用于概念反馈模型的第二阶段（对应于短文本形式的查询与推文进一步"细粒度"语义匹配过程），用于将外部知识库先验知识引入概念反馈模型，实现对篇幅简短、稀疏性明显的查询和推文的语义信息扩充，同时实现对微博环境噪声的过滤、提高短文本检索应用方法的可解释性。

第 10 章

总结与展望

10.1 本 书 总 结

随着网络空间短文本数据量迅猛增长，通过对短文本进行合理的表示建模以实现"理解"短文本是近年来一个新兴研究热点，也是传统基于关键词匹配的信息处理技术达到一定瓶颈之后的必然选择。本书研究了如何利用外部知识资源，实现短文本显式表示建模（短文本概念化表示）和短文本隐式表示建模（短文本向量化表示），并探讨上述研究在短文本信息检索（微博检索）中的应用。具体来说，本书主要研究工作和成果总结如下。

1. 短文本显式表示建模

在"短文本显式表示建模"研究方向，本书重点研究了短文本概念化算法，即从外部知识库中挖掘与给定短文本语义相关的概念集合。本书概述和对比分析了目前短文本概念化研究领域的主流及最新算法，如基于贝叶斯条件概率的短文本概念化算法、用于词语及其相关概念联合排序的 Co-Ranking 框架（基于同时运行在概念关联网络、词语关联网络和从属网络所组成的异构语义网络上的迭代过程，综合利用概念和词语之间不同类型的语义关系）等。

【总结】相关研究与分析充分证明了协同利用和同时建模概念与概念之间、词语与词语之间以及概念与词语之间等类型关联关系的必要性，亟需实现对各种语义信息的充分融合，克服以往研究无法充分利用多种类型关联关系的缺陷。此外，在对短文本进行概念化的同时，自动挖掘和协同抽取起上下文语境关键词语，不仅成了新兴研究热点，而且有助于对概念化结果进行反向校验、进一步提高结果的可解释性。

2. 短文本隐式表示建模

在"短文本隐式表示建模"研究方向，本书重点研究了短文本向量化模型，即将给定短文本表示成多维向量形式。本书概述和对比分析了目前短文本向量化研究领域的主流及最新算法，重点讨论了基于概念化的短文本向量化算法，如概念化句嵌入模型（通过将短文本概念化研究结果引入神经网络架构而衍生的用于学习短文本向量化表示的无监督模型；同时基于人类阅读习惯，引入基于词语类型的注意力机制和基于惊异度的注意力机制，进一步扩展了上述概念化句嵌入模型）等。

【总结】相关研究与分析充分证明了将语义层次更高的概念信息引入短文本向量化表示建模研究的必要性，将短文本隐式表示建模由字面层面提升到概念层面，能够显著增强所生成的短文本向量的语义表达能力和对一词多义现象的甄别能力，而且在短文本上体现出良好的抗数据噪声和稀疏性能力。通过对人类阅读习惯进行深入研究，将包括基于词语类型的注意力机制和基于惊异度的注意力机制等多类型、多粒度、多角度注意力机制引入短文本向量化建模研究，可实现模型有选择性地处理上下文窗口中的语境词语，能够为对短文本语义建模有帮助的语境词语赋予更高注意力值和重视程度，这不仅能大大降低计算开销和提高语义建模准确性，而且能有效辅助探索自然语言处理的可解释性。此外，基于无监督框架的短文本向量化研究已经成为当前研究主流，旨在利用网络空间海量规模的无标记数据，其相较于现有神经网络模型能大大降低训练成本，可摆脱特定领域和特定应用任务限制，使模型更具泛化能力和通用性。

3. 短文本表示建模的应用

在"短文本表示建模的应用"研究方向，面向时兴的微博检索应用任务，本书重点研究了短文本信息检索算法。本书概述和对比分析了目前短文本信息检索研究领域的主流及最新算法，以面向微博检索查询扩展的概念反馈模型（从篇幅有限的推文中挖掘概念信息，并将获得的相关概念信息融入一个伪相关反馈框架，该概念反馈模型包括两个阶段：第一阶段，基于短文本向量化结果，构建概念相关反馈推文集合；第二阶段，基于短文本概念化结果，利用混合模型生成用于扩展原始查询语言模型的概念语言模型。此外，将关于推文即时性的先验分布引入该模型，以促进对社交媒体环境中的时域信息的合理利用）为例，重点讨论了基于短文本概念化和短文本向量化的短文本信息检索模型。

【总结】相关研究与分析充分证明了将语义层次更高的概念信息引入短文本信息检索查询扩展研究的必要性。将短文本概念化和短文本向量化结果同时融入短文本信息检索查询扩展研究，能够充分融合并利用各类语义信息，能够有效过滤伪相关文档中的噪声、提升扩展词语的质量，从而缓解微博检索任务中存在的严重的"词表不匹配"问题和输入信号不充足问题。

10.2 未来研究方向展望

本书在短文本显式表示建模方向和短文本隐式表示建模方向上进行了深入研究，并探讨了基于上述研究成果的短文本检索应用，体现出一定的基础研究效果和应用效果。面对网络空间日新月异的变化及技术的快速更新，新的应用场景和业务需求不断涌现，短文本表示建模的研究价值在不断扩大、应用领域在不断延伸，还有诸多值得继续深入研究的方向。下一步可以重点开展工作的研究方向归纳如下。

1. 显式知识和隐式知识相互促进，文本和知识的联合表示学习

正如本书所论述，机器可以获取的知识包含显式知识（如实体类型、概念等）和隐式知识（如基于统计训练得到的向量化表示），未来研究工作应着重探索二者互相补充、互相促进，以完善对短文本语义内涵的表示建模方式[308]。一方面，显式知识可以用于完善隐式向量，即语义空间中的向量应以某种方式反映知识库中实体（或词语）之间的关联关系[309]。另一方面，隐式向量有助于提高概念化准确率，例如，将知识库中的实体、概念以及给定文本中的语境词语映射到统一的向量空间，对于某一实体，其语境词语和概念的语义相关性可以很容易地使用余弦距离来度量[310]。由此可以引申出另一个重要研究方向：文本和知识的联合表示学习。目前，该研究旨在克服目前知识向量化表示和文本向量化表示分离的缺陷，研究文本和知识在统一向量空间的联合表示学习模型，完成对实体、关系和词语等的协同向量化表示，以充分利用高质量知识库知识资源和大规模语料库统计信息各自的优势[311-313]。该研究目前比较典型的应用有知识库完善（Knowledge-Base Completion），因为人工构建的知识库规模有限、覆盖面有限，而网络环境中海量信息资源却可以提供更多、更新的知识，来完善知识库。

2. 综合利用多源异构知识库资源，促进对短文本的更深入理解

现有知识库资源可以分为百科知识库[57,59,74]和词汇知识库[7,73]两类。在理解短文本（例如，理解搜索引擎中用户所提出的查询或者理解问答系统中用户所提出的问题等）方面，我们主要需要的是关于语言和语用的知识[72]，或者说词语在一种语言之中是如何彼此交互的[5,17]，而现有百科知识库资源无法达到支持机器实现类人概念化的要求，所以本书着重探究使用词汇知识库促进短文本显式表示建模和隐式表示建模，并选用目前规模最大、质量最高的词汇知识库——Probase。由于不同类型知识库的侧重点不同、互补性强，因此如果能够实现对多源异构知识库的协同使用，那么将对丰富短文本的外延知识从而深入理解短文本起到进一步的促进作用。在研究综合利用各类多源异构知识库资源的过程中，需要解决的主要问题包括不同知识库资源知识的统一表示、重复及冲突知识的消解与归一等[314]。

3. 基于预训练的短文本显式表示建模和隐式表示建模

语言模型预训练已被证实可有效提高许多自然语言处理任务效率以及实际处理效果，已被应用于自然语言处理的众多任务并取得突破性效果。例如，ELMo模型沿不同维度推广了传统词语的词向量研究，并提出从语言模型中提取上下文相关特征；GPT 模型通过引入 Transformer 增强了上下文相关的词向量表达。类似传统的静态词向量模型，无监督的预训练模型也基于大型文本语料库进行训练。例如，基础的 BERT 模型旨在通过共同在所有层的上下文中进行预处理，从未标记的文本中预先训练深层双向表示形式，达到提升处理效率的目的。因此，将大规模预训练语言模型引入短文本来显式表示建模和隐式表示建模过程，成为未来值得探索而且可行性很高的策略。此外，传统预训练模型往往本身仅使用了扁平化的语言信息（如维基百科文档等），而忽略了经验证的外部高质量百科类知识和词汇语义知识对于处理能力有效提升的效能。因此，研究引入外部结构化知识是否对无监督的预训练模型产生实质性的改进，同时利用外部百科类知识和词汇语义知识以及相关信息来增强传统的预训练模型的表示能力，已成为当前研究热点。

4. 对长篇幅文本的显式表示建模和隐式表示建模

本书的研究重点是面向短文本的"理解"，包括短文本显式表示建模和短文本隐式表示建模，分别从概念化和向量化角度探索对短文本的表示建模方式。但是本书所讨论的方法具备一定通用性和可扩展性，也可以扩展并应用于对篇幅更长的文本（如段落、篇章等）的表示建模，而长篇幅文本的表示建模有着广阔的应用场景，如自动文摘、Web 检索等。在研究长篇幅文本的表示建模时，所处理对象的粒度不再局限于词语或句子，而是可能涵盖段落和篇章等不同层次的粒度，因此如何有效利用多粒度语义信息来实现长篇幅文本显式表示建模和隐式表示建模、如何对细粒度语义信息（如词语和句子等）之间的关联关系和文本蕴含关系建模，是未来的重要研究方向之一。

5. 结构化知识驱动的可解释性短文本表示建模及相关应用

深度神经网络模型驱动的深度学习框架是当前短文本概念化表示建模、向量化表示建模算法以及短文本检索应用算法的主流框架。然而，深度学习的"黑盒"性质导致短文表示建模及相关应用衍生的结果虽然具备对于机器的"可计算性"，但是严重缺乏对于人类和机器的"可解释性"（Explainability）。例如，中间过程或者最终所生成的短文本向量的每一维的含义往往不可解释。此类问题是自然语言处理与人工智能等研究领域当前面临的通病，但近年来众多大规模高质量结构化知识图谱资源的出现，为解决该问题指引了方向。因此，引入额外结构化知识资源（包括百科类知识资源、词汇语义知识资源以及常识类知识资源等）来提高短文本表示建模及相关应用结果的可解释性，已成为当前研究热点。

参 考 文 献

[1] SALTON G, MCGILL M J. Introduction to modern information retrieval [M]. New York: McGraw-Hill, Inc., 1983.

[2] BOYD-GRABER J L, BLEI D M, ZHU X. A topic model for word sense disambiguation [C]// Proceedings of the 2007 Joint Conference on Empirical Methods in Natural Language Processing and Computational Natural Language Learning, 2007: 1024-1033.

[3] KIM D, WANG H, OH A. Context-dependent conceptualization [C]// Proceedings of the 23rd International Joint Conference on Artificial Intelligence (IJCAI 2013), 2013: 2654-2661.

[4] WANG F, WANG Z, LI Z, et al. Concept-based short text classification and ranking [C]// Proceedings of the 23rd ACM International Conference on Conference on Information and Knowledge Management (CIKM 2014), 2014: 3264-3270.

[5] WANG Z, ZHAO K, WANG H. Query understanding through knowledge-based conceptualization [C]// Proceedings of the 24th International Conference on Artificial Intelligence (IJCAI 2015), 2015: 3264-3270.

[6] MURPHY G L. The big book of concepts [M]. Cambridge: MIT Press, 2004.

[7] WU W, LI H, WANG H, et al. Probase: a probabilistic taxonomy for text understanding [C]// Proceedings of the ACM SIGMOD International Conference on Management of Data (SIGMOD 2012), 2012: 481-492.

[8] LI P, WANG H, ZHU K Q, et al. Computing term similarity by large probabilistic isA knowledge [C]// Proceedings of the 22nd ACM International Conference on Conference on Information and Knowledge Management (CIKM 2013), 2013: 1401-1410.

[9] 王仲远, 程健鹏, 王海勋, 等. 短文本理解研究 [J]. 计算机研究与发展, 2016,53(2): 262-269.

[10] SONG Y, WANG H. Open domain short text conceptualization : a generative + descriptive modeling approach [C]// Proceedings of the 24th International Joint Conference on Artificial Intelligence (IJCAI 2015), 2015: 3820-3826.

[11] YU Z, WANG H, LIN X, et al. Understanding short texts through semantic enrichment and hashing [J]. IEEE Transactions on Knowledge and Data Engineering, 2016,28(2): 566-579.

[12] DEERWESTER S, DUMAIS S T, HARSHMAN R. Indexing by latent semantic analysis [J]. Journal of the American Society for Information Science, 1990, 41: 391-407.

[13] BLEI D M, NG A Y, JORDAN M I. Latent Dirichlet allocation [J]. Journal of Machine Learning Research, 2003, 3: 993-1022.

[14] LE Q, MIKOLOV T. Distributed representations of sentences and documents [C]// Proceedings of the 31th International Conference on Machine Learning (ICML 2014), 2014: 1188-1196.

[15] GABRILOVICH E, MARKOVITCH S. Computing semantic relatedness using Wikipedia-based explicit semantic analysis [C]// Proceedings of the 20th International Joint Conference on Artificial Intelligence (IJCAI 2007), 2007: 1606-1611.

[16] GABRILOVICH E, MARKOVITCH S. Wikipedia-based semantic interpretation for natural language processing [J]. Journal of Artificial Intelligence Research, 2009, 34: 443-498.

[17] SONG Y, WANG H, WANG Z, et al. Short text conceptualization using a probabilistic knowledgebase [C]// Proceedings of the 22nd International Joint Conference on Artificial Intelligence (IJCAI 2011), 2011: 2330-2336.

[18] HARRIS Z S. Distributional structure [J]. Word, 1954, 10: 146-162.

[19] FIRTH J. A synopsis of linguistic theory [J]. Studies in Linguistic Analysis, 1957, 1: 212-225.

[20] SCHÜTZE H. Word sense disambiguation with sublexical representations[C]// Proceedings of the 1992 AAAI Conference on Artificial Intelligence (AAAI 1992), 1992: 100-104.

[21] SALTON G, WONG A, YANG C S. A vector space model for automatic indexing [J]. Communications of the ACM, 1975,18(11):613-620.

[22] BRIN S, PAGE L. The anatomy of a large-scale hypertextual web search engine [J]. Computer Networks and ISDN Systems, 1998(30): 107-117.

[23] BERKHIN, PAVEL. A survey on PageRank computing [J]. Internet Mathematics, 2005(2): 73-120.

[24] KLEINBERG J M. Authoritative sources in a hyperlinked environment [J]. Journal of the ACM, 1999, 46: 668-677.

[25] BARONI M, DINU G, KRUSZEWSKI G. Don't count, predict! A systematic comparison of context-counting vs. context-predicting semantic vectors [C]// Proceedings of the 52nd Annual Meeting of the Association for Computational Linguistics, 2014: 238-247.

[26] BROWN P F, PIETRA V J D, SOUZA P V D, et al. Class-based N-gram models of natural language [J]. Computational Lingus, 1992, 18: 467-479.

[27] LIN D, WU X. Phrase clustering for discriminative learning [C]// Proceedings of the 47th Annual Meeting of the Association for Computational Linguistics and the 4th International Joint Conference on Natural Language Processing of the AFNLP, 2009: 1030-1038.

[28] BENGIO Y, VINCENT P, JANVIN C. A neural probabilistic language model [J]. Journal of Machine Learning Research, 2003, 3: 1137-1155.

[29] FAN F, QIANG R, LV C, et al. Improving microblog retrieval with feedback entity model [C]// Proceedings of the 24th ACM International on Conference on Information and Knowledge Management (CIKM 2015), 2015: 573-582.

[30] LIU L Y, SHANG J B, XU F, et al. Empower sequence labeling with task-aware neural language model [J]. arXiv preprint arXiv:170904109.

[31] PONTE J M, CROFT W B. A language modeling approach to information retrieval [C]// Proceedings of the 21st Annual International ACM SIGIR Conference on Research and Development in Information Retrieval (SIGIR 1998), 1998: 275-281.

[32] CHEN X, LIU X, GALES M J, et al. Recurrent neural network language model training with noise contrastive estimation for speech recognition [C]// Proceedings of the 2015 IEEE International Conference on Acoustics, Speech and Signal Processing (ICASSP 2015) IEEE, 2015: 5411-5415.

[33] ROARK B, SARACLAR M, COLLINS M. Discriminative N-gram language modeling [J]. Computer Speech and Language, 2007, 21: 373-392.

[34] PAULS A, KLEIN D. Faster and smaller N-gram language models [C]// Proceedings of the 49th Annual Meeting of the Association for Computational Linguistics (ACL 2011), 2011: 258-267.

[35] LESHER G W, MOULTON B J, et al. Effects of N-gram order and training text size on word prediction [C]// Proceedings of the RESNA'99 Annual Conference, 1999: 52-54.

[36] DEMPSTER A P, LAIRD N M, RUBIN D B. Maximum likelihood from incomplete data via the EM algorithm [J]. Journal of the Royal Statistical Society Series B, 1977, 39: 1-38.

[37] GOOD I J. The population frequencies of species and the estimation of population parameters [J]. Biometrika, 1953, 40: 237-264.

[38] KNESER R, NEY H. Improved backing-off for m-gram language modeling [C]// Proceedings of the International Conference on Acoustics, Speech, and Signal

Processing, 2002: 181-184.

[39] MIKOLOV T, CORRADO G, CHEN K, et al. Efficient estimation of word representations in vector space [C]// Proceedings of the International Conference on Learning Representations (ICLR 2013), 2013: 1-12.

[40] XU W, RUDNICKY A I. Can artificial neural networks learn language models? [C]// Proceedings of the 6th International Conference on Spoken Language Processing, 2000: 202-205.

[41] MNIH A, HINTON G. Three new graphical models for statistical language modelling [C]// Proceedings of the International Conference on Machine Learning, 2007: 641-648.

[42] MNIH A, HINTON G. A scalable hierarchical distributed language model [C]// Proceedings of the 22nd Annual Conference on Neural Information Processing Systems (NIPS 2008), 2008: 1081-1088.

[43] MNIH A, KAVUKCUOGLU K. Learning word embeddings efficiently with noise-contrastive estimation [C]// Proceedings of the 27th Annual Conference on Neural Information Processing Systems (NIPS 2013), 2013: 2265-2273.

[44] MIKOLOV T, KARAFIÁT M, BURGET L, et al. Recurrent neural network based language model [C]// Proceedings of the 11th Annual Conference of the International Speech Communication Association (INTERSPEECH 2010), 2010: 1045-1048.

[45] COLLOBERT R, WESTON J. A unified architecture for natural language processing: deep neural networks with multitask learning [C]// Proceedings of the 28th International Conference on Machine Learning (ICML 2008), 2008: 160-167.

[46] GRISSOM J T. Data smoothing [J]. American Journal of Physics, 1971, 39: 109-111.

[47] GUTMANN M, HYVÄRINEN A. Noise-contrastive estimation: A new estimation principle for unnormalized statistical models [C]// Proceedings of the 13th International Conference on Artificial Intelligence and Statistics, 2010: 297-304.

[48] GUTMANN M U, HYVÄRINEN A. Noise-contrastive estimation of unnormalized statistical models, with applications to natural image statistics [J]. Journal of Machine Learning Research, 2012, 13: 307-361.

[49] MNIH A, TEH Y W. A fast and simple algorithm for training neural probabilistic language models [J]. arXiv preprint arXiv:12066426.

[50] MIKOLOV T, SUTSKEVER I, CHEN K, et al. Distributed representations of

words and phrases and their compositionality [C]// Proceedings of the 27th Annual Conference on Neural Information Processing Systems (NIPS 2013), 2013: 3111-3119.

[51] AALBERSBERG I J. Incremental relevance feedback [C]// Proceedings of the 15th Annual International ACM SIGIR Conference on Research and Development in Information Retrieval, 1992: 11-22.

[52] 李新友. 信息检索中的查询扩展技术研究 [D]. 桂林: 广西师范大学, 2010.

[53] ROBERTSON S E, JONES K S. Relevance weighting of search terms [J]. Journal of the American Society for Information Science and Technology, 2010, 27: 129-146.

[54] SALTON G, BUCKLEY C. Improving retrieval performance by relevance feedback [J]. Readings in Information Retrieval, 1997, 24: 355-363.

[55] SAKAI T, MANABE T, KOYAMA M. Flexible pseudo-relevance feedback via selective sampling [J]. ACM Transactions on Asian Language Information Processing, 2005, 4: 111-135.

[56] LIN D. WordNet: An electronic lexical database [J]. Computational Linguistics, 1999, 25: 292-296.

[57] YANG L, AI Q, GUO J, et al. aNMM: Ranking short answer texts with attention-based neural matching model [C]// Proceedings of the 25th ACM International Conference on Conference on Information and Knowledge Management (CIKM 2016), 2016: 287-296.

[58] LENAT D B, GUHA R V. Building large knowledge-based systems: representation and inference in the CYC project [M]. Boston: Addison-Wesley Longman Co., Inc., 1989.

[59] BOLLACKER K, EVANS C, PARITOSH P, et al. Freebase: a collaboratively created graph database for structuring human knowledge [C]// Proceedings of the ACM SIGMOD International Conference on Management of Data (SIGMOD 2008), 2008: 1247-1250.

[60] ETZIONI O, CAFARELLA M, DOWNEY D, et al. Web-scale information extraction in KnowitAll [C]// Proceedings of the 13th International World Wide Web Conference (WWW 2004), 2004: 100-110.

[61] ETZIONI O, BANKO M, SODERLAND S, et al. Open information extraction from the web [J]. Communications of the ACM, 2008, 51: 68-74.

[62] PONZETTO S P, STRUBE M. Deriving a large scale taxonomy from Wikipedia [C]// Proceedings of the 22nd AAAI Conference on Artificial Intelligence (AAAI 2007), 2007: 1440-1445.

[63] SUCHANEK F M, KASNECI G, WEIKUM G. YAGO: A large ontology from Wikipedia and WordNet [J]. Web Semantics Science Services and Agents on the World Wide Web, 2008, 6: 203-217.

[64] WEIKUM G, WEIKUM G, WEIKUM G. YAGO: A core of semantic knowledge [C]// Proceedings of the 16th International World Wide Web Conference (WWW 2007), 2007: 697-706.

[65] 李俊. 语义数据库 Freebase 研究 [J]. 现代图书情报技术, 2011, 27: 18-23.

[66] MAHDISOLTANI F, BIEGA J, SUCHANEK F. YAGO3: A knowledge base from multilingual Wikipedia [C]// Proceedings of the 7th Biennial Conference on Innovative Data Systems Research (CIDR 2015), 2015: 1-11.

[67] 师京. 基于 DBpedia 知识库的实体链接技术研究 [D]. 南京: 东南大学, 2018.

[68] 黄恒琪, 于娟, 廖晓, 等. 知识图谱研究综述 [J]. 计算机系统应用, 2019, 28(6): 3-14.

[69] 张鹏. 基于 FrameNet 框架关系的文本蕴含识别研究 [D]. 太原：山西大学, 2012.

[70] WANG Y S, HUANG H Y, FENG C, et al. CSE: Conceptual sentence embeddings based on attention model [C]// Proceedings of the 54th Annual Meeting of the Association for Computational Linguistics (ACL 2016), 2016: 505-515.

[71] HEARST, MARTI A. Automatic acquisition of hyponyms from large text corpora [C]// Proceedings of the 14th Conference on Computational Linguistics, 1992: 539-545.

[72] HUA W, WANG Z, WANG H, et al. Short text understanding through lexical-semantic analysis [C]// Proceedings of the 31st IEEE International Conference on Data Engineering (ICDE 2015), 2015: 495-506.

[73] FILLMORE C J, JOHNSON C R, PETRUCK M R L. Background to FrameNet [J]. International Journal of Lexicography, 2003, 16: 235-250.

[74] AUER S, BIZER C, KOBILAROV G, et al. DBpedia: A nucleus for a web of open data [J]. The Semantic Web, 2007, 7: 22-35.

[75] HU X, SUN N, ZHANG C, et al. Exploiting internal and external semantics for the clustering of short texts using world knowledge [C]// Proceedings of the 18th ACM International Conference on Conference on Information and Knowledge Management (CIKM 2009), 2009: 919-928.

[76] BANERJEE S, RAMANATHAN K, GUPTA A. Clustering short texts using Wikipedia [C]// Proceedings of the 30th Annual International ACM SIGIR Conference on Research and Development in Information Retrieval (SIGIR

2007), 2007: 787-788.

[77] PARK J W, HWANG S W, WANG H. Fine-grained semantic conceptualization of FrameNet [C]// Proceedings of the 30th AAAI Conference on Artificial Intelligence (AAAI 2016), 2016: 2638-2644.

[78] AGGARWAL N, ASOOJA K, BUITELAAR P. Exploring ESA to improve word relatedness [C]// Proceedings of the 3rd Joint Conference on Lexical and Computational Semantics (SEM 2014), 2014: 51-56.

[79] 夏天. 基于维基百科的中文文本层次路径生成研究 [J]. 现代图书情报技术, 2016, 32: 25-32.

[80] LIDSTONE G. Note on the general case of the Bayes-Laplace formula for inductive or a posteriori probabilities [J]. Transactions of the Faculty of Actuaries, 1920, 8: 182-192.

[81] AMES B P W. Guaranteed clustering and biclustering via semidefinite programming [J]. Mathematical Programming, 2013, 147: 429-465.

[82] HOFMANN T. Probabilistic latent semantic indexing [C]// Proceedings of the 22nd Annual International ACM SIGIR Conference on Research and Development in Information Retrieval (SIGIR 1999), 1999: 50-57.

[83] MOON T K. The expectation-maximization algorithm [J]. IEEE Signal Processing Magazine, 1996, 13: 47-60.

[84] 邹跃鹏. 基于主题模型的多标签文本分类及推荐系统若干问题研究 [D]. 长春: 吉林大学, 2019.

[85] 迟晋进. 变分推理及贝叶斯方法在主题模型中应用的研究 [D]. 长春: 吉林大学, 2019.

[86] BLEI D M, GRIFFITHS T L, JORDAN M I, et al. Hierarchical topic models and the nested Chinese restaurant process [J]. Advances in Neural Information Processing Systems, 2004, 16: 17-24.

[87] 陈虹雨. 融合知识的层次主题模型研究与应用 [D]. 武汉: 华中科技大学, 2019.

[88] BOYD-GRABER J, BLEI D M. Syntactic topic models [J]. NIPS, 2010(1): 85-92.

[89] CHENG X, YAN X, LAN Y, et al. BTM: Topic modeling over short texts [J]. IEEE Transactions on Knowledge and Data Engineering, 2014, 26: 2928-2941.

[90] LIU Y, LIU Z, CHUA T S, et al. Topical word embeddings [C]// Proceedings of the 29th AAAI Conference on Artificial Intelligence (AAAI 2015), 2015: 2418-2424.

[91] XIAOMEI Z, JING Y, JIANPEI Z, et al. Microblog sentiment analysis using

social and topic context [J]. PLoS One, 2018, 13: 153-163.

[92] NI X, SUN J T, HU J, et al. Mining multilingual topics from Wikipedia [C]// Proceedings of the 18th International Conference on World Wide Web (WWW 2009), 2009: 1155-1156.

[93] LUND K, BURGESS C. Producing high-dimensional semantic spaces from lexical co-occurrence [J]. Behavior Research Methods Instruments and Computers, 1996, 28: 203-208.

[94] GUO J, YUE B, XU G, et al. An enhanced convolutional neural network model for answer selection [C]// Proceedings of the 26th International World Wide Web Conference (WWW 2017), 2017: 789-790.

[95] MORIN F, BENGIO Y. Hierarchical probabilistic neural network language model [C]// Proceedings of the 10th International Workshop on Artificial Intelligence and Statistics, 2005: 246-252.

[96] RUMELHART D E, HINTON G E, WILLIAMS R J. Learning representations by back-propagating errors [J]. Nature, 1986, 323: 533-566.

[97] AGRAWAL R, GOLLAPUDI S, KANNAN A, et al. Similarity search using concept graphs [C]// Proceedings of the 23rd ACM International Conference on Conference on Information and Knowledge Management (CIKM 2014), 2014: 719-728.

[98] HUA W, SONG Y, WANG H, et al. Identifying users' topical tasks in web search [C]// Proceedings of the 6th ACM International Conference on Web Search and Data Mining (WSDM 2013), 2013: 93-102.

[99] GABRILOVICH E, MARKOVITCH S. Overcoming the brittleness bottleneck using Wikipedia: Enhancing text categorization with encyclopedic knowledge [C]// Proceedings of the 23rd AAAI Conference on Artificial Intelligence (AAAI 2006), 2006: 1301-1306.

[100] EGOZI O, MARKOVITCH S, GABRILOVICH E. Concept-based information retrieval using explicit semantic analysis [J]. ACM Transactions on Information Systems, 2011, 29: 1-34.

[101] CHU V W, WONG R K K, CHEN F, et al. Microblog topic contagiousness measurement and emerging outbreak monitoring [C]// Proceedings of the 23rd ACM International Conference on Conference on Information and Knowledge Management (CIKM 2014), 2014: 1099-1108.

[102] WANG F, WANG Z, LI Z, et al. Concept-based short text classification and ranking [C]// Proceedings of the 23rd ACM International Conference on Conference on Information and Knowledge Management (CIKM 2014), 2014:

1069-1078.

[103] SONG Y, ROTH D. On dataless hierarchical text classification [C]// Proceedings of the 28th AAAI Conference on Artificial Intelligence (AAAI 2014), 2014: 1579-1585.

[104] SONG Y, DAN R. Unsupervised sparse vector densification for short text similarity [C]// Proceedings of the 2015 Conference of the North American Chapter of the Association for Computational Linguistics: Human Language Technologies (NAACL-HLT 2015), 2015: 1275-1280.

[105] WANG J, WANG Z, ZHANG D, et al. Combining knowledge with deep convolutional neural networks for short text classification [C]// Proceedings of the 26th International Joint Conference on Artificial Intelligence (IJCAI 2017), 2017: 2915-2921.

[106] WANG Z, WANG H, HU Z. Head, modifier, and constraint detection in short texts [C]// Proceedings of the 30th IEEE International Conference on Data Engineering (ICDE 2014), 2014: 280-291.

[107] WANG J, WANG H, WANG Z, et al. Understanding tables on the web [C]// Proceedings of International Conference on Conceptual Modeling 2012, 2012: 141-155.

[108] SONG Y, WANG H, CHEN W, et al. Transfer understanding from head queries to tail queries [C]// Proceedings of the 23rd ACM International Conference on Conference on Information and Knowledge Management (CIKM 2014), 2014: 1299-1308.

[109] WANG Y S, HUANG H Y, FENG C. Query expansion based on a feedback concept model for microblog retrieval [C]// Proceedings of the 26th International World Wide Web Conference (WWW 2017), 2017: 559-568.

[110] TRASK A, MICHALAK P, LIU J. Sense2vec - a fast and accurate method for word sense disambiguation in neural word embeddings [J]. arXiv preprint arXiv: 151106388.

[111] BANERJEE S, PEDERSEN T. An adapted lesk algorithm for word sense disambiguation using WordNet [C]// Proceedings of International Conference on Computational Linguistics and Intelligent Text Processing 2002 (CICLing 2002), 2002: 136-145.

[112] LIN T, ETZIONI O. Entity linking at web scale [C]// Proceedings of the Joint Workshop on Automatic Knowledge Base Construction and Web-Scale Knowledge Extraction (AKBC-WEKEX 2012), 2012: 84-88.

[113] PERERA S, MENDES P N, ALEX A, et al. Implicit entity linking in tweets

[C]// Proceedings of the 15th International Semantic Web Conference (ISWC 2016), 2016: 118-132.

[114] RAMAGE D, DUMAIS S, LIEBLING D. Characterizing microblogs with topic models [C]// Proceedings of the 4th International Conference on Weblogs and Social Media (ICWSM 2010), 2010: 1-8.

[115] SHI C, LI Y, ZHANG J, et al. A survey of heterogeneous information network analysis [J]. IEEE Transactions on Knowledge and Data Engineering, 2017, 29: 17-37.

[116] MENG Y, JIANG C, XU L, et al. User association in heterogeneous networks: A social interaction approach [J]. IEEE Transactions on Vehicular Technology, 2016, 65: 9982-9993.

[117] SEBASTIAN Y, SIEW E G, ORIMAYE S O. Learning the heterogeneous bibliographic information network for literature-based discovery [J]. Knowledge-Based Systems, 2017, 115: 66-79.

[118] ZHOU D, ORSHANSKIY S A, ZHA H, et al. Co-ranking authors and documents in a heterogeneous network [C]// Proceedings of the 7th IEEE International Conference on Data Mining (ICDM 2007), 2007: 739-744.

[119] LIU H, LIU Y S, PAUWELS P, et al. Enhanced explicit semantic analysis for product model retrieval in construction industry [J]. IEEE Transactions on Industrial Informatics, 2017, 13: 3361-3369.

[120] HUANG H Y, WANG Y S, FENG C, et al. Leveraging conceptualization for short-text embedding [J]. IEEE Transactions on Knowledge and Data Engineering, 2018, 30: 1282-1295.

[121] WANG Y S. Short-text conceptualization based on a Co-Ranking framework via lexical knowledge base [C]// Proceedings of the China National Conference on Chinese Computational Linguistics 2019 (CCL 2019), 2019: 281-293.

[122] MENG Q, KENNEDY P J. Discovering influential authors in heterogeneous academic networks by a co-ranking method [C]// Proceedings of the 22nd ACM International Conference on Conference on Information and Knowledge Management (CIKM 2013), 2013: 1029-1036.

[123] WANG Y S, HUANG H Y, FENG C, et al. A co-ranking framework to select optimal seed set for influence maximization in heterogeneous network [C]// Proceedings of the 17th Asia-Pacific Web Conference (APWeb 2015), 2015: 141-153.

[124] OUNIS I, MACDONALD C, LIN J. Overview of the TREC-2011 microblog track [C]// Proceedings of the 20th Text Retrieval Conference (TREC 2011),

2011: 1-11.

[125] EGOZI O, GABRILOVICH E, MARKOVITCH S. Concept-based feature generation and selection for information retrieval [C]// Proceedings of the 23rd AAAI Conference on Artificial Intelligence (AAAI 2008), 2008: 1132-1137.

[126] WILLETT P. The porter stemming algorithm: Then and now [J]. Program Electronic Library and Information Systems, 2006, 40: 219-223.

[127] DHILLON I S, MODHA D S. Concept decompositions for large sparse text data using clustering [J]. Machine Learning, 2001, 42: 143-175.

[128] ZHAO Y, KARYPIS G. Criterion functions for document clustering: Experiments and analysis [J]. Machine Learning, 2002, 3: 11-31.

[129] LERMAN I C, PETER P. Comparing partitions [J]. Czechoslovak Journal of Physics, 1988, 8: 74-82.

[130] STREHL A, GHOSH J. Cluster ensembles: A knowledge reuse framework for combining multiple partitions [J]. Journal of Machine Learning Research, 2002, 3: 583-617.

[131] FRED A L N, JAIN A K. Robust data clustering [C]// Proceedings of 2003 IEEE Conference on Computer Vision and Pattern Recognition (CVPR 2003), 2003: 1-10.

[132] ALFASSI Z B, BOGER Z, RONEN Y. Significance test [M]. Oxford: Blackwell Publishing Ltd., 2009.

[133] BISHOP C M. Pattern recognition and machine learning [M]. Berlin: Springer, 2006.

[134] SUN Y Z, HAN J W. Mining heterogeneous information networks: Principles and methodologies [M]. San Rafael: Morgan & Claypool Publishers, 2012.

[135] SUN Y, HAN J, ZHAO P, et al. Rankclus: Integrating clustering with ranking for heterogeneous information network analysis [C]// Proceedings of the International Conference on Extending Database Technology 2009 (EDBT 2009), 2009: 1-12.

[136] YAN R, LAPATA M, LI X. Tweet recommendation with graph Co-Ranking [C]// Proceedings of the 50th Annual Meeting of the Association for Computational Linguistics (ACL 2012), 2012: 516-525.

[137] LIU K, XU L, ZHAO J. Co-extracting opinion targets and opinion words from online reviews based on the word alignment model [J]. Knowledge and Data Engineering IEEE Transactions on, 2015, 27: 636-650.

[138] SARU A T, BHUSRY M, KETKI. A new approach towards co-extracting opinion-targets and opinion words from online reviews [C]// Proceedings of

International Conference on Computational Intelligence and Communication Technology (CICT 2017), 2017: 1-4.

[139] LIU K, XU L, ZHAO J. Extracting opinion targets and opinion words from online reviews with graph Co-Ranking [C]// Proceedings of the 52nd Annual Meeting of the Association for Computational Linguistics (ACL 2014), 2014: 314-324.

[140] WANG J, ZHAO W X, WEI H, et al. Mining new business opportunities: Identifying trend related products by leveraging commercial intents from microblogs [C]// Proceedings of the 2013 Conference on Empirical Methods in Natural Language Processing (EMNLP 2013), 2013: 1337-1347.

[141] LAI S, XU L, LIU K, et al. Recurrent convolutional neural networks for text classification [C]// Proceedings of the 29th AAAI Conference on Artificial Intelligence (AAAI 2015), 2015: 2267-2273.

[142] CHEN X, QIU X, ZHU C, et al. Sentence modeling with gated recursive neural network [C]// Proceedings of the 2015 Conference on Empirical Methods in Natural Language Processing (EMNLP 2015), 2015: 793-798.

[143] WANG Z, MI H, ITTYCHERIAH A. Semi-supervised clustering for short text via deep representation learning [J]. arXiv preprint arXiv:160206797.

[144] KENTER T, BORISOV A, DE RIJKE M. Siamese CBOW: Optimizing word embeddings for sentence representations [C]// Proceedings of the 54th Annual Meeting of the Association for Computational Linguistics (ACL 2016), 2016: 941-951.

[145] TAI K S, SOCHER R, MANNING C D. Improved semantic representations from tree-structured long short-term memory networks [C]// Proceedings of the 53rd Annual Meeting of the Association for Computational Linguistics and the 7th International Joint Conference on Natural Language Processing, 2015: 1556-1566.

[146] HE H, LIN J. Pairwise word interaction modeling with deep neural networks for semantic similarity measurement [C]// Proceedings of the 2016 Conference of the North American Chapter of the Association for Computational Linguistics: Human Language Technologies, 2016: 937-948.

[147] XIONG C, MERITY S, SOCHER R. Dynamic memory networks for visual and textual question answering [C]// Proceedings of the 33rd International Conference on Machine Learning (ICML 2016), 2016: 2397-2406.

[148] YIN W, SCHÜTZE H, XIANG B, et al. ABCNN: Attention-based convolutional neural network for modeling sentence pairs [J]. arXiv preprint arXiv:

151205193.

[149] ROCKTÄSCHEL T, GREFENSTETTE E, HERMANN K M, et al. Reasoning about entailment with neural attention [J]. arXiv preprint arXiv:150906664.

[150] YU J. Learning sentence embeddings with auxiliary tasks for cross-domain sentiment classification [C]// Proceedings of the 54th Annual Meeting of the Association for Computational Linguistics (ACL 2016), 2016: 236-246.

[151] PALANGI H, DENG L, SHEN Y, et al. Deep sentence embedding using long short-term memory networks: Analysis and application to information retrieval [J]. IEEE/ACM Transactions on Audio, Speech, and Language Processing, 2016, 24: 694-707.

[152] ZEHNER F, SA LZER C, GOLDHAMMER F. Automatic coding of short text responses via clustering in educational assessment [J]. Educational and Psychological Measurement, 2016, 76: 280-303.

[153] YONG Z, MENG J E, NING W, et al. Attention pooling-based convolutional neural network for sentence modelling [J]. Information Sciences, 2016, 373: 388-403.

[154] KENTER T, DE RIJKE M. Short text similarity with word embeddings [C]// Proceedings of the 24th ACM International on Conference on Information and Knowledge Management (CIKM 2015), 2015: 1411-1420.

[155] YIN W, SCHÜTZE H. Convolutional neural network for paraphrase identification [C]// Proceedings of the Conference of the North American Chapter of the Association for Computational Linguistics: Human Language Technologies, 2015: 901-911.

[156] WAN S, LAN Y, GUO J, et al. A deep architecture for semantic matching with multiple positional sentence representations [C]// Proceedings of the 30th AAAI Conference on Artificial Intelligence (AAAI 2016), 2016: 2835-2841.

[157] REISINGER J, MOONEY R J. Multi-prototype vector-space models of word meaning [C]// Proceedings of the Human Language Technologies: Conference of the North American Chapter of the Association of Computational Linguistics, 2010: 109-117.

[158] WIETING J, BANSAL M, GIMPEL K, et al. Towards universal paraphrastic sentence embeddings [J]. arXiv preprint arXiv:151108198.

[159] WANG S, ZHANG J, ZONG C. Learning sentence representation with guidance of human attention [J]. arXiv preprint arXiv:160909189.

[160] FARUQUI M, DODGE J, JAUHAR S K, et al. Retrofitting word vectors to semantic lexicons [J]. arXiv preprint arXiv:14114166.

[161] YU L, HERMANN K M, BLUNSOM P, et al. Deep learning for answer sentence selection [J]. arXiv preprint arXiv:14121632.

[162] YIH W T, TOUTANOVA K, PLATT J C, et al. Learning discriminative projections for text similarity measures [C]// Proceedings of the 15th Conference on Computational Natural Language Learning: Association for Computational Linguistics (NAACL 2011), 2011: 247-256.

[163] CHUNG F, LU L. The average distances in random graphs with given expected degrees [J]. National Academy of Sciences of the United States of America, 2002, 99: 15879-15882.

[164] HU B, LU Z, LI H, et al. Convolutional neural network architectures for matching natural language sentences [C]// Proceedings of the 28th Annual Conference on Neural Information Processing Systems (NIPS 2014), 2014: 2042-2050.

[165] KIM Y. Convolutional neural networks for sentence classification [C]// Proceedings of the 2014 Conference on Empirical Methods in Natural Language Processing (EMNLP 2014), 2014: 1746-1751.

[166] MA L, LU Z, SHANG L, et al. Multimodal convolutional neural networks for matching image and sentence [C]// Proceedings of the 2015 IEEE International Conference on Computer Vision (ICCV 2015), 2015: 2623-2631.

[167] SOCHER R, PERELYGIN A, WU J, et al. Recursive deep models for semantic compositionality over a sentiment treebank [C]// Proceedings of the 2013 Conference on Empirical Methods in Natural Language Processing (EMNLP 2013), 2013: 1631-1642.

[168] MIAO Y, YU L, BLUNSOM P. Neural variational inference for text processing [C]// Proceedings of the 33rd International Conference on Machine Learning (ICML 2016), 2016: 1727-1736.

[169] KIROS R, ZHU Y, SALAKHUTDINOV R R, et al. Skip-thought vectors [C]// Proceedings of the 29th Annual Conference on Neural Information Processing Systems (NIPS 2015), 2015: 3294-3302.

[170] SEVERYN A, MOSCHITTI A. Learning to rank short text pairs with convolutional deep neural networks [C]// Proceedings of the 38th Annual International ACM SIGIR Conference on Research and Development in Information Retrieval (SIGIR 2015), 2015: 373-382.

[171] COLLOBERT R, WESTON J, BOTTOU L, et al. Natural language processing (almost) from scratch [J]. Journal of Machine Learning Research, 2011, 12: 2493-2537.

[172] CHUNG J, GULCEHRE C, CHO K H, et al. Empirical evaluation of gated recurrent neural networks on sequence modeling [J]. arXiv preprint arXiv: 14123555.

[173] KOMNINOS A. Dependency based embeddings for sentence classification tasks [C]// Proceedings of the 2016 Conference of the North American Chapter of the Association for Computational Linguistics: Human Language Technologies (NAACL-HLT 2016), 2016: 1490-1500.

[174] MA M, HUANG L, XIANG B, et al. Dependency-based convolutional neural networks for sentence embedding [J]. arXiv preprint arXiv:150701839.

[175] PENG W, WANG J, ZHAO B, et al. Identification of protein complexes using weighted PageRank-nibble algorithm and core-attachment structure [J]. IEEE/ACM Transactions on Computational Biology and Bioinformatics, 2015, 12: 179-192.

[176] WANG M, LU Z, LI H, et al. Syntax-based deep matching of short texts [J]. IEEE Software, 2015, 29: 70-75.

[177] NICOSIA M, MOSCHITTI A. Learning contextual embeddings for structural semantic similarity using categorical information [C]// Proceedings of the 21st Conference on Computational Natural Language Learning (CoNLL 2017), 2017: 260-270.

[178] BROMLEY J, GUYON I, LECUN Y, et al. Signature verification using a "Siamese" time delay neural network [C]// Proceedings of the 7th Annual Conference on Neural Information Processing Systems (NIPS 1993), 1993: 737-744.

[179] SOCHER R, BAUER J, MANNING C D. Parsing with compositional vector grammars [C]// Proceedings of the 51st Annual Meeting of the Association for Computational Linguistics (ACL 2013), 2013: 455-465.

[180] HOCHREITER S, SCHMIDHUBER J. Long short-term memory [J]. Neural Computation, 1997, 9: 1735-1780.

[181] GERS F A, SCHMIDHUBER J, CUMMINS F. Learning to forget: Continual prediction with LSTM [J]. Neural Computation, 2014, 12: 2451-2471.

[182] WANG L, JIANG J, CHIEU H L, et al. Can syntax help? Improving an LSTM-based sentence compression model for new domains [C]// Proceedings of the 55th Annual Meeting of the Association for Computational Linguistics (ACL 2017), 2017: 1385-1393.

[183] AMIRI H. Short text representation for detecting churn in microblogs [C]// Proceedings of the 30th AAAI Conference on Artificial Intelligence (AAAI

2016), 2016: 2566-2572.

[184] CHAIDAROON S, FANG Y. Variational deep semantic hashing for text documents [C]// Proceedings of the 40th Annual International ACM SIGIR Conference on Research and Development in Information Retrieval (SIGIR 2017), 2017: 75-84.

[185] HUANG J, YAO S, LYU C, et al. Multi-granularity neural sentence model for measuring short text similarity [C]// Proceedings of the International Conference on Database Systems for Advanced Applications 2017, 2017: 439-455.

[186] WANG Z, MI H, ITTYCHERIAH A. Sentence similarity learning by lexical decomposition and composition [J]. arXiv preprint arXiv:160207019.

[187] HUANG P S, HE X, GAO J, et al. Learning deep structured semantic models for web search using clickthrough data [C]// Proceedings of the 22nd ACM International Conference on Conference on Information and Knowledge Management (CIKM 2013), 2013: 2333-2338.

[188] NILSSON M, NIVRE J. Learning where to look: Modeling eye movements in reading [C]// Proceedings of the 13th Conference on Computational Natural Language Learning (CoNLL 2009), 2009: 93-101.

[189] HAHN M, KELLER F. Modeling human reading with neural attention [J]. arXiv preprint arXiv:160805604.

[190] YANG Z, HU Z, DENG Y, et al. Neural machine translation with recurrent attention meling [J]. arXiv preprint arXiv:160705108.

[191] LIN Y K, SHEN S Q, LIU Z Y, et al. Neural relation extraction with selective attention over instances [C]// Proceedings of the 54th Annual Meeting of the Association for Computational Linguistics (ACL 2016), 2016: 2124-2133.

[192] LING W, TSVETKOV Y, AMIR S, et al. Not all contexts are created equal: Better word representations with variable attention [C]// Proceedings of the 2015 Conference on Empirical Methods in Natural Language Processing (EMNLP 2015), 2015: 1367-1372.

[193] RAYNER K. Eye movements in reading and information processing: 20 years of research [J]. Psychological Bulletin, 1998, 124: 372-422.

[194] FERNÁNDEZ-CARBAJALES V, GARCÍA M Á, MARTÍNEZ J M. Visual attention based on a joint perceptual space of color and brightness for improved video tracking [J]. Pattern Recognition, 2016, 60: 571-584.

[195] ATTNEAVE F, ABELSON R P. Applications of information theory to psychology [J]. American Journal of Sociology, 1960, 74: 319-321.

[196] HALE J. A probabilistic Earley parser as a psycholinguistic model [C]// Proceedings of the 2nd Meeting of the North American Chapter of the Association for Computational Linguistics (NAACL 2001), 2001: 1-8.

[197] LEVY O, GOLDBERG Y. Neural word embedding as implicit matrix factorization [C]// Proceedings of the 28th Annual Conference on Neural Information Processing Systems (NIPS 2014), 2014: 2177-2185.

[198] LI J, LUONG M-T, JURAFSKY D. A hierarchical neural autoencoder for paragraphs and documents [J]. arXiv preprint arXiv:150601057.

[199] PALANGI H, DENG L, SHEN Y, et al. Deep sentence embedding using the long short term memory network: Analysis and application to information retrieval [J]. IEEE/ACM Transactions on Audio Speech and Language Processing, 2015, 24: 694-707.

[200] SOBOROFF I, OUNIS I, LIN J. Overview of the TREC-2012 microblog track [C]// Proceedings of the 21st Text Retrieval Conference (TREC 2012), 2012: 1-11.

[201] AGIRRE E, DIAB M, CER D, et al. SemEval-2012 task 6: A pilot on semantic textual similarity [C]// Proceedings of the Joint Conference on Lexical and Computational Semantics 2012, 2012: 385-393.

[202] AGIRRE E, CER D, DIAB M, et al. SEM 2013 shared task: Semantic textual similarity, including a pilot on typed-similarity [C]// Proceedings of the 2nd Joint Conference on Lexical and Computational Semantics: Association for Computational Linguistics, 2013: 385-393.

[203] AGIRRE E, BANEA C, CARDIE C, et al. SemEval-2014 task 10: Multilingual semantic textual similarity [C]// Proceedings of the International Workshop on Semantic Evaluation, 2014: 81-91.

[204] AGIRRE E, BANEA C, CARDIE C, et al. SemEval-2015 task 2: Semantic textual similarity, English, Spanish and pilot on interpretability [C]// Proceedings of the International Workshop on Semantic Evaluation, 2015: 252-263.

[205] AGIRRE E, BANEA C, CER D, et al. SemEval-2016 task 1: Semantic textual similarity, monolingual and cross-lingual evaluation [C]// Proceedings of the International Workshop on Semantic Evaluation, 2016: 497-511.

[206] FAN R E, CHANG K W, HSIEH C J, et al. Liblinear: A library for large linear classification [J]. Journal of Machine Learning Research, 2008, 9: 1871-1874.

[207] LYNUM A, PAKRAY P, GAMBÄCK B, et al. NTNU: Measuring semantic similarity with sublexical feature representations and soft cardinality [C]//

Proceedings of the 2014 Semantic Evaluation Exercises International Workshop on Semantic Evaluation (SemEval 2014), 2014: 448-453.

[208] MAGNUSSON M, JONSSON L, VILLANI M, et al. Sparse partially collapsed MCMC for parallel inference in topic models [J]. Statistics, 2016, 24: 301-327.

[209] GHASSABEH A Y, RUDZICZ F, MOGHADDAM H A. Fast incremental LDA feature extraction [J]. Pattern Recognition, 2015, 48: 1999-2012.

[210] WIETING J, GIMPEL K. Revisiting recurrent networks for paraphrastic sentence embeddings [C]// Proceedings of the 55th Annual Meeting of the Association for Computational Linguistics (ACL 2017), 2017: 2078-2088.

[211] ITTI L, KOCH C, NIEBUR E. A model of saliency-based visual attention for rapid scene analysis [J]. IEEE Transactions on Pattern Analysis and Machine Intelligence, 1998, 20: 1254-1259.

[212] BAHDANAU D, CHO K, BENGIO Y. Neural machine translation by jointly learning to align and translate [J]. arXiv preprint arXiv:14090473.

[213] LUONG M T, PHAM H, MANNING C D. Effective approaches to attention-based neural machine translation [J]. arXiv preprint arXiv: 150804025.

[214] CHEN Q, HU Q M, HUANG X J, et al. Enhancing recurrent neural networks with positional attention for question answering [C]// Proceedings of the 40th Annual International ACM SIGIR Conference on Research and Development in Information Retrieval (SIGIR 2017), 2017: 993-996.

[215] REN P, CHEN Z, REN Z, et al. Leveraging contextual sentence relations for extractive summarization using a neural attention model [C]// Proceedings of the 40th Annual International ACM SIGIR Conference on Research and Development in Information Retrieval (SIGIR 2017), 2017: 95-104.

[216] HE R, LEE W S, NG H T, et al. An unsupervised neural attention model for aspect extraction [C]// Proceedings of the 55th Annual Meeting of the Association for Computational Linguistics (ACL 2017), 2017: 388-397.

[217] RÖNNQVIST S, SCHENK N, CHIARCOS C. A recurrent neural model with attention for the recognition of Chinese implicit discourse relations [C]// Proceedings of the 55th Annual Meeting of the Association for Computational Linguistics (ACL 2017), 2017: 256-262.

[218] NARAYANAN S, JURAFSKY D. A Bayesian model predicts human parse preference and reading times in sentence processing [J]. Advances in Neural Information Processing Systems, 2001, 14: 59-65.

[219] FRANK S L, OTTEN L J, GALLI G, et al. Word surprisal predicts N400

amplitude during reading [C]// Proceedings of the 51st Annual Meeting of the Association for Computational Linguistics (ACL 2013), 2013: 878-883.

[220] DEMBERG V, KELLER F. Data from eye-tracking corpora as evidence for theories of syntactic processing complexity [J]. Cognition, 2008, 109: 193-210.

[221] BARRETT M, SØGAARD A. Reading behavior predicts syntactic categories [C]// Proceedings of the 19th Conference on Computational Natural Language Learning (CoNLL 2015), 2015: 345-349.

[222] BANSAL M, GIMPEL K, LIVESCU K. Tailoring continuous word representations for dependency parsing [C]// Proceedings of the 52nd Annual Meeting of the Association for Computational Linguistics (ACL 2014), 2014: 809-815.

[223] RUSH A M, CHOPRA S, WESTON J. A neural attention model for abstractive sentence summarization [C]// Proceedings of the 2015 Conference on Empirical Methods in Natural Language Processing (EMNLP 2015), 2015: 379-389.

[224] AGGARWAL C C. Mining text data [M]. Berlin: Springer, 2012.

[225] WANG Z, ZHANG M. Feedback model for microblog retrieval [C]// Proceedings of the 20th International Conference on Database Systems for Advanced Applications (DASFAA 2015), 2015: 529-544.

[226] GAO Y, XU Y, LI Y F. Topical pattern based document modelling and relevance ranking [C]// Proceedings of the 16th International Conference on Web Information Systems Engineering (WISE 2015), 2015: 186-201.

[227] ALBISHRE K, LI Y F, XU Y. Effective pseudo-relevance for microblog retrieval [C]// Proceedings of the Australasian Computer Science Week Multi-Conference, 2017: 1-6.

[228] LI Y F, ALGARNI A, ALBATHAN M, et al. Relevance feature discovery for text mining [J]. IEEE Transactions on Knowledge and Data Engineering, 2015, 27: 1656-1669.

[229] LI Y F, ALGARNI A, ZHONG N. Mining positive and negative patterns for relevance feature discovery [C]// Proceedings of the 16th ACM SIGKDD International Conference on Knowledge Discovery and Data Mining (KDD 2010), 2010: 753-762.

[230] LI Y F, ZHONG N. Mining ontology for automatically acquiring web user information needs [J]. IEEE Transactions on Knowledge and Data Engineering, 2006, 18: 554-568.

[231] MIYANISHI T, SEKI K, UEHARA K. Improving pseudo-relevance feedback via tweet selection [C]// Proceedings of the 22nd ACM International

Conference on Conference on Information and Knowledge Management (CIKM 2013), 2013: 439-448.

[232] YAN H, DING S, SUEL T. Inverted index compression and query processing with optimized document ordering [C]// Proceedings of the 18th International conference on World Wide Web (WWW 2009), 2009: 401-410.

[233] ZHANG Z H, TONG J C, HUANG H B, et al. Leveraging context-free grammar for efficient inverted index compression [C]// Proceedings of the 39th International ACM SIGIR Conference (SIGIR 2016), 2016: 275-284.

[234] MASSOUDI K, TSAGKIAS M, DE RIJKE M, et al. Incorporating query expansion and quality indicators in searching microblog posts [C]// Proceedings of the 33rd European Conference on IR Research (ECIR 2011), 2011: 362-367.

[235] ZHAI C, LAFFERTY J. Model-based feedback in the language modeling approach to information retrieval [C]// Proceedings of the 2001 ACM International Conference on Conference on Information and Knowledge Management (CIKM 2001), 2001: 403-410.

[236] DIAZ F, MITRA B, CRASWELL N. Query expansion with locally-trained word embeddings [J]. arXiv preprint arXiv:160507891.

[237] CARPINETO C, ROMANO G. A survey of automatic query expansion in information retrieval [J]. ACM Computing Surveys (CSUR), 2012, 44: 1-50.

[238] OARD D W, KIM J. Implicit feedback for recommender systems [C]// Proceedings of the 15th National Conference on Artificial Intelligence and Tenth Innovative Applications of Artificial Intelligence Conference (AAAI 1998), 1998: 81-83.

[239] JOACHIMS T. Optimizing search engines using clickthrough data [C]// Proceedings of the 8th ACM SIGKDD International Conference on Knowledge Discovery and Data Mining (KDD 2002), 2002: 133-142.

[240] JOACHIMS T, GRANKA L, PAN B, et al. Accurately interpreting clickthrough data as implicit feedback [C]// Proceedings of the 28th Annual International ACM SIGIR Conference on Research and Development in Information Retrieval (SIGIR 2005), 2005: 154-161.

[241] CLAYPOOL M, LE P, WASED M, et al. Implicit interest indicators [C]// Proceedings of the 6th International Conference on Intelligent User Interfaces, 2001: 33-40.

[242] PASI G. Implicit feedback through user-system interactions for defining user models in personalized search [J]. Procedia Computer Science, 2014, 39: 8-11.

[243] BUCKELEY C, SALTON G, ALLAN J, et al. Automatic query expansion using smart [C]// Proceedings of the 3rd Text Retrieval Conference (TREC 1994), 1994: 69-80.

[244] YU S, CAI D, WEN J R, et al. Improving pseudo-relevance feedback in web information retrieval using web page segmentation [C]// Proceedings of the 12th International World Wide Web Conference (WWW 2003), 2003: 11-18.

[245] CAO G, NIE J Y, GAO J, et al. Selecting good expansion terms for pseudo-relevance feedback [C]// Proceedings of the 31st Annual International ACM SIGIR Conference on Research and Development in Information Retrieval (SIGIR 2008), 2008: 243-250.

[246] ALMASRI M, BERRUT C, CHEVALLET J P. A comparison of deep learning based query expansion with pseudo-relevance feedback and mutual information [C]// Proceedings of the 38th European Conference on IR Research (ECIR 2016), 2016: 709-715.

[247] ZINGLA M A, CHIRAZ L, SLIMANI Y. Short query expansion for microblog retrieval [J]. Procedia Computer Science, 2016, 96: 225-234.

[248] ZHANG L B, ZHANG Y. Interactive retrieval based on faceted feedback [C]// Proceedings of the 33rd Annual International ACM SIGIR Conference on Research and Development in Information Retrieval (SIGIR 2010), 2010: 363-370.

[249] KEIKHA A, ENSAN F, BAGHERI E. Query expansion using pseudo relevance feedback on Wikipedia [J]. Journal of Intelligent Information Systems, 2016, 1: 1-24.

[250] ARORA P, FOSTER J, JONES G J. Query expansion for sentence retrieval using pseudo relevance feedback and word embedding [C]// Proceedings of the International Conference of the Cross-Language Evaluation Forum for European Languages, 2017: 97-103.

[251] MARON M E, KUHNS J L. On relevance, probabilistic indexing and information retrieval [J]. Journal of the ACM, 1960, 7: 216-244.

[252] ROBERTSON S, ZARAGOZA H. The probabilistic relevance framework: BM25 and beyond [J]. Foundations and Trends in Information Retrieval, 2009, 3: 333-389.

[253] TURTLE H R, CROFT W B. Evaluation of an inference network-based retrieval model [J]. ACM Transactions on Information Systems, 1991, 9: 187-222.

[254] YU J, TAO D, WANG M, et al. Learning to rank using user clicks and visual

features for image retrieval [J]. IEEE Transactions on Cybernetics, 2015, 45: 767-779.

[255] KANG C, YIN D, ZHANG R, et al. Learning to rank related entities in web search [J]. Neurocomputing, 2015, 166: 309-318.

[256] DAKKA W, GRAVANO L, IPEIROTIS P. Answering general time-sensitive queries [J]. IEEE Transactions on Knowledge and Data Engineering, 2012, 24: 220-235.

[257] DONG A, ZHANG R, KOLARI P, et al. Time is of the essence: Improving recency ranking using twitter data [C]// Proceedings of the 19th International World Wide Web Conference (WWW 2010), 2010: 331-340.

[258] LIANG F, QIANG R, YANG J. Exploiting real-time information retrieval in the Microblogosphere [C]// Proceedings of the 12th ACM/IEEE-CS Joint Conference on Digital Libraries, 2012: 267-276.

[259] EFRON M. Information search and retrieval in microblogs [J]. Journal of the American Society for Information Science and Technology, 2014, 62: 996-1008.

[260] EFRON M, GOLOVCHINSKY G. Estimation methods for ranking recent information [C]// Proceedings of the 34th Annual International ACM SIGIR Conference on Research and Development in Information Retrieval (SIGIR 2011), 2011: 403-410.

[261] CHOI J, CROFT W B. Temporal models for microblogs [C]// Proceedings of the 21st ACM International Conference on Conference on Information and Knowledge Management (CIKM 2012), 2012: 2491-2494.

[262] ALBAKOUR M D, MACDONALD C, OUNIS I. On sparsity and drift for effective real-time filtering in microblogs [C]// Proceedings of the 22nd ACM International Conference on Conference on Information and Knowledge Management (CIKM 2013), 2013: 419-428.

[263] HAN Z, QIAO W, CUI S, et al. Time-based microblog search system [C]// Proceedings of the International Conference of Young Computer Scientists, Engineers and Educators, 2016: 226-228.

[264] ARAMPATZIS A, BENEY J, KOSTER C H A, et al. KUN on the TREC-9 filtering track: Incrementality, decay, and threshold optimization for adaptive filtering systems [C]// Proceedings of the 20th Text Retrieval Conference (TREC 2000), 2000: 1-12.

[265] EFRON M, GOLOVCHINSKY G. Estimation methods for ranking recent information [C]// Proceedings of the International ACN SIGIR Conference on

Research and Development in Information Retrieval (SIGIR 2011), 2011: 495-504.

[266] LI X, CROFT W B. Time-based language models [C]// Proceedings of the 12th ACM International Conference on Conference on Information and Knowledge Management (CIKM 2003), 2003: 469-475.

[267] JONES R, DIAZ F. Temporal profiles of queries [J]. ACM Transactions on Information Systems, 2007, 25: 14.

[268] MITRA M, SINGHAL A, BUCKLEY C. Improving automatic query expansion [C]// Proceedings of the 21st Annual International ACM SIGIR Conference on Research and Development in Information Retrieval (SIGIR 1998), 1998: 206-214.

[269] AHMED F, NÜRNBERGER A. Evaluation of N-gram conflation approaches for Arabic text retrieval [J]. Journal of the American Society for Information Science and Technology, 2009, 60: 1448-1465.

[270] METZLER D A. Automatic feature selection in the Markov random field model for information retrieval [C]// Proceedings of the 16th ACM Conference on Conference on Information and Knowledge Management (CIKM 2007), 2007: 253-262.

[271] METZLER D, CROFT W B. A Markov random field model for term dependencies [C]// Proceedings of the 28th Annual International ACM SIGIR Conference on Research and Development in Information Retrieval (SIGIR 2005), 2005: 472-479.

[272] MIYANISHI T, SEKI K, UEHARA K. Time-aware latent concept expansion for microblog search [C]// Proceedings of the Eighth International Conference on Weblogs and Social Media (ICWSM 2014), 2014: 366-375.

[273] BENDERSKY M, METZLER D, CROFT W B. Parameterized concept weighting in verbose queries [C]// Proceedings of the 34th Annual International ACM SIGIR Conference on Research and Development in Information Retrieval (SIGIR 2011), 2011: 605-614.

[274] METZLER D, CROFT W B. Latent concept expansion using Markov random fields [C]// Proceedings of the 30th Annual International ACM SIGIR Conference on Research and Development in Information Retrieval (SIGIR 2007), 2007: 311-318.

[275] HUANG X, CROFT W B. A unified relevance model for opinion retrieval [C]// Proceedings of the 18th ACM International Conference on Conference on Information and Knowledge Management (CIKM 2009), 2009: 947-956.

[276] GRANT C E, GEORGE C P, JENNEISCH C, et al. Online topic modeling for real-time twitter search [C]// Proceedings of the 20th Text Retrieval Conference (TREC 2011), 2011: 21-30.

[277] GOPI R, HOEBER O. Temporal classification and visualization of topics in a Twitter search interface [C]// Proceedings of the 20th Text Retrieval Conference (TREC 2011), 2011: 61-62.

[278] LAU C H, LI Y, TJONDRONEGORO D. Microblog retrieval using topical features and query expansion [C]// Proceedings of the 20th Text Retrieval Conference (TREC 2011), 2011: 42-52.

[279] PEREZ J A R, MOSHFEGHI Y, JOSE J M. On using inter-document relations in microblog retrieval [C]// Proceedings of the 22nd International World Wide Web Conference (WWW 2013), 2013: 75-76.

[280] LV Y, ZHAI C. A comparative study of methods for estimating query language models with pseudo feedback [C]// Proceedings of the 18th ACM International Conference on Conference on Information and Knowledge Management (CIKM 2009), 2009: 1895-1898.

[281] SEVERYN A, MOSCHITTI A, TSAGKIAS M, et al. A syntax-aware re-ranker for microblog retrieval [C]// Proceedings of the 37th Annual International ACM SIGIR Conference on Research and Development in Information Retrieval (SIGIR 2014), 2014: 1067-1070.

[282] SEVERYN A, MOSCHITTI A. Structural relationships for large-scale learning of answer re-ranking [C]// Proceedings of the 35th international ACM SIGIR Conference on Research and Development in Information Retrieval (SIGIR 2012), 2012: 741-750.

[283] SEVERYN A, NICOSIA M, MOSCHITTI A. Learning semantic textual similarity with structural representations [C]// Proceedings of the 51st Annual Meeting of the Association for Computational Linguistics (ACL 2013), 2013: 1-5.

[284] SEVERYN A, NICOSIA M, MOSCHITTI A. Building structures from classifiers for passage reranking [C]// Proceedings of the 22nd ACM International Conference on Conference on Information and Knowledge Management (CIKM 2013), 2013: 969-978.

[285] LV C, QIANG R, FAN F, et al. Knowledge-based query expansion in real-time microblog search [J]. arXiv preprint arXiv:150303961.

[286] LAFFERTY J, ZHAI C. Document language models, query models, and risk minimization for information retrieval [C]// Proceedings of the 24th Annual

International ACM SIGIR Conference on Research and Development in Information Retrieval (SIGIR 2001), 2001: 111-119.

[287] GUO J, FAN Y, AI Q, et al. A deep relevance matching model for ad-hoc retrieval [C]// Proceedings of the 25th ACM International Conference on Conference on Information and Knowledge Management (CIKM 2016), 2016: 55-64.

[288] GANGULY D, ROY D, MITRA M, et al. Word embedding based generalized language model for information retrieval [C]// Proceedings of the 38th Annual International ACM SIGIR Conference on Research and Development in Information Retrieval (SIGIR 2015), 2015: 795-798.

[289] KUZI S, SHTOK A, KURLAND O. Query expansion using word embeddings [C]// Proceedings of the 25th ACM International Conference on Conference on Information and Knowledge Management (CIKM 2016), 2016: 1929-1932.

[290] CLINCHANT S, PERRONNIN F. Aggregating continuous word embeddings for information retrieval [C]// Proceedings of the Workshop on Continuous Vector Space Models and their Compositionality, 2013: 100-109.

[291] ROY D, PAUL D, MITRA M, et al. Using word embeddings for automatic query expansion [J]. arXiv preprint arXiv:160607608.

[292] SALAKHUTDINOV R, HINTON G. Semantic hashing [J]. International Journal of Approximate Reasoning, 2009, 50: 969-978.

[293] STEIN B. Principles of hash-based text retrieval [C]// Proceedings of the 30th Annual International ACM SIGIR Conference on Research and Development in Information Retrieval (SIGIR 2007), 2007: 527-534.

[294] AMICHETTI M, ROMANO M, BUSANA L, et al. An expectation maximization algorithm [J]. Georgia Institute of Technology, 2002, 3: 1397-1400.

[295] SOBOROFF I, OUNIS I, LIN J. Overview of the TREC-2013 microblog track [C]// Proceedings of the 22nd Text Retrieval Conference (TREC 2013), 2013: 1-11.

[296] ALBISHRE K, ALBATHAN M, LI Y. Effective 20 newsgroups dataset cleaning [C]// Proceedings of the IEEE / WIC / ACM International Conference on Web Intelligence and Intelligent Agent Technology, 2016: 98-101.

[297] MANNING C D, RAGHAVAN P, SCHÜTZE H. An introduction to information retrieval [J]. Journal of the American Society for Information Science and Technology, 2008, 43: 824-825.

[298] CAO G, NIE J Y, GAO J, et al. Selecting good expansion terms for

pseudo-relevance feedback [C]// Proceedings of the 31st Annual International ACM SIGIR Conference on Research and Development in Information Retrieval (SIGIR 2008), 2008: 243-250.

[299] HONG L, DAVISON B. Empirical study of topic modeling in twitter [C]// Proceedings of the 1st Workshop on Social Media Analytics, 2010: 80-88.

[300] YAN X, GUO J, LAN Y, et al. A biterm topic model for short texts [C]// Proceedings of the 22nd International World Wide Web Conference (WWW 2013), 2013: 1445-1456.

[301] YAN X, GUO J, LAN Y, et al. A probabilistic model for bursty topic discovery in microblogs [C]// Proceedings of the 29th AAAI Conference on Artificial Intelligence (AAAI 2015), 2015: 353-359.

[302] YANG S, KOLCZ A, SCHLAIKJER A, et al. Large scale high-precision topic modeling on Twitter topic modeling of tweets [C]// Proceedings of the 20th ACM SIGKDD International Conference on Knowledge Discovery and Data Mining (KDD 2014), 2014: 1907-1916.

[303] ABEL F, CELIK I, HOUBEN G J, et al. Leveraging the semantics of tweets for adaptive faceted search on twitter [C]// Proceedings of the 10th International Semantic Web Conference (ISWC 2011), 2011: 1-17.

[304] ZHANG Z, LAN M. Estimating semantic similarity between expanded query and tweet content for microblog retrieval [C]// Proceedings of the 33rd Text Retrieval Conference (TREC 2014), 2014: 12-24.

[305] CASTELLS P, FERNÀNDEZ M, VALLET D. An adaptaion of the vector-space model for ontology-based information retrieval [J]. IEEE Transactions on Knowledge and Data Engineering, 2007, 19: 261-272.

[306] LIMSOPATHAM N, MACDONALD C, OUNIS I. Learning to combine representations for medical records search [C]// Proceedings of the 36th Annual International ACM SIGIR Conference on Research and Development in Information Retrieval (SIGIR 2013), 2013: 833-836.

[307] TEEVAN J, RAMAGE D, MORRIS M R. # TwitterSearch: A comparison of microblog search and web search [C]// Proceedings of the 4th ACM International Conference on Web Search and Data Mining (WSDM 2011), 2011: 35-44.

[308] WANG Y S, ZHANG H H, SHI G, et al. A model of text-enhanced knowledge graph representation learning with mutual attention [J]. IEEE Access, 2020, 8: 52895-52905.

[309] BIAN J, GAO B, LIU T Y. Knowledge-powered deep learning for word

embedding [C]// Proceedings of the European Conference on Machine Learning and Knowledge Discovery in Databases, 2014: 132-148.

[310] CHENG J, WANG Z, WEN J R, et al. Contextual text understanding in distributional semantic space [C]// Proceedings of the 24th ACM International Conference on Conference on Information and Knowledge Management (CIKM 2015): ACM, 2015: 133-142.

[311] HAN X, LIU Z, SUN M. Joint representation learning of text and knowledge for knowledge graph completion [J]. arXiv preprint arXiv:161104125.

[312] SHU G, QUAN W, WANG L, et al. Jointly embedding knowledge graphs and logical rules [C]// Proceedings of the 2016 Conference on Empirical Methods in Natural Language Processing (EMNLP 2016), 2016: 192-202.

[313] XU J, QIU X, CHEN K, et al. Knowledge graph representation with jointly structural and textual encoding [C]// Proceedings of the 26th International Joint Conference on Artificial Intelligence (IJCAI 2017), 2017: 1318-1324.

[314] WANG Y S, ZHANG H H, XIE H Y. Geography-enhanced link prediction framework for knowledge graph completion [C]// Proceedings of the China Conference on Knowledge Graph and Semantic Computing 2019 (CCKS 2019), 2019: 198-210.

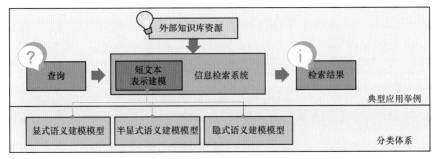

图 1-1　短文本表示建模典型应用举例及分类体系

输入：microsoft unveils office for apple's ipad

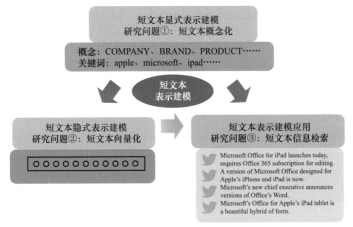

图 1-2　本书研究问题示例

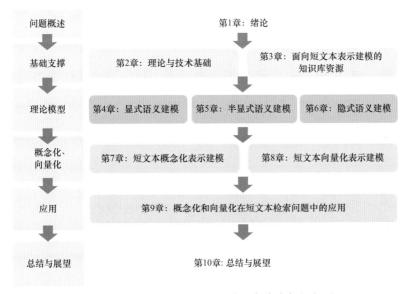

图 1-3　本书内容的组织结构及各章之间的关联

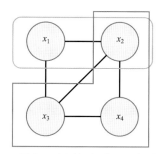

图 2-3 马尔可夫随机场中团和极大团示例

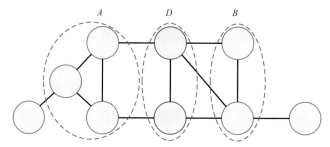

图 2-4 全局马尔可夫性示意

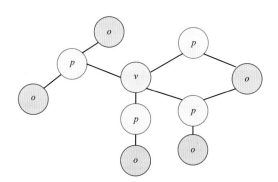

图 2-5 局部马尔可夫性示意

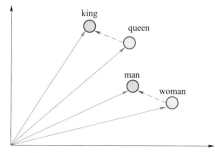

图 2-6 词语在向量空间中的相似性表示语义的相似性（示例）

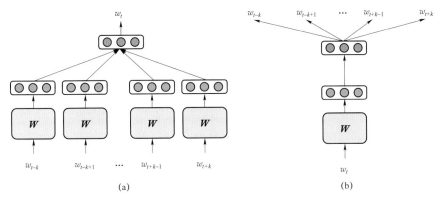

图 2-7　神经网络词向量表示（以 Word2Vec 方法为例）

（a）CBOW 模型；（b）Skip-Gram 模型

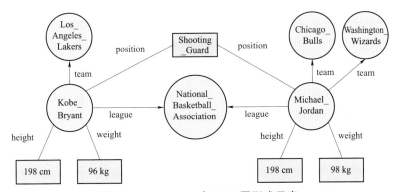

图 3-2　DBpedia 中 RDF 图形式示意

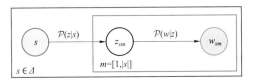

图 5-1　PLSA 模型的概率图模型结构

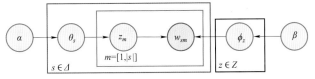

图 5-2　LDA 模型的概率图模型结构

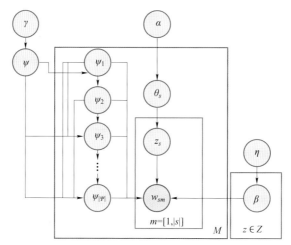

图 5-3 hLDA 模型的概率图模型结构

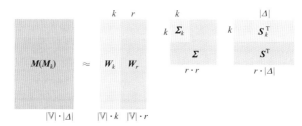

图 6-1 矩阵 M 的 SVD 分解

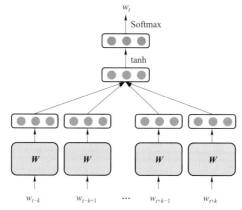

图 6-2 神经网络语言模型的结构示意

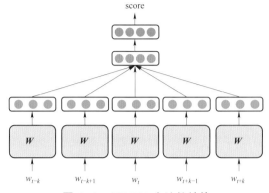

图 6-3 SENNA 方法的结构

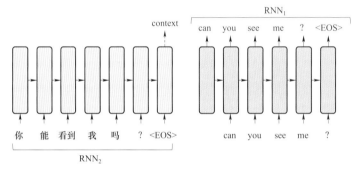

图 6-4 编码器-解码器

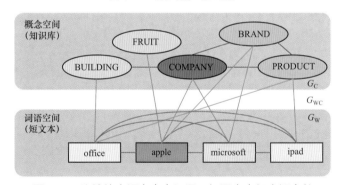

图 7-1 连接给定短文本中词语及知识库中相应概念的
异构语义网络示例

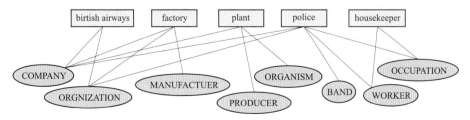

图 7-2 包含实例（黄色节点）、概念（橙色节点）以及二者连边的二部图 G

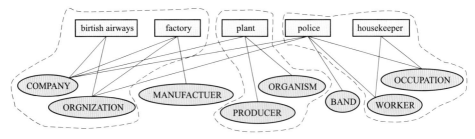

图7-3 基于聚类技术扩展的朴素贝叶斯方法聚类的二部图 G

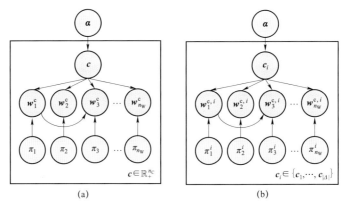

(a)

(b)

图7-4 面向短文本概念化的局部有向图模型

（a）针对单一短文本的概念化示例；（b）应用于语料库上的概念化示例

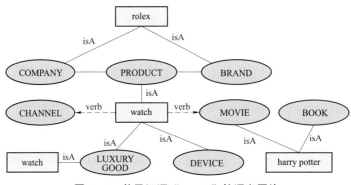

图7-5 关于词语"watch"的语义网络

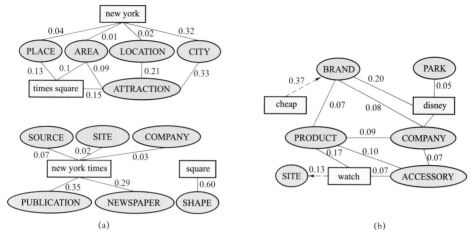

图 7-6 示例短文本激活的语义子网

（a）"new york times square"；（b）"cheap disney watch"

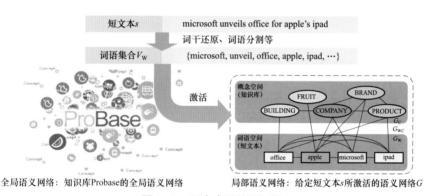

图 7-8 短文本预处理过程

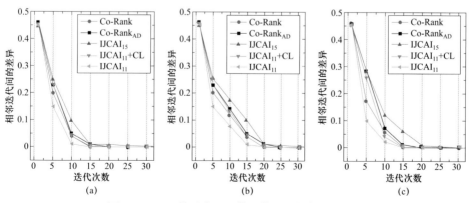

图 7-9 不同算法在不同数据集上的收敛情况对比

（a）数据集 NewsTitle；（b）数据集 Twitter；（c）数据集 WikiFirst

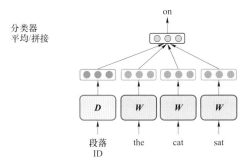

图 8-1 段向量模型架构图

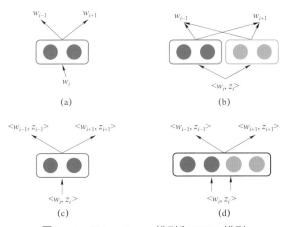

图 8-2 Skip-Gram 模型和 TWE 模型

（a）Skip-Gram 模型；（b）TWE-1 模型；（c）TWE-2 模型；（d）TWE-3 模型

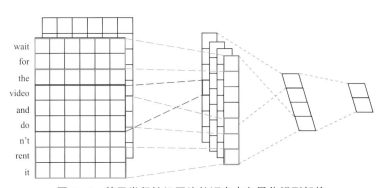

图 8-3 基于卷积神经网络的短文本向量化模型架构

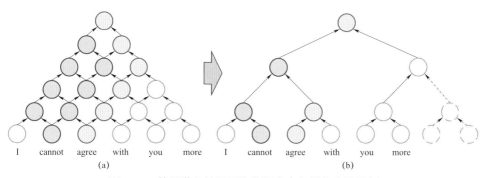

图 8−4　基于递归神经网络的短文本向量化方法示例

（a）基于有向无环图的门控递归神经网络架构；（b）基于满二叉树的门控递归神经网络架构

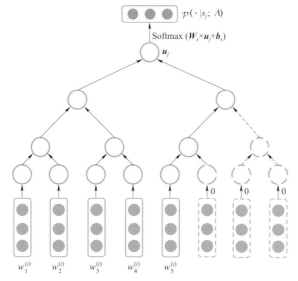

图 8−5　门控卷积神经网络架构

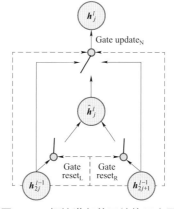

图 8−6　门控递归单元结构示意图

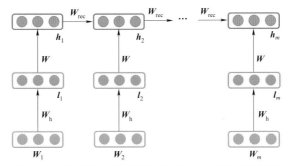

图 8-7　基于循环神经网络的短文本向量化模型架构

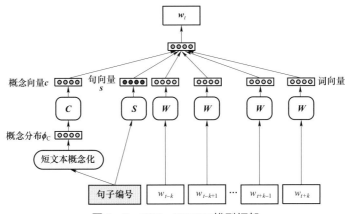

图 8-9　CSE-CBOW 模型框架

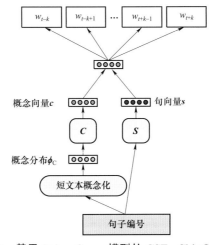

图 8-10　基于 Skip-Gram 模型的 CSE-SkipGram 模型

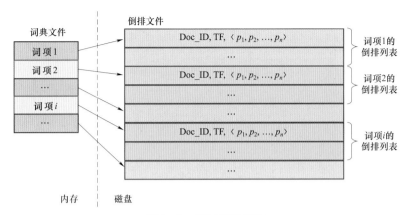

图 9-2　倒排列表结构

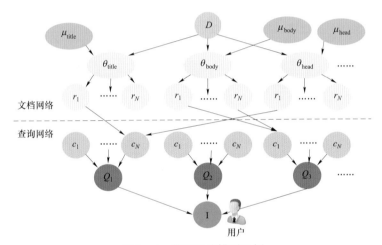

图 9-4　推理网络模型示例

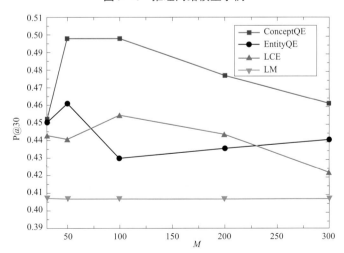

图 9-8　概念相关反馈推文的数量 M 的不同取值对模型性能的影响（查询集合 TMB2012）

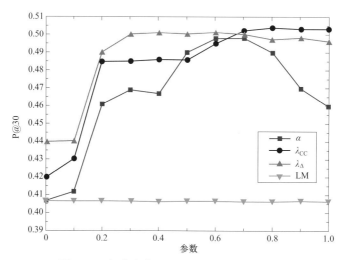

图 9-9 相关参数 λ_Δ、λ_{CC} 和 α 变化对算法
ConceptQE 性能的影响（查询集合 TMB2012）

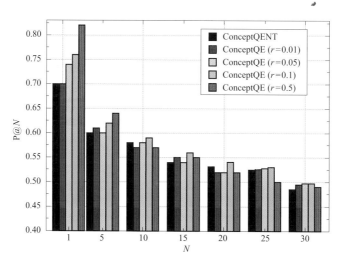

图 9-10 指数参数 r 的变化对短文本检索应用
算法性能的影响（查询集合 TMB2012）